数学名著译丛

数学与猜想

第一卷

数学中的归纳和类比

〔美〕G.波利亚　著

李心灿　王日爽　李志尧　译

科学出版社
北京

图字：01-2000-1059 号

内 容 简 介

本书是著名数学家 G. 波利亚撰写的一部经典名著，书中讨论的是自然科学、特别是数学领域中与严密的论证推理完全不同的一种推理方法——合情推理（即猜想）。本书通过许多古代著名的猜想，讨论了论证方法，阐述了作者的观点：不但要学习论证推理，也要学习合情推理，以丰富人们的科学思想，提高辩证思维能力，本书的例子不仅涉及数学各学科，也涉及到物理学，全书内容丰富，谈古论今，叙述生动，能使人看到数学中真正的奥妙。

全书共分两卷，第一卷为数学中的归纳和类比，第二卷为合情推理模式，此册为第一卷，主要讲述数学中各种合情推理的实例。本书可供大学数学系师生、中学数学教师，数学研究人员及数学爱好者阅读。

图书在版编目(CIP)数据

数学与猜想：数学中的归纳和类比(第一卷)/(美)波利亚(Polya, G.)著；李心灿，王日爽，李志尧译.–北京：科学出版社. 2001
（数学名著译丛）
ISBN 978-7-03-009110-9
Ⅰ.数… Ⅱ.①波… ②李… ③王… ④李… Ⅲ.逻辑推理
Ⅳ.O141

中国版本图书馆 CIP 数据核字(2000) 第 88051 号

科 学 出 版 社 出版
北京东黄城根北街 16 号
邮政编码：100717
http://www.sciencep.com

保定市中画美凯印刷有限公司印刷
科学出版社发行　　各地新华书店经销
*
2001 年 7 月第　一　版　　开本：850×1168　1/32
2025 年 2 月第三十次印刷　　印张：10 3/8
字数：261 000
定价：48.00 元
（如有印装质量问题，我社负责调换）

译 者 的 话

没有大胆的猜想，就做不出伟大的发现。
　　　　　　　　　　—— 牛顿（Newton）
要想成为一个好的数学家，···，你必须首先是一个好的猜想家。
　　　　　　　　　　—— 波利亚（Polya）

　　G. 波利亚是当代深孚众望的数学家、教育家. 他1887年12月13日生于匈牙利，青年时期曾在布达佩斯、维也纳、哥廷根、巴黎等地攻读数学、物理学和哲学，获博士学位. 1914年曾在苏黎世著名的瑞士联邦理工学院任教. 1940年移居美国，1942年起任美国斯坦福大学教授，1985年卒于美国，享年98岁. 他一生发表过二百多篇论文和许多专著. 他在数学的广阔领域里有极精深的造诣，不愧为一位杰出的数学家；而且他还热心于教育，十分重视从小培养学生思考问题、分析问题的能力，他善于把抽象的数学研究与教学实践结合起来，也不愧为一位优秀的教育家. 我国老一辈著名数学家中有人曾聆听过他的讲课，对他的数学教学艺术十分赞赏.

　　他写过一套提高与普及相结合的书，其中影响较大的有《怎样解题》*)、《数学的发现》（一、二卷）**)、《数学与猜想》等. 这些堪称姊妹篇的著作相继出版后，曾在美国风靡一时，受到广泛的欢迎和推崇. 此后被译成多种文字，被誉为第二次世界大战后出现的经典著作之一.

　　这本《数学与猜想》，早在六十年代初期我国就有人想把它译成中文，由于种种原因未能实现. 今天把它翻译出版，不但遂了人们的心愿，也表达了我们对 G. 波利亚教授的纪念. 在这次翻译中得到了我国一些著名数学家的关注和支持. 这是一本谈古论今、内容丰富多彩、启发读者去提炼问题、研究问题、讨论问题、直至检验问题的书. 读起来使人感到妙趣横生、引人入胜，能使人看到数学中真正的内在美. 作者写这套书的一个直接动机，就是为了改善当时美国中学的数学教学水平，他想对学习数学的学生和从事数学工作的教师在一个重要的、但通常被忽视的方面

---

*) 中译本，阎育苏译，科学出版社，1982. ——译者注
**) 中译本，刘景麟，曹之江，邹清莲译，内蒙人民出版社，1979. ——译者注

提供一些帮助. 而这些我们认为也适合我国今天的某些实际情况. 因此本书对我国的中学生、中学数学教师、大学生乃至大学数学教师、专业数学研究工作者和对数学有兴趣的人们都会有所裨益. 正如作者所指出的:"一个认真想把数学作为他终身事业的学生必须学习论证推理;这是他的专业也是他那门学科的特殊标志. 然而为了取得真正的成就他还必须学习合情推理;这是他的创造性工作赖以进行的那种推理.""要成为一个好的数学家,…,你必须首先是一个好的猜想家." 牛顿也曾说过:"没有大胆的猜想, 就做不出伟大的发现."

学习数学和研究数学令人最感到困惑也是最引人入胜的环节之一,就是如何发现定理及怎样证明定理. 特别是对初学者来说尤其如此. 数学上的发现及证明不仅要从数学本身,而且要从数学以外的有关知识和实践得到启发,这是很重要的. 这种启发往往是发现及证明的前导,波利亚还把"从最简单的做起"当作座右铭,这又为启发性的前导提供了立足点. 这大概就是所谓"合情推理"的模式. 而猜想又是合情推理的最普遍、最重要的一种,归纳也好, 类比也好都包含有猜想的成份. 然而猜想可以打开人们思想的闸门,从物理的、生物的、天文的、地理的乃至大自然的以及数学本身的等等……,总之根据人们的日常生活、经验、实践及各方面的知识对要进行科学论证的问题加以"去粗取精,去伪存真,由此及彼, 由表及里的改造和制作",以期获得欲达之目的. 说得直接了当一点,合情推理就是猜想,因此我们没有把本书书名《Mathematics and plausible reasoning》译作《数学与合情推理》而迳直译作《数学与猜想》,以便更通俗醒目一些.

阅读本书并不需要高深的数学基础,只要有初等代数和几何以及不多的微积分知识就能够读懂绝大部分,个别需要微积分以上知识的部分,作者都提出了学习方法和参考文献. 本书其他方面的特点和阅读时应该注意的问题,作者大都在"序言"及"对读者的提示"中谈及,兹不赘述.

在此应该说明的一点是,本书中有关译名均采用《英汉数学词汇》(科学出版社，1978) 一书中的规范化译法，有关人名，则在书中第一次出现时注出了原文．故我们没有在书后再编录人名和名词索引．

也应该指出，本书所引用的名人语录和有些观点是值得商榷的，但我们相信读者会正确地去分析对待它．

最后，我们诚挚地感谢中国科学院院士王梓坤教授对译稿的审阅．

译 者

于北京航空空航天大学

序　言

本书有彼此紧密联系的各种目的．首先，想给学习数学的学生和从事数学工作的教师在一个重要的但却通常被忽视的方面提供一些帮助．然而，在某种意义上说本书也是一种哲学论述．本书又是一部续篇，而且它本身也还要有续篇．我将逐一地谈到上述各点．

1.严格地说，除数学和论证逻辑（其实它也是数学的一个分支）外，我们所有的知识都是由一些猜想所构成的．当然，有种种猜想．有表述成物理科学中某些一般定律的非常可贵而又可靠的猜想．也有另外一些既不可靠又不可贵的猜想，其中有一些当你在报纸上读到它时不禁会使你愤怒．而介于上述两种猜想之间还有各种各样的猜想、预感和推测．

我们借论证推理来肯定我们的数学知识，而借合情推理来为我们的猜想提供依据．一个数学上的证明是论证推理，而物理学家的归纳论证，律师的案情论证，历史学家的史料论证和经济学家的统计论证都属于合情推理之列．

这两种推理之间的差异相当大而且是多方面的．无疑，论证推理是可靠的、无可置辩的和终决的．合情推理是冒风险的、有争议的和暂时的．论证推理在科学中的渗透深度恰好和数学在科学中的渗透深度一样，但是论证推理本身（如数学本身那样）并不能产生关于我们周围世界本质上的新知识．我们所学到的关于世界的任何新东西都包含着合情推理，它是我们日常事务中所关心的仅有的一种推理．论证推理有被逻辑（形式逻辑或论证逻辑）所制定和阐明的严格标准，而逻辑则是论证推理的一种理论．合情推理的标准是不固定的，并且这种推理在清晰程度上不能与论证逻辑相比或能博得相似的公认．

2. 关于这两种推理还有一点也是值得我们注意的. 众所周知,数学提供了一个学习论证推理的极好机会,但是我还要着重指出,在学校惯常的课程中,还没有一门能提供类似的机会来学习合情推理. 现在,我要向各年级所有对数学有兴趣的学生提出: 的确,我们应该学习证明法,但我们也要学习猜测法.

这听起来似乎有点矛盾,因此我必须强调说明几点以免发生误会.

数学被人看作是一门论证科学. 然而这仅仅是它的一个方面. 以最后确定的形式出现的定型的数学,好像是仅含证明的纯论证性的材料,然而,数学的创造过程是与任何其他知识的创造过程一样的. 在证明一个数学定理之前,你先得猜测这个定理的内容,在你完全作出详细证明之前,你先得推测证明的思路. 你先得把观察到的结果加以综合然后加以类比. 你得一次又一次地进行尝试. 数学家的创造性工作成果是论证推理,即证明;但是这个证明是通过合情推理,通过猜想而发现的. 只要数学的学习过程稍能反映出数学的发明过程的话,那么就应当让猜测、合情推理占有适当的位置.

正如我们说过的,有两种推理: 论证推理和合情推理. 在我看来它们互相之间并不矛盾,相反地,它们是互相补充的. 在严格的推理之中,首要的事情是区别证明与推测,区别正确的论证与不正确的尝试. 而在合情推理之中,首要的事情是区别一种推测与另一种推测,区别理由较多的推测与理由较少的推测. 如果你把注意力引导到这两种区别上来,那么就会对这两者有更清楚的认识.

一个认真想把数学作为他终身事业的学生必须学习论证推理;这是他的专业也是他那门科学的特殊标志. 然而为了取得真正的成就他还必须学习合情推理;这是他的创造性工作所赖以进行的那种推理. 一般的或者对数学有业余爱好的学生也应该体验一下论证推理: 虽然他不会有机会去直接应用它,但是他应该获得一种标准,依此他能把现代生活中所碰到的各种所谓证据进行比较．然而在他的所有工作之中他必将需要合情推理．总之，一个对数学有抱负的学生，不管他将来的兴趣如何，他应该力求学习两种推理：论证推理和合情推理．

3. 我不相信有十拿九稳的方法，用它可以学会猜测．不管怎么说，即使有这样一种方法，我至少也是没有听说过，而且我肯定不自命为能在下文中提出这种方法．有效地应用合情推理是一种实际技能，并且像任何其他实际技能一样，要通过模仿和练习来学会它．我将为渴望学习合情推理的读者尽最大努力，然而我所能提供的也仅仅是供模仿的例子和练习的机会．

在本书中，我将时常讨论数学里大大小小的发现．我不可能讲怎样得出这些发现的真实过程，因为没有人真正知道它．然而我将力求写出一个发现可能是如何产生的过程来．我还想强调指出获得发现的动机，导致发现的合情推理，总之，想强调指出值得模仿的任何事情．当然，我力求把内容讲得生动些使读者留下印象；这是我作为教师和作者的义务．然而我将在关系重大之处对读者完全诚实：我只是想把看来是真实的并且是对我有帮助的东西讲得能使读者留下印象．

每章后面都有例题和注释．注释所阐述的内容相对正文来说是过于专门或者是太微细了，有的则是偏离了主题的一些东西．某些练习给读者以机会来重新细致地考虑在正文中只是概略地叙述过的内容．然而大多数练习使读者能得出他自己的合情结论．在着手解章末所提出的较为困难的问题之前，读者应该仔细地阅读这章的有关部分，并且也应该看一下邻近的问题，前者或后者之中可能包含着解决问题的线索．为了提供（或埋伏）这样的线索，使读者在学习上受益最大，我不仅在提出问题的内容和形式上，而且也在问题的先后次序安排上花了许多心思．事实上，我在仔细考虑这些问题的安排上所花的时间和心思，要比局外人所能想像的或认为必要的要多得多．

为了扩大读者的范围，我力求用尽可能初等的例子来说明每个重要的论点．然而在有些情况下我不得不举出不太初等的例子以便使我的论点足以令人难忘. 诚然, 我觉得我也应该举出有历史价值的例子, 有真正的数学美的例子, 并举出在其他科学方法或日常生活中有类似做法的例子.

我应该再加一句, 就许多所讲的发明过程而言, 其最终形式是通过某种非正式的心理学实验而得出的. 我向不同班级的学生讲述同一内容, 在讲课过程中常常向他们提出诸如这样的问题: "那么, 你在这种情况下该怎么办?"下文中的有些段落是基于我的学生们的回答写成的, 或者根据课堂上学生的反应以某种别的方式修改了我的原来的讲法.

简而言之, 我想利用我在研究工作和教学工作上的全部经验, 给读者以适当的机会, 来作有意义的模仿和进行独立的工作.

4. 收集在本书中的合情推理的例题还有其他用处: 它们可以帮助说明一个有很多争议的哲学问题: 归纳法的问题. 关键的问题是: 归纳有没有一定的法则? 有些哲学家说有, 而多数科学家则认为没有. 为使讨论能得出有益的结果, 应该改变问题的提法. 它应该作不同的处理, 而且不那么依靠传统的语言或新奇的形式, 但更紧密地与科学家的实践相联系. 现在, 我们要指出, 归纳推理是合情推理的一种特殊情况, 还要指出(现代作者几乎忘记了的, 但是一些较老的作者, 诸如欧拉和拉普拉斯都清楚地认识的)归纳论据在数学研究中的作用是与它在物理研究中的作用相类似的. 然后, 你会注意到, 通过观察和比较数学中合情推理的例子, 就有可能获得关于归纳推理的一些知识. 因此, 这就为归纳性地研究归纳法敞开了大门.

当生物学家想要研究某个一般性问题, 譬如说, 遗传学的问题时, 最重要的是他应当选择某些特定品种的植物或动物, 以便于对他的问题很好地进行实验研究. 当化学家打算研究某个一般问题, 譬如说, 关于化学反应的速度问题时, 最重要的是他应该选择某些特定的物质, 使其便于用来做那种与他的问题有关的实验. 在任何问题的归纳研究中, 选用合适的实验材料是极为重要的. 从各方面看来, 我以为数学是研究归纳推理的最合适的实验材料.

这个研究包含着可以说是某种心理实验的东西：你必须体验各种不同的证据会怎样影响你对一个猜想的信念．多亏数学课题固有的简单性和明了性，使之比起任何其它领域的课题更宜于做这类心理实验．在下面的篇幅中读者能够找到使自己确信这一点的充分机会．

我认为考虑合情推理这个更一般的思想比考虑归纳推理的特殊情况更具有哲学意味．在我看来，本书所收集的例题能引导读者对合情推理有一个明确的、颇为令人满意的认识．然而我并不想强迫读者接受我的观点．其实，甚至在第一卷中我并没有叙述我的观点．我要让例子自己讲话．然而，第二卷的前四章则专用于合情推理的更明确的一般性讨论．在那里我将正式地叙述由前面例子所提示的合情推理的模式，并试图把这些模式系统化并评述它们彼此之间以及与概率思想的某些联系．

我不知道这四章的内容是否值得称作是哲学，如果这是哲学的话，那它当然是一种相当低级的哲学，因为它所关心的是解释具体例题和人的具体行为，而不是要说明一般性原理．当然，我更不知道我的观点最终会得到什么评价．然而我感到颇为自信的是我的例题对于学习归纳法或合情推理的任何有理智的但没有太大偏见的学生，对于凡是希望根据可密切观察的事实而形成自己观点的人，都会有用的．

5. 我总是把这部论述《数学与猜想》的著作当作一个整体，它自然地分成两部分：《数学中的归纳和类比》(第一卷) 和《合情推理模式》(第二卷)．为了方便学生，本书分两卷发行．第一卷与第二卷完全无关，但是我想对许多学生来说在阅读第二卷之前还是应当细致地读完第一卷．本书的第一卷有更多的数学"内容"，它为第二卷中归纳法的归纳性研究提供了"依据"．一些在数学方面相当成熟和很有经验的读者可能想直接去读第二卷，因此分两卷将是方便的．为便于查阅，贯穿两卷的章号是连续编排的．我没有提供索引，因为，如有一份索引，就将会使术语变得严格生硬，本书这种无索引写法，会使术语的运用更灵活便当．我相信，对于本书来说,目录将提供一个令人满意的导引.

本书是我较早的著作《怎样解题》的续篇.对这个课题感兴趣的读者应该读这两本书.但是先读哪一本并没有多大关系.本书是这样安排的,使得在阅读时无需先读以前的那本书.事实上,本书几乎没有直接参考以前的那本书,因此在第一次读时可以不去管这些.然而在几乎每一页上,甚至某些页上几乎每一句中,都间接地参考了以前的那一本书.事实上,本书提供了大量的练习,并且对以前的那本书提出了某些更高深的说明例子,而这对以前的那本书来说,就其篇幅和初浅性质来看,都是容纳不了的.

本书也是与斯盖和本作者所合写的《数学分析问题集》(见参考文献)有关联的.那本问题集中的问题在顺序上经过仔细安排,以使这些问题互相印证,彼此提供线索,共同涉及一定的主题,并且给读者一个机会去实践在解题时起重要作用的各种手法.在问题的处理上,本书沿用以前那本书所用的方法,而这个联系并非不重要.

在本书第二卷中有两章论述概率论.其中头一章与作者在几年前所写的《概率计算的初等解释》(见参考文献)有些联系.比如说,有关概率的基本观点和出发点同那本书所讲的是一样的,然而在其他方面却几乎没有联系.

本书所提出的某些观点已经在参考文献中所引用的我以前的论文中叙述过了.论文 4,6,8,9 和 10 中的大量段落已经被吸收进本书的正文.对《美国数学月刊》,《纪念 Ferdinand gonseth 科学哲学论文集》以及《1950 年国际数学会议论文集》的编辑们致以深深的谢意,承他们欣然慨允重印这些段落.

本书的大部分是我在课堂上讲授过的,某些部分还讲授过多次.在某些部分和某些方面,我保留了口述的语气,一般地,我不认为这样一种语气在介绍数学的出版物中是适当的.但是在目前情况下这还是合适的,或者至少是可以原谅的.

6.本书第二卷的最后一章讲发现与教学.这一章比较明确地联系到作者以前的那本书,并指出了一部可能出现的续篇.

有效地使用合情推理在解题过程中起着必不可少的作用．本书试图通过许多例题来解释这种作用，但是还留下了解题过程中的其他方面，这些方面需要作类似的解释．

　　这里所接触到的许多论点还需要有进一步的研究．我的关于合情推理的观点应该同其他作者的观点相比较，对历史上的例子应该作比较彻底的探查，关于发现与教学的观点应该尽可能用实验心理学的方法来研究[1]，等等．留下的有这样几个任务，但是其中有一些可能并不受人欢迎．

　　本书虽然不是一部教科书，然而我希望将来它会影响教科书的惯常叙述方式及习题的选择．循着这些线索重新编写普通课程的教科书是会受人欢迎的．

　　7. 我对普林斯顿大学印刷所的精心印刷表示谢意，特别地对所长小赫伯特·S·贝雷先生的几点明智的帮助表示谢意．我也对普里斯拉·费金夫人准备原稿以及朱利斯·G·巴隆博士审阅校样的恳切帮助表示谢意．

G. 波利亚

斯坦福大学

1953. 5.

---

1) 这方面的探索性工作已经由斯坦福大学心理学系在 O. N. R. 主持下在 E. R. 赫尔伽特 (Hilgard) 指导下的研究项目内承担了.

对读者的提示

若在第七章中引用第七章的第 2 节时我们记为 §2，但在其他各章中引用此节时则记为 §7.2．若在第十四章中引用第十四章第5 节的小节 (3) 时，我们记为 §5(3)，但在其他各章引用此小节时则记为 §14.5(3)．当第十四章的例 26 在本章中引用时我们记为例 26，但在其他各章中引用时则记为例 14.26．

阅读本书的主要部分，只要具备初等代数和初等几何的一些知识就够了．若具有初等代数和初等几何的全部知识和解析几何以及极限、无穷级数、微积分的某些知识，则对于阅读差不多全书和大多数例题与注释是足够的．然而，本书中少量非主要的注释和某些问题的注释以及若干讨论，则是针对具有高水平的读者而写的．每当用到比较高深的知识时，通常都会声明．

具有高等水平的读者，若他跳过其自认为是太初等的东西不看的话，则他漏过的东西将比没有高等水平的读者要多，而后者往往只会跳过在他看来是太复杂的那些东西．

应该注意，(不很困难的)论证的某些细节，我们通常都不加提醒地省略了．希望素有严格证题习惯的读者，不致于因此而破坏了自己的良好习惯．

要求解答的问题，有些是很容易的，但有一小部分却相当困难．方括号[ ]内的提示可以使解答变得容易．难题周围的问题则可以起到解难题的提示作用．在某些章的例题之前或在第一部分或在第二部分之前所加的几行"开场白"，应该受到特别注意．

解答有时是很简短的：因为我们假定读者在查阅解答之前已用自己的方法实实在在地尝试过求解了．

一个读者，若在一个问题上真的下了功夫，即使他解题时没有成功，那他也可从中受到教益，例如经过一番努力之后，他可以去查看一下解答,再把书放在旁边,思考一下关键在哪里,然后再试图去作出解答来.

在某些地方,本书不惜用大量的图示或详细的推导过程,目的是使读者看清图示或公式的演变过程.例如,可参看图16.1~16.5.然而任何一本书都不能说它已给出了足够的图形或公式.当读者读到某一段时,可能有两种态度:一种是粗略看看,一种是读深读透.如果想读深读透,那就应该手边有纸有笔,应该准备写下书上给出的公式,或画下书上给出的图形以及公式,看到演变过程的各种细节是如何影响最后的结果.这样作就会有助于记住全部东西.

目 录

(第 一 卷)

第一章 归纳方法

引言

因为流行的观点认为，观察只局限于能产生感性印象的具体对象，所以如果在通常称之为纯粹数学的这门数学科学中，也认为观察是一件极为重要的事的话，这看起来似乎颇为荒谬。如果必须把数仅仅看作是纯理性的概念，我们就很难理解观察和假想实验怎么能用于研究数的本质。事实上，正如我以非常充分的理由在此将要指出的那样，今天人们所知道的数的性质，几乎都是由观察所发现的，并且早在用严格论证确认其真实性之前就被发现了。甚至到现在还有许多关于数的性质是我们所熟悉而不能证明的；只有观察才使我们知道这些性质。因此我们认识到，在仍然是很不完善的数论中，还得把最大的希望寄托于观察之中；这些观察将导致我们继续获得以后尽力予以证明的新的性质。这类仅以观察为旁证而仍未被证明的知识，必须谨慎地与真理区别开来；这类知识是通常所说的用归纳所获得的。然而我们已经看到过单纯的归纳曾导致过错误。因此，我们不要轻易地把观察所发现的和仅以归纳为旁证的关于数的那样一些性质信以为真。诚然，我们应该把这样一种发现当作一种机会，去更精确地研究所发现的性质，以便证明它或推翻它；在这两种情况之中我们都会学到一些有用的东西。

—— **欧拉**[1]（Euler）

§1. 经验和信念

经验在改变着人们的信念。我们是从经验里学习，或者更进一步说，我们应该从经验里学习。最充分地利用经验是人类的一

---

[1] 《欧拉全集》(Euler, *Opera Omnia*)，第 1 辑，第 1 卷，459 页，"纯粹数学中的观察实例"(Specimen de usu observationum in mathesipura).

项伟大的任务,为这个任务而工作是科学家的应有使命。

一位名副其实的科学家应致力于从已知的经验中引出最正确的信念来,并为了建立关于某个问题的正确信念而积累最正确的经验。科学家处理经验的方法,通常称作归纳法。说明归纳过程的特别明了的例子,可以在数学研究中找到。在下一节中我们将要着手讨论一个简单的例子。

§2. 启发性联想

归纳法常常从观察开始。一个生物学家会观察鸟类的生活,一个晶体学家会观察晶体的形状,一个对数论感兴趣的数学家会观察整数 1,2,3,4,5,… 的性质。

假如你想要观察鸟的生活并有可能获得有益的结论的话,那么你就应当对鸟稍有熟悉,对鸟稍感兴趣,甚至也许你应当喜欢鸟。同样,假如你要想考察数,你就应当对它们感兴趣,并且对它们颇为熟悉,你应当会区别偶数和奇数,你应当知道平方数 1,4,9,16,25,… 以及素数 2,3,5,7,11,13,17,19,23,29,…(把 1 当作单位撇开,而不要把它归为素数为好)即使只有这一点朴素的知识,你也可能观察到一些有趣的东西。

比方说你可能会碰到这样几个关系:
$$3 + 7 = 10, \quad 3 + 17 = 20, \quad 13 + 17 = 30$$
并注意到它们之间的类似之处,它会使你想到:3,7,13 和 17 都是奇素数,两个奇素数之和必定是一个偶数;事实上,10,20,和 30 都是偶数,那么其他偶数又怎么样呢? 它们也有类似的性质吗? 当然头一个等于两个奇素数之和的偶数是
$$6 = 3 + 3.$$
看看超过 6 的数,我们发现
$$8 = 3 + 5$$
$$10 = 3 + 7 = 5 + 5$$
$$12 = 5 + 7$$
$$14 = 3 + 11 = 7 + 7$$

$$16 = 3 + 13 = 5 + 11.$$

这样下去总是对的吗？无论如何，所看到的这些个别情况，至少可以启发我们提出一个一般性的命题：**任何一个大于 4 的偶数都是两个奇素数之和**. 考虑到 2 和 4 这两个例外的情形（它们不能拆成两个奇素数之和），我们可以提出下述更完善的命题：**任何一个既不是素数也不是素数平方的偶数，是两个奇素数的和**.

于是我们得出了一个猜想. 我们通过归纳推理而得出了这个猜想. 即它是由观察所启发而由特例所揭示的.

诚然这些启发是脆弱的，我们只有很不充分的根据来相信我们的猜想是正确的. 然而，我们可以得到一些安慰的是，二百多年前发现这个猜想的数学家哥德巴赫 (Goldbach) 对此也并不具有更充分的根据.

哥德巴赫猜想是正确的吗？至今没有人能回答这个问题. 尽管一些伟大的数学家作出了巨大的努力，然而哥德巴赫猜想在今天仍然像在欧拉时代一样，始终是一个我们所熟悉的但不能证明或推翻的关于数的许多性质之一[*]。

现在，让我们回过头来看看，并试着从上面的推理当中看出可以作为归纳过程的典型步骤.

首先，我们注意到了某些相似性，看到了 3，7，13 和 17 是素数，10，20，和 30 是偶数，同时这三个等式：$3 + 7 = 10$，$3 + 17 = 20$，$13 + 17 = 30$ 之间彼此有类似的地方.

尔后是一个推广的步骤，从 3，7，13，和 17 这些实例扩大到所有的奇素数，从 10，20，和 30 扩大到所有的偶数，然后继续推广而得到一个可能的一般关系式

偶数 ＝ 素数 ＋ 素数.

这样我们就得到了一个明确陈述的一般命题，然而，这个命题仅仅是一个猜想，只不过是试验性的推测，就是说，这个命题绝没有被证明，也没有任何资格作为真理，它仅仅是想要达到真理的一

---

[*] 关于哥德巴赫猜想的最新进展，请参看潘承洞、潘承彪著《哥德巴赫猜想》(科学出版社，1981 年 2 月)一书中的陈景润定理. ——译者注

个尝试.

但是,这个猜想和经验,同"事实"和"现实"有一些启发性的联系. 它对于一些特殊的偶数 10,20,和 30 是正确的. 对于 6,8,12,14,16 也是正确的.

根据上面的叙述,我们便粗略地概括了归纳过程的第一阶段.

§3. 支持性联想

你不应当过分相信任何一个未被证明的猜想,即使它是由一个大权威提出来的,甚至即使是你自己提出来的. 你应当力求去证明它或推翻它;总之你应当去检验它.

我们来检验哥德巴赫猜想,假如我们考察某个新的偶数,并且确定它是否是两个奇素数之和. 例如,让我们考察 60 这个数. 我们来完成一个如同欧拉本人所说那样的"假想实验". 60 是偶数,但是它是两个素数之和吗?

$$60 = 3 + 素数$$

是正确的吗?否,因为 57 不是一个素数.

$$60 = 5 + 素数$$

是正确的吗?回答仍然是"否",因为 55 不是素数. 如果用这种方法继续下去总是这样,这个猜想就会被推翻. 然而由下一个试验可得

$$60 = 7 + 53,$$

而 53 是一个素数. 这个猜想又再一次被证实了.

一个相反的结果就会一劳永逸地决定哥德巴赫猜想的命运. 如果你把某个偶数(譬如说是 60)以下的所有素数都试验一下,而不能把它分解成两个素数之和,那么你就能够以此为据推翻这个猜想. 但在偶数 60 的情况下证明了这个猜想成立之后,你却不能达到如此确定的结论,你肯定不能用单独一次验证来证明定理,然而,你自然要把这样的一次验证看成是有利的征兆,它给这猜想增加份量,使它更为可信,而这个有利的征兆究竟有多大价值当然还得由你自己来判断.

让我们暂且回到数 60 上来，在试验了素数 3，5，和 7 之后，我们还可以试验 30 以下的其他素数。（显然，不需要去进一步检验大于 30 即大于 $\frac{60}{2}$ 的素数，因为两个素数之和等于 60，其中必有一数要小于 30。）于是我们得到把 60 分解为两个素数之和的所有情形：

$$60 = 7 + 53 = 13 + 47 = 17 + 43 = 19 + 41 = 23 + 37 = 29 + 31。$$

正如我们刚才考察过偶数 60 一样，我们可以系统地逐个考察偶数。我们可以把考察结果列表如下：

$$6 = 3 + 3$$
$$8 = 3 + 5$$
$$10 = 3 + 7 = 5 + 5$$
$$12 = 5 + 7$$
$$14 = 3 + 11 = 7 + 7$$
$$16 = 3 + 13 = 5 + 11$$
$$18 = 5 + 13 = 7 + 11$$
$$20 = 3 + 17 = 7 + 13$$
$$22 = 3 + 19 = 5 + 17 = 11 + 11$$
$$24 = 5 + 19 = 7 + 17 = 11 + 13$$
$$26 = 3 + 23 = 7 + 19 = 13 + 13$$
$$28 = 5 + 23 = 11 + 17$$
$$30 = 7 + 23 = 11 + 19 = 13 + 17$$

这里我们考察过的所有情况都证实了猜想是对的。延长这个表的每一次证实，都使得这个猜想增加份量，变得更为可信，增加它的合理性。当然，这样证实的次数不管有多少，都不能说就已证明这个猜想。

我们应当考察所收集到的观察结果，应当对它们加以比较和综合，同时应当寻求可能隐藏在它们后面的某些线索。在上述的情况下，从表格里是难以发现什么重要线索的。但进一步地考察这个表，我们可以更清楚地认识这个猜想的意义，这个表表明了所列举的偶数表示为两个素数之和的方式有多少种（6 只有一种，30

有三种). 偶数 $2n$ 的这种表示法的数目似乎随 n 的增大而在"不规则的增大". 哥德巴赫猜想表明一个期望: 不管我们怎样扩充这个表,这种表示法的数目将决不会减少到零.

在我们所考察过的这些特殊情形当中,我们能够将其区分为两类: 一类是阐述猜想以前所考察的,另一类是其后出现的. 前者提出了猜想,后者支持了它. 两类情形都给猜想和"事实"之间提供了某种联系. 表里并没有区别哪些是给予"启示"的,哪些是给予"证实"的.

现在,让我们回过头来看看前面的推理,并力求从这里看出归纳过程所特有的典型特征.

得出了一个猜想之后,我们想要知道它是正确的还是错误的. 我们的猜想是由某些特例所启发的一般命题,而从这些特例我们已经发现它是正确的. 我们进一步考察其他特例. 结果发现在所有考察过的例子里,这个猜想都是正确的,我们对它的信心就增强了.

在我看来,我们只不过做了有理智的人所常做的那些事. 在这样做的时候,我们似乎承认了一个原则: 一个猜想性的一般命题,假如在新的特例中得以证实,那么它就变得更可信了.

这就是构成归纳过程的基本原理吗?

§ 4. 归纳的态度

在我们的个人生活中,我们常常抱住一些幻想不放. 也就是说我们不敢检验某些易于为经验所否定的信念,因为我们深怕失去这种信念后会扰乱我们感情上的平衡. 能在有些情况下抱一些幻想并非是不明智的,但是在科学上,我们却需要有一种完全不同的态度,即采取归纳的态度. 这种态度的目的在于使我们的信念尽可能有效地适应于经验. 这就要求把事实摆在一定的优先地位,要求随时准备把观察结果提高为一般性的原则,并随时准备根据具体观察的结果对最高的一般性原则进行修正. 这要求以成千种不同的意义来说"可能"和"也许"这样的话. 这还要求许多其他东西,特别是下述三点.

第一,我们应当随时准备修正我们的任何一个信念.

第二,如果有一种理由非使我们改变信念不可,我们就应当改变这一信念.

第三,如果没有某种充分的理由,我们不应当轻率地改变一个信念.

这几点听起来是非常平凡的,然而要实行起来,却需要有相当不寻常的品质.

第一点需要有"理智上的勇气". 你需要有胆量修正你的信念. 伽利略(Galileo),他敢于向他同时代的偏见和权威阿里斯多德(Aristotle)挑战,就是理智勇气的伟大典范.

第二点需要有"理智上的诚实". 坚持自己那个显然与经验相抵触的猜想,就因为它正是我的猜想而坚持它,那将是不诚实的.

第三点需要有"明智的克制". 如果不经过认真的考察,譬如,仅仅为了追求时髦,就改变一个信念,那将是愚蠢的. 然而我们既没有时间也没有力量去认真考察我们所有的信念. 因此明智的态度是继续做我们该做的事情,暂时先保留我们的问题,只对那些有足够理由可能改变的信念,才去积极地对它质疑、考察."不轻信任何事情,但只探究那些值得探究的问题."

"理智上的勇气","理智上的诚实"和"明智的克制",这是科学家应有的道德品质.

第一章的例题和注释

1. 根据下面数列找出它的规律

$$11,\ 31,\ 41,\ 61,\ 71,\ 101,\ 131,\ \cdots.$$

2. 考察表

$$
\begin{aligned}
1 &= 0+1 \\
2+3+4 &= 1+8 \\
5+6+7+8+9 &= 8+27 \\
10+11+12+13+14+15+16 &= 27+64.
\end{aligned}
$$

按照上述算例找出它们的一般规律并用适当的数学式子表示出来,而且证明它.

3. 观察下列各个和式的值

$$1, 1 + 3, 1 + 3 + 5, 1 + 3 + 5 + 7, \cdots.$$

这有一个简单的规律吗?

4. 观察下列各个和式的值

$$1, 1 + 8, 1 + 8 + 27, 1 + 8 + 27 + 64, \cdots.$$

这有一个简单的规律吗?

5. 一个三角形的三边长分别是 $l, m,$ 和 n, $l, m,$ 和 n 都是正整数且 $l \leqslant m \leqslant n$ [取 $n = 1, 2, 3, 4, 5, \cdots$],对于给定的 n,求满足所述条件的不同三角形的个数. 求出三角形的个数依赖于 n 的一般规律.

6. 数列的头三项是 $5, 15, 25, \cdots$ (这些数的末一位数字都是 5)能被 5 除尽,其随后的各项也能被 5 除尽吗?

数列的头三项是 $3, 13, 23, \cdots$ (这些数的末一位数字都是 3)是素数,其随后的各项也是素数吗?

7. 根据公式算出

$$(1 + 1!x + 2!x^2 + 3!x^3 + 4!x^4 + 5!x^5 + 6!x^6 + \cdots)^{-1}$$
$$= 1 - x - x^2 - 3x^3 - 13x^4 - 71x^5 - 461x^6 \cdots.$$

对于右端的幂级数首项后的系数提出两个猜想: (1) 它们全都是负的;(2)它们全都是素数. 这两个猜想都可靠吗?

8. 令

$$\left(1 - \frac{x}{1} + \frac{x^2}{2} - \frac{x^3}{3} + \cdots\right)^{-1} = A_0 + \frac{A_1 x}{1!} + \frac{A_2 x^2}{2!} + \cdots,$$

我们求得

$$n = 0 \quad 1 \quad 2 \quad 3 \quad 4 \quad 5 \quad 6 \quad 7 \quad 8 \quad 9$$
$$A_n = 1 \quad 1 \quad 1 \quad 2 \quad 4 \quad 14 \quad 38 \quad 216 \quad 600 \quad 6240.$$

试由此提出一个猜想.

9. 伟大的法国数学家费马 (Fermat) 考虑了数列

$$5, 17, 257, 65537, \cdots,$$

它的一般项是 $2^{2^n} + 1$. 他观察到(已给出的),对应于 $n = 1, 2, 3$ 和 4, 头四项是素数, 他就猜想其随后各项也都是素数. 虽然他没有证明它, 但他感到他的猜想是可靠的, 他并向沃里斯 (Wallis) 和另一位英国数学家要求证明. 然而欧拉发现恰好紧接着的一项 $2^{32} + 1$, 即对应于 $n = 5$ 的那一项便不是素数, 因为它能被 641[1] 除尽. 查看这一章的开头欧拉的一段话:"然而我们已经看到过单纯的归纳曾经导至过错误的情形."

10. 用 $2n = 60$ 验证哥德巴赫猜想时, 我们曾经逐项试过 $n = 30$ 以下各素数. 但是我们也可以逐项试 $n = 30$ 至 $2n = 60$ 各素数. 在 n 较大时, 哪种试法有利些?

11. 在字典里, 你将找到关于"归纳"、"试验"和"观察"等言词的解释. 句子如下:

"归纳是从特殊例子推出一般规律, 或者从提出事实到证明一般命题的过程".

"试验是验证假设的过程."

"观察是对自然界发生现象的因和果, 或者对它们的相互关系作一种准确的注视和记录."

这些叙述能够适用于我们在 §2 和 §3 讨论过的情形吗?

12. 是与非. 数学家好似自然科学家, 在他用一个新观察到的现象来检验一个所猜想的一般规律时, 他向自然界提出问题:"我猜想这规律是真的. 它真的成立吗?"假如结果被实验明确地否定, 则这个规律就不能成立. 假如结果被实验明确证实, 那就有某些迹象说明这个规律可能是真实的. 自然界可以给你是或非的回答. 但它的"是"是轻声的回答, 而它的"非"却是明确的回答.

13. 经验与行为. 经验影响人类的行为和信仰, 而这两者又不是相互独立的. 行为常常来自信仰, 信仰又能产生行为. 然而你可以观察到别人的行为却不易看到他的信仰. 行为比信仰更容易观察到. 每个人都知道"一个被烧伤过的小孩害怕火", 这正如我

---

1) 《欧拉全集》(Euler, *Opera Omnia*), 第 1 辑, 第 2 卷, 1~5 页. 哈代与拉特《数论》(Hardy and Wright, *The theory of numbers*), 14~15 页.

们所说的：经验影响人类的行为．

是的，经验也影响动物的行为．

在我家邻近有一条讨厌的狗，人们并没有去惹它，它就狂吠扑人．然而我能够相当容易找到一种保护自己的方法，如果我假装弯腰去拾一块石头，狗就会吠着跑开．不是所有的狗都有这种行为，但你容易想到是什么经验给了这条狗这样的行为．

熊在动物园"乞求食物"．当有一个观众在它前面的时候，它常常作出一些滑稽姿态促使这个观众把糖块抛入栏内．假如熊没有被囚禁，它决不会采取这样可笑的行为，容易想像是什么经验使动物园的熊会乞求食物．

要彻底研究归纳过程，也许还得研究动物的行为．

14. 逻辑学家、数学家、物理学家和工程师．逻辑学家说："你看这个数学家，他观察开头的九十九个数比一百小，从而他就用他的所谓'归纳'推断所有的数都比一百小．"

数学家说："一个物理学家相信 60 能被一切数除尽．他发现 60 能被 1，2，3，4，5 和 6 除尽，他还试验了更多的情况，如像 10，20，30 也能除尽 60，并且据他说这些例子是随意举出的．由于 60 还能被这些数所除尽，他就认为这些实验证据已经足够了．"

物理学家说："是的，你去看工程师吧，一个工程师觉得所有奇数都是素数．他辩解说，1 无论如何总是素数，无疑地 3，5 和 7 是素数，9 则不灵了，它似乎不是素数．然而 11 和 13 的确又是素数．他说，'回过头来再看 9，我断定 9 必定是一个实验性的错误．'"

归纳法能导致错误这个道理太明显了，但是值得注意的是，尽管出现错误的机会占据绝大多数，归纳法有时却能导出真理．我们应当从归纳法失败的明显例子来开始研究呢，还是从那些值得注意的由归纳法获得成功的例子来开始研究呢? 大家容易体会，研究宝石是比研究普通石子更有吸引力的．而且引导矿物学家去搞奇妙结晶学的是宝石，而绝不是普通石子．

第二章　一般化、特殊化、类比

我珍视类比胜于任何别的东西，它是我最可信赖的老师，它能揭示自然界的秘密，在几何学中它应该是最不容忽视的.

——开普勒（Kepler）

§1. 一般化、特殊化、类比和归纳

现在来看我们曾经在第一章 §2 和 §3 中较为详细地讨论过的归纳推理的例子. 我们从观察三个关系式

$$3 + 7 = 10, \quad 3 + 17 = 20, \quad 13 + 17 = 30$$

的类比开始. 我们从 3，7，13 和 17 推广到一切素数，从 10，20，30 再推广到一切偶数. 我们再回过头来试验像 6 或 8 或 60 那样特别的偶数.

这第一个例子是非常简单的，它十分正确地说明了一般化、特殊化和类比在归纳推理中的作用. 然而我们应该研究较为丰富多彩的实例，而且在这以前，我们应该讨论一般化、特殊化和类比这些过程本身，它们是获得发现的伟大源泉.

§2. 一般化

一般化是从对象的一个给定集合进而考虑到包含这个给定集合的更大集合. 例如，我们从三角形进而考虑到任意多边形. 我们从锐角的三角函数进而考虑到任意角的三角函数.

可以看出，在这两个例子中，一般化是按两个有不同特征的方式来进行的. 在第一个例子里，从三角形推广到多边形时，我们用一个变数代替了一个定数，即用一个变数 n（只受 $n \geq 3$ 的限制）代替了一个定数 3. 在第二个例子里，从锐角推广到任意角 α，我们去掉了一个限制，即去掉了 $0° < \alpha < 90°$ 的限制.

我们往往从仅仅一个对象推广到包含它的全体.

§3. 特殊化

特殊化是从对象的一个给定集合,转而考虑那包含在这集合内的较小的集合. 例如,我们从多边形转而特别考虑正 n 边形,我们还可以再从正 n 边形转而特别考虑等边三角形.

这两个转移步骤是按两个显著不同的方式来进行的. 在第一步里,从多边形到正多边形,我们引入了一个限制,即多边形的所有边及所有角都是相等的. 在第二步里,我们用了一个特定的对象代替了一个可变的对象,即我们把变数 n 换成了一个定数 3.

我们往往从专门研究对象的全体转变为研究包含在这个全体中的仅仅一个对象. 例如,我们希望核对关于素数的某个普遍命题时,我们可以挑出某个素数,比如说 17. 我们可以检查这个普遍命题对于这个素数 17 是否成立.

§4. 类比

在一般化和特殊化的概念中没有含糊的或有问题的东西. 然而当我们开始讨论类比时,我们却不能讲得那么确切无疑.

类比是某种类型的相似性. 我们可以说它是一种更确定的和更概念性的相似. 但是我们可以把话说得更确切些. 类比和其他类型的相似性之间的本质差别,在我看来在于思考者的意图. 相似对象彼此在某些方面带来一致性. 假如你想把它们的相似之处化为明确的概念,那么你就把相似的对象看成是可以类比的. 假如你成功地把它变成清楚的概念,那么你就阐明了类比关系.

当诗人把少女比作花朵时,他们感到某些相似性(我希望如此),但通常他们并未想到作类比. 事实上,他们很少会超越感情而把这种比拟化为某些可度量的东西或从概念上可定义的东西.

看到自然历史博物馆里各种各样哺乳动物的骨骼时,你可能觉得它们都很可怕. 如果你所能发现的它们之间的类似之处仅限于此,那你就看不出多少类比性. 然而你可以发觉一个极好的有启发性的类比,假如你来考察人的手,猫的脚爪,马的前脚,鲸鱼的鳍和蝙蝠的翅膀,这些器官虽然用途如此不同,但却是由具有相似关系的相似部分所组成的.

最后这个例子是最典型的一种阐明了的类比关系;两个系统可作类比,如果它们各自的部分之间,在其可以清楚定义的一些关系上一致的话.

例如,平面上的一个三角形可与空间的一个四面体作类比.在平面上,两条直线不能围成一个有限的图形,然而三条却可以围成一个三角形. 在空间,三张平面不能围成一个有限的图形,然而四张却可以围成一个四面体. 就两者以数目最少的简单分界为元素所围成这一点来说,三角形与平面的关系同四面体与空间的关系是一样的. 所以可以作类比.

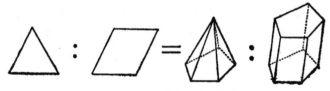

图 2.1　平面与空间的类比关系

“类比”源自希腊文 “analogia”,原意之一为“比例”. 事实上,6与 9 这一组数和 10 与 15 这一组数,就它们的对应项的比是一致的.

$$6:9 = 10:15.$$

就这一点来说,是可作“类比”的. 比例性或直观地从几何相似图形对应部分看出相同之比的性质,这是很有启发性的一种类比.

这里有另一个例子. 我们把一个三角形和一个棱锥看作类比的图形. 一方面我们取一条直线段,而在另一方面取一个多边形.过线段上所有点与线段外一点用线段相连,可以得到一个三角形,过多边形的所有点与多边形所在平面外一点用线段相连,可以得到一个棱锥,用同样的方法,我们可以把一个平行四边形和一个棱柱看作是相类比的图形. 事实上,分别将一条线段和一个四边形平行于它们自身加以移动,而移动方向分别与直线或平面相交,就会描绘出所希望的一个平行四边形和棱柱. 我们可能会忍不住想把平面图形和立体图形之间的这种对应关系表达成一种比例关系,而且居然不顾一切就这样做了,那就会得出图 2.1. 这个图形修改了符号(∶和=)的通常意义,正如希腊原文"analogia"的意义在语言学历史发展过程中所作的修改一样: 从"比例"修改为"类比".

最后这个例子还在别的方面有其启发性. 类比,特别未完全说清楚的类比可能是含糊的. 例如,比较平面几何与立体几何,我们首先发现平面上的三角形与空间的四面体可作类比,其次三角形与棱锥可作类比. 然而这一对类比都是合理的. 它们各有其价值. 在平面几何与立体几何之间有若干类比关系,而不只一个特殊的类比.

图 2.2 表明了,怎样从一个三角形出发,可以通过一般化步骤上升到多边形,通过特殊化步骤下达为等边三角形,或者通过类比化为不同的立体图形,使左右两边都有类比.

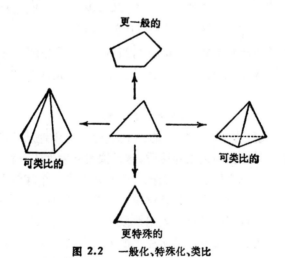

更一般的

可类比的   可类比的

更特殊的

图 2.2   一般化、特殊化、类比

而且牢记,不要忽视含糊的类比. 然而,如果你希望这些类比受人重视的话,你就该设法尽量把它们说清楚.

§5. 一般化、特殊化和类比

一般化、特殊化和类比往往协同解决数学问题[1]. 作为一个例子,让我们来证明一个初等几何中最著名的定理——毕达哥拉斯(Pythagoras)定理[*]. 我们所要讲的这个定理的证法不是新的;它应该归功于欧几里得(Euclid)本人(Euclid VI. 31).

(1)我们来考察一个直角三角形,它的边分别是 a、b 和 c,其中 a 是斜边. 我们需要证明

(A) $a^2 = b^2 + c^2$.

这个公式提示我们,得在这个直角三角形的三条边上分别作一个正方形,从而得到复合图形 2.3 中那个并不生疏的部份 I(读者应按本书讲解的顺序画出各部份图形以便看出它们是怎样来的。)

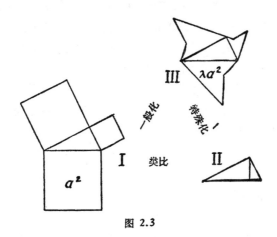

图 2.3

(2)发现,甚至非常简单的发现,也需要下一些功夫,需要认出某种关系. 在复合图形的熟悉部分 I 和不太熟悉的部分 II 之间

---

1)这一节在转载时,对作者发表于《美国数学月刊》(*American Mathematical Monthly*), 55 (1948), 241—243 页上的一篇注记已稍作改述.

*)在我国称作商高定理或勾股弦定理,商高很早就提出了这个定理,在《周髀算经》里有详细记载. ——译者注

留心作类比,我们可以发现如下的事实: 那个出现在 I 中的直角三角形,它在 II 中被垂直于其斜边的高分成了两部分.

(3)也许,你未能看出 I 和 II 之间可作类比之处. 然而,这个类比是可以明显看出的,那就是把 III 视为 I 和 II 的共同推广. 在 III 里再一次看出,还是那个直角三角形,但在它的三边上分别画有三个彼此相似,而此外则是任意形状的多边形.

(4) I 中画在斜边上正方形的面积是 a^2. III 中画在斜边上多边形的面积可令其等于 λa^2;因子 λ 是由两个所给定的面积之比确定的. 然而,由 III 中画在三角形边 a,b 和 c 上的三个多边形的相似性,可得三个多边形的面积分别等于 λa^2,λb^2 和 λc^2.

现在,假设方程(A)是正确的(就像我们要证明的定理所述那样),则下面的方程也将是正确的

(B) $\lambda a^2 = \lambda b^2 + \lambda c^2$.

事实上,用很少的代数学知识就能从(A)导出(B). 现在,关系式(B)是原来毕达哥拉斯定理的推广. 假如有三个相似多边形画在一个直角三角形的三边上,那么画在斜边上的多边形的面积应等于画在另外两边上的多边形面积之和.

看到这一点是有意义的: 这个推广同我们开始的特殊情形是等价的. 事实上,我们通过乘或除 λ(它是两个面积之比,故不为 0)可使等式(A)和(B)相互导出.

(5)由(B)表示的一般定理不仅等价于特殊情形(A),而且也等价于任一其他特殊情形. 因此,如果对于任何这样的特殊情形定理是明显的,那它就阐明了一般情形.

现在,试作一个有用的特殊化处理. 我们要找出一个合适的特殊情形. II 就是这样的一个特殊情形. 事实上,容易看出,在它自己斜边上画出的直角三角形分别相似于以其两直角边为斜边所画的两个直角三角形. 而且显然整个三角形的面积等于它的两部分面积之和. 从而毕达哥拉斯定理得证.

上面的推理过程是非常有启发性的. 假如我们能从一种情形学到适用于其他一些情形的某些东西,那么这种情形就是有启发

性的,可能适用的范围越广就越有启发性. 现在,从上面的例子我们能够学到如何运用像一般化、特殊化和作类比这样一些基本的思考过程. 不论是在初等数学、高等数学中的发现,或者在任何别的学科中的发现,恐怕都不能没有这些思考过程,特别是不能没有类比.

上面的例子说明我们怎样能够从特殊情形上升到一般情形,例如从 I 那个特殊情况推广到更一般的情况 III,并回过头来作特殊化,具体到一个可作类比的情形如 II. 它也说明了这样的事实:一般情形能在逻辑上等价于一个特殊情形,这在数学中是那么司空见惯的事,然而,对于初学者或者对于那些自命高深的哲学家来说仍然可能会大惊小怪. 我们的例子朴实地和富于启发性地说明,在获得所需要解答的过程中,一般化、特殊化和作类比是怎样自然地结合在一起的. 请注意,读者只要有最低限度的预备知识,便能充分理解前面的推理.

§6. 由类比作出的发现

类比似乎在一切发现中有作用,而且在某些发现中有它最大的作用. 我们想用一个不太初等的例子来说明这点,但是这是一个比我所能想出的任何太初等的例子更能使人难忘和具有历史意义的有趣例子.

与牛顿(Newton)和莱布尼兹(Leibnitz)同时代的一个瑞士数学家雅克·伯努利(Jacques Bernoulli)(1654～1705),他发现过几个无穷级数的和,但是他未能求出所有自然数平方的倒数之和,即未能找出

$$1 + \frac{1}{4} + \frac{1}{9} + \frac{1}{16} + \frac{1}{25} + \frac{1}{36} + \frac{1}{49} + \cdots$$

的和:雅克·伯努利写道:"假如有人能够求出这个我们直到现在还未求出的和并能把它通知我们,我们将会很感谢他."

这个问题引起了另一个瑞士数学家李昂哈德·欧拉(Leonhard Euler)(1707～1783)的注意,他也是出生在巴赛尔(Basle)的;他

是雅克·伯努利的弟弟吉恩·伯努利（Jean Bernoulli)*(1667～1748) 的学生. 他发现了这个和的各式各样表达式（定积分、级数），但没有一个能使他满意. 他用了这些表达式之一，算出了有七位有效数字的和 (1.644934). 然而这仅是一个近似值，而他的目的是要求出准确值. 最后他发现了它. 类比引导他作出了一个非常大胆的猜想.

（1）我们先回顾一些初等代数中为作出欧拉发现所必需的事实. 假如一个 n 次方程

$$a_0 + a_1 x + a_2 x^2 + \cdots + a_n x^n = 0$$

有 n 个不同的根

$$\alpha_1, \ \alpha_2, \ \cdots, \ \alpha_n,$$

则左边的多项式就能够表示为 n 个线性因子的乘积，即

$$a_0 + a_1 x + a_2 x^2 + \cdots + a_n x^n = a_n (x - \alpha_1)(x - \alpha_2) \cdots (x - \alpha_n).$$

比较这个恒等式两边 x 同次幂的项，我们从熟知的方程式根与系数的关系，由比较两边的 x^{n-1} 项，很容易得出：

$$a_{n-1} = -a_n (\alpha_1 + \alpha_2 + \cdots + \alpha_n).$$

另有一种方法可把多项式分解成线性因子. 设根 $\alpha_1, \alpha_2, \cdots, \alpha_n$ 中没有零根，或者（其实也是一样）设 $a_0 \neq 0$，我们也有

$$a_0 + a_1 x + a_2 x^2 + \cdots + a_n x^n$$

且

$$= a_0 \left(1 - \frac{x}{\alpha_1} \right) \left(1 - \frac{x}{\alpha_2} \right) \cdots \left(1 - \frac{x}{\alpha_n} \right),$$

$$a_1 = -a_0 \left(\frac{1}{\alpha_1} + \frac{1}{\alpha_2} + \cdots + \frac{1}{\alpha_n} \right).$$

还有另外一种分解法. 如果是 $2n$ 次方程，其形式为

$$b_0 - b_1 x^2 + b_2 x^4 - \cdots + (-1)^n b_n x^{2n} = 0,$$

并且有 $2n$ 个不同的根 $\beta_1, -\beta_1, \beta_2, -\beta_2, \cdots, \beta_n, -\beta_n$，则

$$b_0 - b_1 x^2 + b_2 x^4 - \cdots + (-1)^n b_n x^{2n}$$

$$= b_0 \left(1 - \frac{x^2}{\beta_1^2} \right) \left(1 - \frac{x^2}{\beta_2^2} \right) \cdots \left(1 - \frac{x^2}{\beta_n^2} \right),$$

---

*) 即 Johann Bernoulli. ——译者注

且

$$b_1 = b_0 \left(\frac{1}{\beta_1^2} + \frac{1}{\beta_2^2} + \cdots + \frac{1}{\beta_n^2} \right).$$

(2) 欧拉研究了方程

$$\sin x = 0,$$

或者

$$\frac{x}{1} - \frac{x^3}{1 \cdot 2 \cdot 3} + \frac{x^5}{1 \cdot 2 \cdot 3 \cdot 4 \cdot 5} - \frac{x^7}{1 \cdot 2 \cdot 3 \cdots 7} + \cdots = 0,$$

左边有无穷多项,它是"无穷次的". 因此,欧拉认为,它理应有无穷多个根

$$0, \ \pi, \ -\pi, \ 2\pi, \ -2\pi, \ 3\pi, \ -3\pi, \ \cdots.$$

欧拉抛去 0 这个根,他用 x(对应于 0 根的线性因子)除这个方程的左边,得方程

$$1 - \frac{x^2}{2 \cdot 3} + \frac{x^4}{2 \cdot 3 \cdot 4 \cdot 5} - \frac{x^6}{2 \cdot 3 \cdot 4 \cdot 5 \cdot 6 \cdot 7} + \cdots = 0,$$

它的根为

$$\pi, \ -\pi, \ 2\pi, \ -2\pi, \ 3\pi, \ -3\pi, \ \cdots.$$

我们可看出前面作类比的情况,即可与 (1) 中讨论过的 $2n$ 次方程分解为线性因子的最后一种方法作类比. 欧拉由类比得出

$$\frac{\sin x}{x} = 1 - \frac{x^2}{2 \cdot 3} + \frac{x^4}{2 \cdot 3 \cdot 4 \cdot 5} - \frac{x^6}{2 \cdot 3 \cdots 7} + \cdots$$

$$= \left(1 - \frac{x^2}{\pi^2} \right) \left(1 - \frac{x^2}{4\pi^2} \right) \left(1 - \frac{x^2}{9\pi^2} \right) \cdots,$$

$$\frac{1}{2 \cdot 3} = \frac{1}{\pi^2} + \frac{1}{4\pi^2} + \frac{1}{9\pi^2} + \cdots,$$

$$1 + \frac{1}{4} + \frac{1}{9} + \cdots = \frac{\pi^2}{6}.$$

这就是雅克·伯努利没能解决的那个级数的和,但是它是一个大胆的论断.

(3) 欧拉深知他的结论是大胆的. 他十年后写道:"这种方

法是新的并且还从来没有这样用过."他亲自看到某些异议,并且当他的数学界的朋友们从第一次惊叹中清醒过来时,对他的结论也提出了许多异议.

当然,欧拉有理由相信他的发现. 首先,数值 $\pi^2/6$ 作为这个级数的和与从前估算的结果到小数点后最末一位数字都一致. 更进一步比较 $\sin x$ 作为无穷乘积中的系数,他发现了另一个值得注意的级数之和,得(自然数)四次方倒数之和

$$1 + \frac{1}{16} + \frac{1}{81} + \frac{1}{256} + \frac{1}{625} + \cdots = \frac{\pi^4}{90}.$$

他考查了这个数值并且再一次发现了一致性.

(4) 欧拉还用另外的例子试验了他的方法. 通过他头一种方法的多种变型,得以重新导出了雅克·伯努利级数的和为 $\pi^2/6$,而且成功地用他的方法重新发现了一个重要级数——莱布尼兹级数的和.

让我们来讨论最后这一点. 我们按欧拉的思路来考察如下的方程:

$$1 - \sin x = 0,$$

它有根

$$\frac{\pi}{2}, \quad -\frac{3\pi}{2}, \quad \frac{5\pi}{2}, \quad -\frac{7\pi}{2}, \quad \frac{9\pi}{2}, \quad -\frac{11\pi}{2}, \cdots.$$

然而,这些根每一个都是重根.(曲线 $y = \sin x$ 不在这些横坐标上与 $y = 1$ 的直线相交,而是与它相切. 对于这些 x 值,左边的导数变为零,但二阶导数不为零.)因此方程

$$1 - \frac{x}{1} + \frac{x^3}{1 \cdot 2 \cdot 3} - \frac{x^5}{1 \cdot 2 \cdot 3 \cdot 4 \cdot 5} + \cdots = 0$$

有根

$$\frac{\pi}{2}, \quad \frac{\pi}{2}, \quad -\frac{3\pi}{2}, \quad -\frac{3\pi}{2}, \quad \frac{5\pi}{2}, \quad \frac{5\pi}{2}, \quad -\frac{7\pi}{2}, \quad -\frac{7\pi}{2}, \cdots,$$

而且依欧拉的类比可将其分解为线性因子

$$1 - \sin x = 1 - \frac{x}{1} + \frac{x^3}{1 \cdot 2 \cdot 3} - \frac{x^5}{1 \cdot 2 \cdot 3 \cdot 4 \cdot 5} + \cdots$$

$$= \left(1 - \frac{2x}{\pi}\right)^2 \left(1 + \frac{2x}{3\pi}\right)^2 \left(1 - \frac{2x}{5\pi}\right)^2 \left(1 + \frac{2x}{7\pi}\right)^2 \cdots.$$

比较两边 x 的系数,我们得

$$-1 = -\frac{4}{\pi} + \frac{4}{3\pi} - \frac{4}{5\pi} + \frac{4}{7\pi} - \cdots,$$

$$\frac{\pi}{4} = 1 - \frac{1}{3} + \frac{1}{5} - \frac{1}{7} + \frac{1}{9} - \frac{1}{11} + \cdots.$$

这是著名的莱布尼兹级数;欧拉大胆的步骤导出了一个以前知道的结果. 欧拉说:"这对我们那个被认为还有某些不够可靠之处的方法,现在可充分予以肯定了,因此我们对于用同样方法导出的其他一切结果也不应怀疑."

(5) 然而欧拉继续怀疑. 他继续作 (3) 中所述的数值检验,他核算了更多级数和的更多位小数,并且发现所有核算结果都一致. 他也试验过另外的方法,并且最后他成功地证明了值 $\pi^2/6$ 作为雅各·伯努利级数的和,不仅是近似的,而且是准确的. 他发现了一个新的证明. 这个证明虽然不明显而且要用巧妙手法,但它基于更通常的考虑并且被人认为是完全严格的. 于是,欧拉发现中最突出的结果得到了令人满意的证明.

这些论证,看来使欧拉深信他的结果是正确的[1].

§7. 类比和归纳

我们希望学到一些搞发明和作归纳的推理过程. 我们从上面所讲的历史可以学到些什么呢?

(1) 欧拉成功的决定性因素是大胆. 从严格逻辑角度来回

---

[1] 距他的第一次发现差不多十年之后,欧拉返回到这个问题,回答了异议,在一定程度上完成了他原来的启发式的方法,并且给出了一个新的本质不同的证明. 见《欧拉全集》,第 1 辑,第 14 卷,73~86 页,138~155 页,177~186 页,和 156 ~176 页,包括有关这个问题的历史的一个注释.

顾，他的做法是荒谬的． 他把对某种情况来说尚未发明的法则应用到这种情况上了，即把关于一个代数方程的法则应用到一个非代数方程的情况中去． 在严格的逻辑意义下欧拉的步骤是不允许采取的，但是他用了一门新兴科学中最好的成就来作类比，而类比告诉他可以这样做． 这门新科学，在几年以后，他自己把它称为"无穷分析"． 在欧拉以前，别的数学家曾通过从有限差分过渡到无限小的差分，从一个有限项的和过渡到一个无限项的和，从一个有限乘积过渡到无限乘积． 因此欧拉应用了从有限过渡到无限这个法则，从有限次方程(代数方程)过渡到无限次方程．

这种从有限到无限的类比，是埋伏着许多危险陷阱的． 欧拉怎么能避开它们呢？ 一些人会回答说因为他是一位天才，这当然全然不是理由． 欧拉信赖他的发现是有充分理由的． 我们只要稍具普通常识，就能够理解他的理由，而无需提出什么天才的、具有不可思议的洞察力这种说法．

(2) 前面概括[1]的欧拉信赖其发现的理由并非论证逻辑． 欧拉并没有从头考察他那猜想的理由，并未研究由有限过渡到无限的这种大胆猜想的根据[2]． 他只考察了最后的一些结论． 他把对于任何一个结论的证实都看作是有利于他的猜想的证据． 他接受近似和准确性的验证，但他似乎更重视准确性的验证． 他还考察了由密切相关的类似猜想得出的一些结论[3]，并把每一个这种结论的证实都看作是有利于他自己的猜想的一个论据．

事实上，欧拉的理由是归纳性的． 考察一个猜想的结论并根据这种考察的结果来判断猜想是否可靠，这是一种典型的归纳方法． 在科学研究上也同在日常生活中一样，我们对于一个猜想的信赖程度，会而且应该根据从其得出的可观察到的结果符合于事实程度的多少来判断．

---

1) 在§6 (3)，(4)，(5)关于欧拉的概括见《欧拉全集》，第1辑，第14卷，140页．
2) 把 sin x 表为一个无限的结果．
3) 特别关于 $1 - \sin x$ 的结论．

简而言之,欧拉似乎就是按照有普通常识的人,包括科学家或非科学家在内,通常都会思考的那样来思考问题的. 他似乎承认某些原则:如果一个猜想有任何新的结论得到证实,它就变得更为可靠. 而且:假如有一个与之相类似的猜想变得更可靠,则这个猜想也就变得更可靠.

归纳过程中的根本原则确实就是这样的吗?

第二章的例题和注释
第 一 部 分

1. 正确的推广.

A. 求三个数 x, y 和 z 满足下列方程组:
$$9x - 6y - 10z = 1,$$
$$-6x + 4y + 7z = 0,$$
$$x^2 + y^2 + z^2 = 9.$$

若要解 A,则在 A 的下列三种推广问题 B,C,D 中,你指出那种推广较有助于解决问题?

B. 自三元联立方程解三个未知数.

C. 求三个未知数,先解三元联立方程的头两个线性方程,再解第三个是二次方程.

D. 求解 n 个未知数,先解 n 元联立方程的头 $n-1$ 个线性方程.

2. 已给一点及一"正"六棱锥(如果棱锥的底是正多边形且棱锥的高过其底的中心则称此棱锥为"正"的),求作一平面过所给点且平分正六棱锥体积.

提示:为了对你有所帮助,向你提个问题,什么是正确的推广?

3. A. 有公共点 O 的三直线不共平面,过 O 作一平面与三直线成等角.

B. 有公共点的三直线不共平面,P 为其中一直线上一点,过 P 作一平面与三直线相交成等角.

比较问题 A 和 B,你能用一个问题的解帮助得出另一个问题的解吗？它们的逻辑关系是什么？

4. A. 计算积分

$$\int_{-\infty}^{\infty} (1 + x^2)^{-3} dx.$$

B. 计算积分

$$\int_{-\infty}^{\infty} (p + x^2)^{-3} dx,$$

此处 p 是一个给定的正数.

比较问题 A 和 B，你能用一题的解帮助得出另一题的解吗？它们的逻辑关系是什么？

5. 一个极端的特殊情形. 两人坐在长方形桌旁，并且两人相继轮流往桌上平放一枚同样大小的硬币，条件是硬币一定要平放在桌面上，不能使后放的硬币压在先前的硬币上，这样继续下去，最后桌面上只剩下一个位置时谁放下最后一枚，谁就算胜了，钱就都归谁. 设两人都是能手，先放的胜还是后放的胜？

这是一个由来已久但是值得深思的难题. 当有人向一个确有才能的数学家提出这个难题时，他说："如果这桌子小到只能放下一枚硬币，那末第一个放的当然会获胜." 他提出一个极端特殊情形，从而使得这个问题的解答变得很显然了.

从这个特殊情形，你可以设想桌子变大，能放下更多的硬币. 也可把这个问题一般化，设想有各种形状和大小的桌子. 如果你能注意到方桌有对称中心，合理的推广就要考察有对称中心的桌子，那样就会得到解答，至少很接近解答了.

6. 已知二圆，求作公切线.

提示：想出一个容易做的特殊情形.

7. 起主导作用的特殊情形. 多边形面积是 A，其所在平面与另一平面的交角是 α. 求这多边形在另一平面上正投影的面积.

这里没有指定多边形的形状，但是有无穷的各种各样可能的形状. 我们应该讨论哪一种形状？我们应该首先讨论哪种形状？

有一种形状讨论起来特别方便：底边平行于两平面交线 l 的

矩形. 设这种矩形的底是 a, 高是 b, 其面积是 ab, 其投影长度分别是 a, $b\cos\alpha$, 投影面积是 $ab\cos\alpha$. 故若多边形面积是 A, 则投影面积是 $A\cos\alpha$.

底边平行于 l 的矩形不仅是特别容易处理的特殊情形, 而且又是一种有主导作用的特殊情形. 主导特例的解包含了一般问题的解. 故由此可以推广到直角边平行于 l 的直角三角形(用对角线平分上述矩形), 再推广到一种平行于 l 的三角形 (由上述两直角三角形组成); 最后推广到一般多边形 (可分解为前述许多三角形). 甚至我们还可以推广到曲边形(看作多边形的极限).

8. 同圆弧所对的圆心角二倍于圆周角(Euclid III, 20.).

如果圆心角给定, 圆周角位置可任取, 取什么特殊位置有利于证明(最优的特殊情形)?

9. 解析函数论中的柯西 (Cauchy) 定理说: 解析函数沿任何闭曲线(其内函数正则)的积分为零. 证明时取三角形曲线为主导特例, 以后推广到多边形(三角形合成)到曲线(多边形极限), 这可与例 7, 8 作类比.

10. 有代表性的特殊情形. 设要解有关 n 边形的问题, 作一五边形, 针对这五边形解出问题, 若发现对 $n=5$ 的解法对任何 n 都适用, 这 $n=5$ 就是一有代表性的特殊情形, 它能代表一般情形, 但 $n=5$ 的特殊情形应不比一般情形简单才有代表性.

在教学上用代表性的特殊情形讲较方便, 我们可以只通过仔细讲解三阶行列式的方法来讲 n 阶行列式的定理.

11. 可类比的情形. 设计一种飞机, 使乘客在飞机出事时不易折伤颅骨. 医生研究这一问题时, 用蛋壳在各种情况下被敲碎的情形来做实验. 他做的是什么? 他改变了一下原题, 把颅壳问题化为蛋壳问题, 原问题和辅助问题的联系是一种类比. 从机械结构方面来说, 人脑与鸡蛋大致类似: 两者都有硬脆的外壳和浆液内含物.

12. 假如空间二直线为三平行平面所截, 则相应的截段成比例.

提示：设想一个较简单的类似定理。

13. 平行六面体的四条对角线交于一点，且各互相平分。

是否有较简单的类比定理？

14. 三面角每两面角之和总大于第三个。

是否有较简单的类比定理？

15. 设以四面体作为三角形的类比。试举立体几何中与下述平面几何中类似的概念：平行四边形，矩形，正方形，角平分线。再试述一立体几何定理类似于下列平面几何定理：三角形的三条角平分线交于一点，这个点是其内切圆的圆心。

16. 若把空间棱锥看作是三角形的类比。试述与下列平面图形可类比的立体图形：平行四边形，矩形，圆。再试述一立体几何定理类似于下列平面几何定理：圆面积等于以圆周为底边以半径为高的三角形面积。

17. 想出一立体几何定理类似于下列平面几何定理：等腰三角形的高通过底边的中点。

你认为什么样的立体图形可与等腰三角形类似？

18. 伟大的类比。(1)前面的例 12～17 都是对平面几何和立体几何作类比。这种类比有多种多样因而常常是含糊的和不总是确定的，但是它是提出新问题和获得新发现取之不竭的泉源。

(2) 数学的研究对象并不只限于数和形。总的说来，数学和逻辑两者是不可分隔的，凡属严密理论的研究对象都可作为数学的研究对象。然而，数和形毕竟是数学通常所研究的最多的对象，数学家通常用数的性质来说明图形的事实，也用图形的性质来说明数的事实，故数与形有多方面的类比。有些方面的类比是很明白的，如解析几何中代数与几何的相应关系。例如取之不尽的各种各样的几何图形与各种各样可能运算的数之间的对应关系。

(3) 极限和极限过程引入另一种类比：有限与无限的类比。所以无穷级数与积分在许多方面(它们的极限)同有限和可作类比；微分法类似于有限差分法；微分方程，特别是线性齐次的，就同代数方程有点类似，等等。在积分方程论中，就对 n 元线性联立方程在积分学中的类比给出了很好的回答. 有限与无限的类比是**特别**吸引人的,因为这种类比有其特有的困难与危险. 它可以引向发现或导致错误(参看例 46).

(4) 伽利略发现了抛射体的抛物线轨道和它们的运动的定量规律,他在天文学方面也是一个伟大的发现者,用他当时新发明的望远镜他发现了木星的卫星类似于地球的月亮,金星的圆缺类似于月亮的圆缺. 这种发现是对当时尚有争论的哥白尼(Copernicus)的日心学说的极大支持. 很奇怪他没有看出天体运动与抛射体运动之间的相似关系(这种运动轨道是他发现的). 抛射体行迹弯向地球也同月球轨道弯向地球一样. 牛顿是坚持这种类比的:"…抛射出去的石子,为其重量所迫,离开直线轨道而在空中循曲线前进…最后下落到地上;抛射的速度愈大,则在其下落地面以前飞行的距离愈大. 故可假设在其下落地面以前描划了 1, 2, 5, 10, 100, 1000 英里长的曲线弧,直到最后超出地球的范围,跑到宇宙空间,而不再接触地面."[1] (参看图 2.4.)

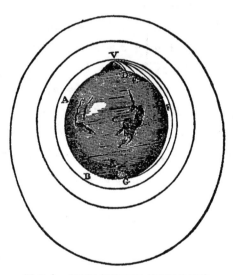

图 2.4 根据牛顿的原理,从石子的轨道到月球的轨道

连续性变化. 石子的轨道转入到月球的轨道. 像石子和月球相对于地球运动,也像卫星相对于木星,或者像金星和别的行星相对于太阳运动一样.

1)《牛顿爵士的自然哲学的数学原理和他的世界体系》(Sir Isaac Newton's *Mathematical Principles of Natural Philosophy and is System of the World*),翻译:莫特(Motte),校对:卡乔里(Cajori), Berkely, 1946;见 551页.

如果没有这些形象化的类比，我们对牛顿的万有引力定律就不能充分地了解．直到今天，我们仍把万有引力看作为最伟大的一项科学发现．

19. **明确的类比．** 类比往往是含糊的．什么对什么类比？回答这个问题往往是含糊的．对类比的含糊并不因此而稍减其趣味和用处．但是那些已经在逻辑概念上或在数学概念上达到非常清晰程度的类比概念尤其值得考虑．

(1) 所谓类比是指有类似的关系．例如受同一规律支配的各种关系就可以说它们之间的类比是有明确意义的．从这个意义上讲，加法和乘法是类似的，因两者依同样的规律运算，都适合交换律和结合律

$$a+b=b+a, \qquad ab=ba,$$
$$(a+b)+c=a+(b+c), \qquad (ab)c=a(bc).$$

两者都有逆运算；方程

$$a+x=b, \qquad ax=b$$

都有唯一解．（为了表示上述法则毫无例外地成立，当我们考虑加法时，可以允许有负数．当我们考虑乘法时，我们必须假定 $a\neq 0$．）从这点上，减法就类似于除法，因上述二方程的解分别是

$$x=b-a, \qquad x=\frac{b}{a},$$

此外，数 0 与 1 类似；因为任一数加 0 与任一数乘 1 一样，都不改变那个数，

$$a+0=a, \qquad a\cdot 1=a.$$

不管是对有理数、实数或复数，这些规律都一样．一般说来，适合同样一套基本规律（公理）的对象，可以看作是彼此类似的，这种类比的意义是完全明确的．

(2) 实数的相加与正数的相乘还在另一种意义上有类似之处．任意实数 r 是某正数 p 的对数，

$$r=\log p.$$

（若根据常用对数，$r=-2$ 是 $p=0.01$ 的对数．）根据这一关系，

每一正数必有一实数与之对应,反之亦然. 在这对应关系中,实数相加相应于正数相乘. 若

$$r = \log p, \quad r' = \log p', \quad r'' = \log p'',$$

则

$$r + r' = r'' \quad 与 \quad pp' = p''$$

中有任一式成立,必也意味着另一式成立.二者用不同的语言说出了同一关系. 我们可以说 p 取对数后译成了实数 r, r 是译文,p 是原文(我们也可以把"译文"和"原文"交换一下,但是我们必须进行选择,并且当我们选定后,我们就遵循这种选择). 这样,加法就是乘法的译文,减法就是除法的译文,0 是 1 的译文,实数加法的交换律和结合律可以看作是正数乘法交换律和结合律的译文. 译文虽与原文不同,但从原文中二元素间的关系可肯定知道译文中相应元素间有相应关系,反之亦然. 这种翻译过程,是一一对应的且保持某些关系不变的规律,用数学术语讲叫做同构. 同构就是一种意义完全明确的类比.

(3) 第三种意义完全明确的类比在数学上叫同态(或缺面体的同构). 如果想讨论充分多的例子,或者给出精确的叙述那将花费许多时间. 但是我们可以尝试如下的近似叙述,同态可以说是一种有系统的缩简译法,在这种译法下,原文不仅译成了另一种文字,而且译文有系统地、均匀地简缩为原文的一半、三分之一或某个别的分数. 这样,节译后细微的地方可能丢失了,但是原文里每个东西被译文里某些东西表达出来了,在简化后的范围内各种关系还是保持下来了.

20. 几位数学家的名句摘录

"让我们看看,我们能否随便设想一个更容易求解的包括原来问题的一般问题. 这样,当我们求一曲线在给定点处的切线时,我们设想可先求过该定点与给定曲线相交的直线,此直线在距给定点已知距离处的另一点与曲线相交. 这个问题用代数可以很容易解决. 解决了此问题之后,我们会发现,切线是一种特例. 亦即,当此给定距离为无限小,化为一个点,即趋于零时的特例."(莱布

尼兹)

"经常发生这种情况,如果事先你曾直接解决过一般性问题,那么一般性问题会比特殊问题还容易."(狄利克雷,(Dirichlet),戴德金(Dedekind))

"把范围宽广的一个大类属缩减到几个品种,再缩减到少数几种[这样也许是有用的].而最有用的是把一个大的类属简化到最少的几个品种."(莱布尼兹)

"在哲学中正确的作法通常是考虑相似的东西,虽然这些东西彼此相距甚远."(阿里斯多德)

"就比较可以把未知关系化为已知关系来说,比较是有很大价值的.

正确的了解,归根到底就是抓住关系.但若我们能在很不同的情况下和对于完全不相关的对象中认出同样的关系,那么我们对这个关系就了解得更清楚更彻底."(叔本华(A. Schopenhauer))

无论如何你应该记住,推广有两种类型,一种是价值不大的,另一种是有价值的.推广之后冲淡了是不好的,推广之后提炼了是好的.用水把酒冲淡是容易的,但这没价值了,从好的东西中再提炼更纯净的精制品是不容易的,但却有价值.推广就是把以前分散在范围很广泛的几种概念压缩凝聚成一个概念.群论把出现在代数、数论、分析、几何、晶体学及其他部门中的概念提炼成公共的概念,就是好的推广.有些时兴的提炼,把小道理戴上大帽子,这种例子很多,但容易得罪人,不举了[1].

第 二 部 分

这第二部分的例题和注释与§6彼此有联系.它们多数直接或间接地涉及到例21,所以我们首先应该来阅读它.

21. 猜想 E. 把等式

---

1) 参看 G. 波利亚与 G. 蔡可,《分析中的问题和定理》(G. Pólya and G. Szegö, *Aufgaben und Lehrsätze aus der Analysis*),第1卷,第VII部分.(中译本:张莫宙,宋国栋等译,上海科学技术出版社,1981. ——译者)

$$\sin x = x\left(1 - \frac{x^2}{\pi^2}\right)\left(1 - \frac{x^2}{4\pi^2}\right)\left(1 - \frac{x^2}{9\pi^2}\right)\cdots$$

看作猜想,称作"猜想 E". 现仿欧拉用归纳法来考察这猜想,即用事实来对证. 也就是,设 E 成立,再考察从这假定推出的结论是否真实.

在下文中我们认为读者已熟悉了微积分的原理(从形式上来说在欧拉发现这些东西的时候已完全清楚了),其中包括严格的极限的概念(关于这点欧拉从来没有获得完全清晰的结果). 我们将仅用极限的方法来证明它是正确的 (它们大部分是十分容易的),但是我们将不详述其理由.

22. 已知 $\sin(-x) = -\sin x$. 此性质与 E 是否相符?

23. 用 E 来预测下列无穷乘积之值

$$\left(1 - \frac{1}{4}\right)\left(1 - \frac{1}{9}\right)\left(1 - \frac{1}{16}\right)\cdots\left(1 - \frac{1}{n^2}\right)\cdots.$$

24. 用 E 来预测下列无穷乘积之值

$$\left(1 - \frac{4}{9}\right)\left(1 - \frac{4}{16}\right)\left(1 - \frac{4}{25}\right)\cdots\left(1 - \frac{4}{n^2}\right)\cdots.$$

25. 比较例 23 和 24,并作出一般化的式子.

26. 用 E 来预测下列无穷乘积之值

$$\frac{2\cdot4}{3\cdot3}\cdot\frac{4\cdot6}{5\cdot5}\cdot\frac{6\cdot8}{7\cdot7}\cdot\frac{8\cdot10}{9\cdot9}\cdots.$$

27. 试证猜想 E 相当于以下命题

$$\frac{\sin \pi z}{\pi} = \lim_{n\to\infty}\frac{(z+n)\cdots(z+1)z(z-1)\cdots(z-n)}{(-1)^n(n!)^2}.$$

28. 用 $\sin(x + \pi) = -\sin x$ 验证一下 E.

29. 用 §6 (2) 中的方法,可得猜想

$$\cos x = \left(1 - \frac{4x^2}{\pi^2}\right)\left(1 - \frac{4x^2}{9\pi^2}\right)\left(1 - \frac{4x^2}{25\pi^2}\right)\cdots.$$

证明这不但类似于 E 而且是 E 的推广.

30. 用 $\sin x = 2\sin\dfrac{x}{2}\cos\dfrac{x}{2}$ 来验证 E.

31. 用 E 来预测下列无穷乘积之值

$$\left(1-\frac{4}{1}\right)\left(1-\frac{4}{9}\right)\left(1-\frac{4}{25}\right)\left(1-\frac{4}{49}\right)\cdots.$$

32. 用 E 来预测下列无穷乘积之值

$$\left(1-\frac{16}{1}\right)\left(1-\frac{16}{9}\right)\left(1-\frac{16}{25}\right)\left(1-\frac{16}{49}\right)\cdots.$$

33. 比较例 31 和 32,并作出一般化的式子.

34. 用 $\cos(-x)=\cos x$ 来验证 E.

35. 用 $\cos(x+\pi)=-\cos x$ 来验证 E.

36. 由 E 来推算 $1-\sin x$ 的乘积式(§6(2)中所猜的).

37. 由 E 推出

$$\cot x = \cdots + \frac{1}{x+2\pi}+\frac{1}{x+\pi}+\frac{1}{x}+\frac{1}{x-\pi}+\frac{1}{x-2\pi}+\cdots.$$

38. 由 E 推出

$$\cot x = \frac{1}{x}-\frac{2x}{\pi^2}\left(1+\frac{1}{4}+\frac{1}{9}+\frac{1}{16}+\frac{1}{25}+\cdots\right)$$

$$-\frac{2x^3}{\pi^4}\left(1+\frac{1}{16}+\frac{1}{81}+\frac{1}{256}+\frac{1}{625}+\cdots\right)$$

$$-\frac{2x^5}{\pi^6}\left(1+\frac{1}{64}+\frac{1}{729}+\cdots\right)$$

$$-\cdots,$$

并求等号右边各括弧里的无穷级数之和.

39. 由 E 推出下式

$$\frac{\cos x}{1-\sin x}=\cot\left(\frac{\pi}{4}-\frac{x}{2}\right)$$

$$=-2\left(\frac{1}{x-\frac{\pi}{2}}+\frac{1}{x+\frac{3\pi}{2}}+\frac{1}{x-\frac{5\pi}{2}}+\frac{1}{x+\frac{7\pi}{2}}+\cdots\right)$$

$$= \frac{x}{4}\left(1 - \frac{1}{3} + \frac{1}{5} - \frac{1}{7} + \frac{1}{9} - \cdots\right)$$

$$+ \frac{8x}{\pi^2}\left(1 + \frac{1}{9} + \frac{1}{25} + \frac{1}{49} + \frac{1}{81} + \cdots\right)$$

$$+ \frac{16x^2}{\pi^3}\left(1 - \frac{1}{27} + \frac{1}{125} - \frac{1}{343} + \cdots\right)$$

$$+ \frac{32x^3}{\pi^4}\left(1 + \frac{1}{81} + \frac{1}{625} + \cdots\right)$$

$$+ \cdots,$$

并求括弧中各无穷级数之和.

40. 证明

$$1 + \frac{1}{4} + \frac{1}{9} + \frac{1}{16} + \frac{1}{25} + \cdots = \frac{4}{3}\left(1 + \frac{1}{9} + \frac{1}{25} + \frac{1}{49} + \cdots\right),$$

给出左边级数和的二种推法.

41. (续前题) 设已知

$$\arcsin x = x + \frac{1}{2}\frac{x^3}{3} + \frac{1}{2}\frac{3}{4}\frac{x^5}{5} + \frac{1}{2}\frac{3}{4}\frac{5}{6}\frac{x^7}{7} + \cdots,$$

且对 $n = 0, 1, 2, \cdots$, 有

$$\int_0^1 (1-x^2)^{-\frac{1}{2}} x^{2n+1} dx = \int_0^{\frac{\pi}{2}} (\sin t)^{2n+1} dt = \frac{2 \cdot 4 \cdots 2n}{3 \cdot 5 \cdots (2n+1)}.$$

自此设法找出第三种推法.

42. (续) 再求第四种推法. 设已知

$$(\arcsin x)^2 = x^2 + \frac{2}{3}\frac{x^4}{2} + \frac{2}{3}\frac{4}{5}\frac{x^6}{3} + \frac{2}{3}\frac{4}{5}\frac{6}{7}\frac{x^8}{4} + \cdots,$$

且对 $n = 0, 1, 2, \cdots$, 有

$$\int_0^1 (1-x^2)^{-\frac{1}{2}} x^{2n} dx = \int_0^{\frac{\pi}{2}} (\sin t)^{2n} dt = \frac{1}{2}\frac{3}{4}\cdots\frac{2n-1}{2n}\frac{\pi}{2}.$$

43. 欧拉(《欧拉全集》,第 1 辑,第 1 卷, 40~41页)用下列公式(对 $0 < x < 1$ 成立)

$$1 + \frac{1}{4} + \frac{1}{9} + \frac{1}{16} + \cdots$$

$$= \log x \cdot \log (1 - x) + \frac{x + (1 - x)}{1} + \frac{x^2 + (1 - x)^2}{4}$$

$$+ \frac{x^3 + (1 - x)^3}{9} + \cdots,$$

计算上式左边的近似值.

(a) 试证此公式.

(b) 用什么 x 值最便于计算左边的和?

44. 对猜想的一个疑问和证明的第一步尝试. 没什么必然的理由使我们可以认为 $\sin x$ 能依方程

$$\sin x = 0$$

的根分解为相应的线性因子. 即使承认可以这样分, 还有一个疑问: 欧拉并未证明

$$0,\ \pi,\ -\pi,\ 2\pi,\ -2\pi,\ 3\pi,\ -3\pi,\ \cdots$$

是 $\sin x = 0$ 的全部根. 我们固然可以说 (用曲线 $y = \sin x$ 来讨论) 除此以外别无实根, 但欧拉并未排斥复根.

提出这个疑问的是丹尼尔·伯努利 (Daniel Bernoulli)(吉恩·伯努利的儿子, 1700~1788). 欧拉的回答是, 他认为

$$\sin x = \frac{1}{2i} (e^{ix} - e^{-ix}) = \lim_{n \to \infty} P_n(x),$$

而

$$P_n(x) = \frac{1}{2i} \left[\left(1 + \frac{ix}{n} \right)^n - \left(1 - \frac{ix}{n} \right)^n \right]$$

是个多项式 (若 n 为奇数, 则为 n 次多项式).

试证 $P_n(x)$ 无复根.

45. 证明的第二步尝试. 设例 44 中的 n 是奇数, 把 $P_n(x)/x$ 分解成这样的因子的乘积, 使其第 k 个因子 (对任何固定的 $k = 1$, 2, 3, $\cdots$) 在 $n \to \infty$ 时的极限是 $1 - \frac{x^2}{k^2 \pi^2}$.

46. 类比的危险. 以上从有限到无限的类比, 使欧拉得出了一项发现. 他绕过了一个谬误. 底下是一个从类比产生错误的例子.

级数

$$1 - \frac{1}{2} + \frac{1}{3} - \frac{1}{4} + \frac{1}{5} - \frac{1}{6} + \frac{1}{7} - \frac{1}{8} + \cdots = l$$

收敛. 从其头两项可对 l 作粗略估计:

$$\frac{1}{2} < l < 1.$$

现有

$$2l = \frac{2}{1} - \frac{1}{1} + \frac{2}{3} - \frac{1}{2} + \frac{2}{5} - \frac{1}{3} + \frac{2}{7} - \frac{1}{4} + \cdots,$$

把级数中分母是相同奇数的各项合并,得

$$2l = \frac{2}{1} - \frac{1}{2} + \frac{2}{3} - \frac{1}{4} + \frac{2}{5} \cdots$$
$$- \frac{1}{1} \qquad - \frac{1}{3} \qquad - \frac{1}{5}$$
$$= 1 - \frac{1}{2} + \frac{1}{3} - \frac{1}{4} + \frac{1}{5} - \cdots = l.$$

但因 $l \neq 0$ 而 $l = 2l$. 错误在哪里? 你有什么办法来保证自己避免犯这类错误?

第三章 立体几何中的归纳推理

甚至在数学里,发现真理的主要工具也是归纳和类比.

——拉普拉斯[1] (Laplace)

§1. 多面体

"一个结构复杂的多面体有许多面、角和棱." 这种含糊的叙述几乎任何人在立体几何中都有些接触. 然而多数人不是决心认真努力去深挖这句话的意义,并在此基础上去探求一些更精确的知识. 正确的作法应该是很清楚地识别其中包含的量,并提出一些明确的问题. 所以,假定我们把多面体的面、顶点和棱的数目,分别记为 F,V 和 E(对应于 *Face*,*Vertex* 和 *Edge* 的第一个字母). 我们提一个明确的问题: 面的数目 F 是否都随同顶点数目的增大而一起增大?

先考察特殊多面体,例如立方体 (正六面体),它的 $F = 6$,$V = 8$,$E = 12$ (图 3.1 中的 I). 再看以三角形为底的棱柱 (图 3.1 中的 II),

$$F = 5, \quad V = 6, \quad E = 9.$$

一旦朝这个方向作了探讨,我们自然就会去研究并比较展示在图 3.1 中除了已经叙述过的 I 和 II 之外的各式各样的立体图形: 一个以五边形为底的棱柱 (见 III),以正方形、三角形和五边形为底的棱锥(见 IV,V,VI),一个八面体(见 VII),一个"塔顶"体(见VIII;正六面体上面那张面是棱锥的底),和一个截角立方体(见 IX). 让我们花点功夫,把这些立体图形画得足够清楚,以便数出

---

1) "概率的哲学尝试" (Essai philosophique sur les probabilités);见《拉普拉斯全集》 (*Oeuvres Complétes de Laplace*),第 7 卷,第 V 部分.

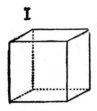 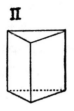 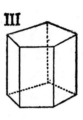

 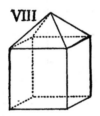 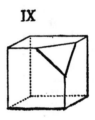

图 3.1　多面体

	多 面 体	面 (F)	顶点 (V)	棱 (E)
I	立 方 体	6	8	12
II	三 棱 柱	5	6	9
III	五 棱 柱	7	10	15
IV	方 锥	5	5	8
V	三 棱 锥	4	4	6
VI	五 棱 锥	6	6	10
VII	八 面 体	8	6	12
VIII	"塔顶" 体	9	9	16
IX	截角立方体	7	10	15

它们的面、顶点和边的数目,用上面的表格列出.

我们的图3.1在表面上有些和矿物学家的陈列品相似,而上述的表格则和物理学家列入笔记本的实验数据有点相似. 我们按照矿物学家或物理学家想要研究和比较他们辛勤收集的标本和数据那样,来研究和比较我们的图形和数据表. 现在我们手里有了点材料可以回答我们原来的问题:"顶点数 V 是否随面数 F 增大?"事实上,比较立方体和八面体(见表中 I 和 VII)我们看出,一个是 $V > F$,另一个 $V < F$,故答案是"否"! 于是,我们第一个试图建立的一致规律性失败了.

但是,我们可以来探讨另外的问题. E 是否随 F 或 V 增大?为系统地回答这些问题,我们先按 E 的增大次序重新编排上表如下:

多 面 体	面 (F)	顶点 (V)	棱 (E)
三 棱 锥	4	4	6
方 棱 锥	5	5	8
三 棱 柱	5	6	9
五 棱 锥	6	6	10
立 方 体	6	8	12
八 面 体	8	6	12
五 棱 柱	7	10	15
截角立方体	7	10	15
"塔顶"体	9	9	16

观察我们重新排列的数据,我们可以发现: 不存在所猜想的这类规律性. 就截角立方体与"塔顶"体来说,E 从 15 增大到 16,但 V 却从 10 下降到 9. 再如,就八面体与五棱柱来说,E 从 12 增大到 15,但 F 却从 8 下降到 7. 故 F 和 V 都不是一致地随 E 的增大而增大的.

我们还是找不到一个一般成立的规律. 但我们不甘心承认我们原来的想法完全错了. 如果把我们的想法作一些修改,它还可能是正确的,虽然 F 和 V 都不是始终如一地随 E 的增大而增大,但"总的趋势"似乎是增大的. 当我们考察我们这排列好的数据之后,我们可以看出 F 和 V 是"联合"增大的: 即 $F+V$ 是在不断增大的. 于是我们可发现一个更准确的规律:即我们表格中的九种情形全都满足关系式

$$F + V = E + 2.$$

这种一贯的规律性似乎不太可能是偶然出现的. 于是,我们导出一个猜想: 不仅是我们已观察到的九种情形,而是对于任何多面体来说,面数加顶点数都等于棱数加二.

§2. 支持猜想的第一批事实

一个训练有素的自然科学家不会轻易相信猜想. 即使这个猜想看来是很合情合理,并在某些情形下被证实了,那他也要探求一下,并且收集新的观察结果或者设计新的实验来检它. 在我们的情形,可以考察别的一些多面体,计算它们的面、顶点和棱的数目,并比较 $F+V$ 是否等于 $E+2$. 弄清楚这个问题是有意义的.

由图 3.1,我们可以发现我们验证过了三个正多面体: 正方体、四面体和八面体 (I, V 和 VII). 让我们再来检验二十面体和十二面体.

二十面体的每一面都是三角形,$F=20$. 20 个三角形共有 60 边,但这些边里都有二边重叠为二十面体的棱,故 $E=\dfrac{60}{2}=30$. 我们可以发现 V 也有类似的情形,我们知道二十面体每个顶点周围有 5 张面. 20 个三角形共有 $20\times3=60$ 个角,但每一个顶点处重合了 5 个三角形的顶点,因此 $V=\dfrac{60}{5}=12$.

十二面体的 $F=12$,每个面都是五角形,每个顶点处有三个面,故

$$F = 12, \quad V = \frac{12 \times 5}{3} = 20, \quad E = \frac{12 \times 5}{2} = 30.$$

现在我们把前述的多面体表格增加两项

多 面 体	面 (F)	顶点 (V)	棱 (E)
二 十 面 体	20	12	30
十 二 面 体	12	20	30

这两种情形都能证实我们的猜想,即有

$$F + V = E + 2.$$

§3. 支持猜想的更多事实

由于前面的验证,使我们的猜想显得更加合理. 但它已被证明了吗?根本没有. 一个谨慎的自然科学家,在类似的情况下,也会对他试验的成功感到满意,但他还要作更进一步的实验. 我们现在来检验哪一种多面体呢?

问题在于我们的猜想到目前已检验得很充分了,如果再多加一个具体例子去试,很少能增加我们对它的信心,少到不值得再费这番功夫,去挑选一个多面体来数数它的顶点、棱、面. 我们能否寻求一些更值得做的验证方法来检验我们的猜想呢?

从图 3.1,我们可以看出,第一行的所有立体有同样的性质,它们都是棱柱. 第二行的所有立体又都是棱锥. 我们的猜想对于显示在图 3.1 中的三个棱柱和三个棱锥的确是正确的;但是对于所有的棱柱和棱锥它也是正确的吗?

假如一个棱柱有 n 个侧面,则它就共有 $n+2$ 个面,$2n$ 个顶点和 $3n$ 条棱. 一个棱锥有 n 个侧面,它就共有 $n+1$ 个面,$n+1$ 个顶点和 $2n$ 条棱. 于是,我们在第 1 节的表格中可以增加两项

多 面 体	面 (F)	顶点 (V)	棱 (E)
有 n 个侧面的棱柱	$n+2$	$2n$	$3n$
有 n 个侧面的棱锥	$n+1$	$n+1$	$2n$

于是，我们的猜想 $F + V = E + 2$ 不仅对于更多的一、二个多面体而且对于两类数目无限的多面体同样成立.

§4. 一次严格的检验

§3 中最后的那句话相当大地增加了我们对猜想的信心，但是显然并不是已证明了它. 我们该怎么办? 我们应该继续试验更多的特殊情形吗? 我们的猜想似乎还算好，经受得起简单的检验. 因此我们应该使它再接受一些严格而深入的检验，作些很有可能推翻这猜想的检验.

让我们再来看我们所收集的多面体 (图 3.1). 这里有棱柱(I、II、III)，有棱锥(IV、V、VI)，有正多面体 (I、V、VII)；然而我们已经彻底研究过了这些类型，别的还有什么呢? 图 3.1 还包含有在立方体上加"屋顶"的"塔顶"体 (VIII)，从这里我们也许看出有推广的可能性. 我们取任何多面体代替立方体，我们取这个多面体的任一个面在上放一个"屋顶". 假定原来的多面体有 F 张面、V 个顶点和 E 条边，而且假定所选的面有 n 条边. 我们在这个面上放置一个棱锥，从而我们获得一个新的多面体. 这种新的有"屋顶"的多面体有多少面、顶点和边? 加盖屋顶过程中有一个面(所选的面)没有了，而新添了 n 个面，所以新多面体共有 $F - 1 + n$ 张面. 原来的多面体的所有顶点在加盖屋顶后还是顶点，但是增加了一个棱锥的顶点，所以新的多面体共有 $V + 1$ 个顶点. 原来多面体的所有边在加盖屋顶后还是边，但是由于在边为 n 的那张面上加盖了一个棱锥，所以新的多面体的边数变为 $E + n$.

简而言之，原来的多面体的面、顶点和边分别为 F, V 和 E，而带"屋顶"的对应多面体面、顶点和棱数则分别为

$$F + n - 1, \quad V + 1 \text{ 和 } E + n.$$

我们的猜想对这类新的多面体成立吗?

假如关系式

$$F + V = E + 2$$

成立，那么，显然关系式

$$(F + n - 1) + (V + 1) = (E + n) + 2$$

也应成立. 也就是说,如果我们的猜想在原来的多面体的情形下被证实了,那么在新的带屋顶多面体的情形下也必然可以证实它是正确的. 我们的猜想经受住了"加屋顶"的推论,从而它确是通过了一个更严格的检验. 有无穷无尽的多面体都可以由已有那些多面体通过重复加"屋顶"的方法导出来,而且我们已证明了我们的猜测对于它们的全体都是正确的.

另外,在我们的图 3.1 中最后一个立体是截角立方体(IX),和前面考虑的方法类似。假定我们从任一个多面体截去任意一个顶点后,用它来代替原来的立方体。假定原来的多面体的面、顶点和棱的数目分别为

$$F, \quad V \text{ 和 } E.$$

而且假定从截去那个顶点射出来的边有 n 条,截去这个顶点后产生出一张新的面(它有 n 条边),n 条新的边和 n 个新的顶点.总起来说,这个新的截角多面体的面、顶点和边的数目分别为

$$F + 1, \quad V + n - 1 \text{ 和 } E + n.$$

现在,根据

$$F + V = E + 2,$$

可得出

$$(F + 1) + (V + n - 1) = (E + n) + 2.$$

也就是说,我们的猜想有足够顽强的生命力,经得起"截顶"的考验. 它通过了另一种严格的检验.

我们很自然地把上面的陈述看成是对我们猜想的一个很强有力的论证. 我们甚至还可以从它们看出别的东西:一个证明的初步线索. 我从某一符合猜想的简单多面体(如四面体或立方体)开始,进而通过加盖屋顶和截角来导出另外更广泛的各式各样的多面体,对于我们的猜想也适用.我们导出一切多面体了吗?那样的话我们就会得出证明!此外,或许还有另外的做法,也像加盖和截角一样,能保持所猜想的那种关系.

§5. 验证再验证

自然科学家与一般人的智力活动过程并没有本质差别，但是前者更为认真．一般人和科学家都是从有限的观察结果引起猜想，并且他们也都注意以后的情形是否能够和猜想一致．当情形一致时，说明猜想更有希望成立，当情形相反，则猜想就被推翻．然而，到这一步以后，一般人和科学家就有差别了．一般人也许愿意多找符合自己猜想的例子来验证，但是科学家则要找和自己猜想相矛盾的例子．其理由是一般人和科学家一样，都有一些自负，但是不同的人以不同的东西引以为自豪．一般人不大喜欢承认他自己会弄错，因此不喜欢有矛盾的情形．他回避矛盾，当矛盾的情形出现在他面前时，他甚至有时曲解这种矛盾的出现．科学家却相反，他有充分的准备去承认一个被误解的猜想，但是他不喜欢留下问题不去解决．当出现了和猜想的结果一致时，并不说明问题已被决定性地解决．但是若有和猜想相反的情形发生，就会判定所作猜想是错误的．科学家寻求一种认为决定性的判定，寻找机会推翻猜想，而且这样的机会越多他就越欢迎．观察中有一点很重要．即假如出现一种情形威胁着要推翻猜想，而最后经过检验它又和猜想相一致，于是这个猜想的可靠性就会大大加强．越危险，就越被重视；通过最富有威胁性的检验，就给予这个猜想以最广泛的承认和最强有力的检验性证明．反复检验实例，反复进行证明．一个否定猜想的例子就更接近判定猜想的是非，这点可以说明为什么科学家偏爱用反例来验证．

现在，我们可以回到原来的特殊问题并且看我们是如何把前面的陈述应用于关于多面体的实验性研究上去的．每个新实例如果证实了关系式 $F + V = E + 2$，就会增加对于这个关系式具有普遍真实性的信心．当然，这种单调的试验很容易使人厌倦，如果用一种和前面研究过的情形差别不大的例子来验证了猜想，当然也会增加我们对猜想的信心，但增加得很少．事实上，在试验之前我们容易相信，这种情形和已证实的情形可能有所不同，但差别不大．我们不仅要求另一个证明，而是要求另外一种方法截然不同的证明．事实上，我们回顾一下我们研究过的各式各样的阶段(§2，§3 和 §4)，我们可以发现，每个阶段所产生的证明方法，在本质上都超过了在它前面已用过的证明方法，每一阶段对猜想的证明范围，都超越了它前面的证明范围．

§6. 一种很不同的情形

多样性是很重要的，让我们来看关于一些很不同于那些前面已研究过的多面体．于是，我们依据这个想法，可以找到一个镶嵌画的框架状多面体．我们取一条很长的三角形的杆，把它分割成四段，我们对准这些段的末端把它们装配成一个框架状多面体．如图 3.2 所示这个框架是放置在平板上，没有被割的杆各边都是水平的，其水平棱数有 $4 \times 3 = 12$，不是水平的棱数也有 $4 \times 3 = 12$，所以总数是 $E = 12 + 12 = 24$．计算面和顶点，我们发现 $F = 4 \times 3 = 12$，而且 $V = 4 \times 3 = 12$．现在，$F + V = 24$ 与 $E + 2 = 26$ 不相等，即对这个多面体来说，上述猜想不成立！

当然，我们可以说，我们从来没有想要提出考虑这种多面体，我们考虑的一直是凸多面体或者"球状"而不是"轮胎状"镶嵌画用的框架状多面体．但是这些是借口．事实上，我们可改变我们的态度并修改我们原来的叙述．我们所受的这个打击是有益的，它将导致我们最终修改并更正确地叙述我们的猜想．但是，无论如何这对我们的信心是一种打击．

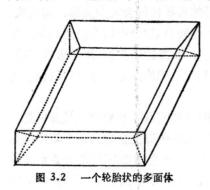

图 3.2   一个轮胎状的多面体

§7. 类比

镶画框架这个例子否定了我们原来的猜想形式．但是，可以通过附加一个重要的限制条件，从而把猜想更新成为另一种形式（我们设想，这后一种形式是有所改进的）。

四面体是凸的，而且六面体也是如此，以及我们收集在图 3.1 的另外的多面体都是如此，还有从所有这些多面体导出的截角的和由"适度的"加屋顶（在各面上加盖充分平的屋顶）的多面体也是如此。无论如何，这些措施没有可能引导从一个凸的或"球状"立体到一个"轮胎状"立体的危险。

说到这里，我们已经做了一定程度的精确叙述。我们猜想，任何凸多面体的面、顶点和棱的数目，满足关系式

$$F + V = E + 2.$$

（限制"球状"多面体，也许是较好的，但是我们还希望给这种术语以更精确的定义．）

这个猜想有可能是真实的。尽管如此，我们的信心曾经动摇过；因此，我们想从围绕寻找能支持我们的猜想的某些新证据。我们不可能希望从进一步验证中得到更大的帮助。似乎我们已经竭尽全力了。但是我们仍然可以希望从类比得到某些帮助。存在具有启发性的比较简单的类比实例吗？

多面体可与多边形类比。正如一个多边形是平面的一部分，多面体是空间的一部分。一个多边形有确定的顶点数 V 和确定的棱数 E，且显然有

$$V = E.$$

但是对凸多边形成立的这个关系式，初看起来很简单，事实上是有失于低估了一个更为复杂的关系式

$$F + V = E + 2.$$

我们认为它适用于一切凸多面体。

假如我们真正地关心这个问题，我们自然地会试图将这两个关系式引向彼此接近。有一个这样做的灵巧的方法，首先将各种各样的数引向自然的次序。当然，多面体是三维的；它的面（多边形）是二维的，它的棱是一维的，它的顶点是零维的。我们现在可以重写我们的方程，即按维数的增大顺序重排这些方程。对于多

边形的关系式改写成

$$V - E + 1 = 1,$$

为了便于与多面体比较,把多面体的关系式改写成

$$V - E + F - 1 = 1.$$

对于多边形等式左边的 1,仅代表二维多边形的内部. 对于多面体等式左边的 1,仅代表三维多面体的内部. 左边各项的维数分别是 0,1,2,和 3. 并且符号是交错的,按自然的顺序排列的. 这两个等式的右边有相同的情形;似乎是一个完全的类比. 第一个等式对于多边形显然是正确的,把它与多面体对应的第二个等式类比,增加了我们对所作猜想的信心.

§8. 空间的分割

现在我们通过立体几何中另外的例子进行归纳推理. 前面我们是从一个一般性的但稍微含糊的叙述开始的. 我们现在的出发点是从特别清晰的问题开始. 我们考察一个简单的但又不是很熟悉的立体几何中的问题:五张平面能把空间分割成几部分?

这个问题是很容易回答的,如果所给这五张平面它们相互平行. 在这种情形下,空间被分割成了六部分. 但是,这种情形太特殊了. 假如平面的位置是一般性的,两张平面之间没有平行的,那么分成的部分就要比六多. 为了把我们的问题叙述得更明确,我们增加一个必要的条件:如果五张平面的位置是一般性的,它们能把空间分割成几部分?

"位置是一般性"的概念是十分直观的,即指这些平面其相互位置无特定的关系,它们的给出是独立的,选择是随机的. 不难用一种专门的定义来完全说清楚这些术语,但是由于两个理由,我们将不这样作. 第一,这个表示法应该不是太专门的. 第二,索性让这些概念稍微模糊一点,这样我们就接近于自然主义者的心理状态,一个自然主义者常常倾向于从稍微模糊的概念出发,但是在前进中再进一步把它澄清,

§9. 修改一下问题的提法

让我们来集中考虑上面的问题. 我们给出一般性位置的五张平面. 它们把空间分割成一定数目的部分.（我们可以设想一块乳酪被刀子直切了五刀.）我们来求这些分割的数目.（乳酪被切成了几块?）

似乎难于立刻看出由五张平面所分割的结果（也许是不大可能看出它们，但是，在这种情况下你可不必去绞尽脑汁发挥你的几何想像力；宁可尽力思考，你的推理可能比你的想像更快些）. 但是为什么恰好五张平面? 为什么不是任何多张平面? 四张平面能把空间分成多少部分? 三张平面呢? 两张平面呢? 或者仅一张平面呢?

我们给予的这样的情形就易于接近几何直观. 一张平面显然可把空间分成两部分. 两张平面如果是平行的，则可把空间分成三部分. 然而，我们不得不抛弃这种特殊位置；两张相交的平面可把空间分成四部分. 三张位置是一般的平面可把空间分成八部分. 为了了解后边这种更不易想像的情形，我们可以设想一建筑物内有彼此垂直交叉的墙，而且中间有横梁支撑着水平面的隔层，这样的墙和水平面的隔层彼此垂直交叉，把这个建筑物分成了八间屋子，其中在上的四间以天花板为顶，另外在下的四间以地板为地面.

§10. 一般化、特殊化、类比

我们关心的问题是五张平面，但是代替考虑五张平面的却是我们首先讨论了一、二和三张平面的情形. 我们这样作是浪费了时间吗? 完全不是. 通过研究简单类似的情形，使我们对所要研究的问题作了准备. 我们试验了这些简单的情形；澄清了介于其中的概念并且熟悉了我们将要面对的问题类型.

甚至引导我们到那些简单类似问题的处理方法也是典型的，并且值得我们注意. 首先，我们通过从五张平面的情形到任何多张平面的情形,比方说到 n 张平面:因此,我们推广了.从 n 张平面我们再回到四张,回到三张、两张,回到仅仅一张,即在一般的问题中我们令 $n=4,3,2,1$:我们把问题特殊化了.但是对于分割空间的问题,比方说三张平面是类似于对于我们开始包含五张平面的问题.于是,由引进一般化并且接着发生的特殊化,我们达到了一个典型的类比的方法.

§11. 一个类似的问题

下面看看四张平面分割空间的情形该是怎么样?

位置是一般性的四张平面分割的空间,有一部分是有限的(包含四个三角形的面,而且叫做一个四面体.见图 3.3).这个形状使我们想起在平面上的位置是一般的三条直线,这样的三条直线分割的平面,有一部分是有限的(包含三段直线,并且是一个三角形.见图 3.4).当我们要查明四张平面分割空间所能分割的份数时,不妨先考察较简单的类似问题,三条直线把平面分成几部分?

每一个人利用粗略的图(见图 3.4),甚至不画图,也可以直接看出许多问题.三条直线把平面分成了七部分.

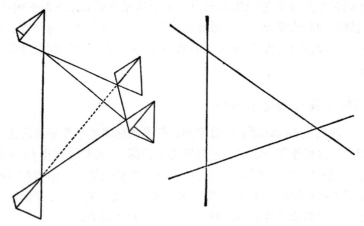

图 3.3 以四张平面分割空间   图 3.4 三条直线分割平面

我们已经得到了这个简单的类似问题的解答;但是对于原来

的问题，我们能够利用这些解答吗？是的，假如我们合理地处理这两个类似的图形，我们是能够解决的。我们应该先来分析考虑平面上被三条直线分割的情况，这样有助于以后同样分析考虑空间中被四张平面所分割的情形。

于是，让我们再来分析平面上三条直线，并且构成一个三角形的三边。有一部分是有限的，它是这个三角形的内部。其余无限部分与三角形有一公共边（这样的有三部分），或与三角形有一公共顶点（也有三部分）。于是，总的分割数是 $1+3+3=7$。

现在，我们来分析空间中四张平面的情形，以一个四面体为界。一部分是有限的，它是这个四面体的内部。其余无限部分是，或与四面体共一面（二维边界）（这样的有四部分），或与四面体共一边（一维边界）（这样的有六部分），或与四面体共一顶点（0维边界）（这样的有四部分）。于是总的分割数是 $1+4+6+4=15$。

我们是用类比法得出这个结果的，而且这是一种重要的、有典型意义的类比法。首先，我们提出了一个类似的、较简单的、容易解决的问题，然后我们利用这个问题（关于三角形的）作为模型，来解原来那个较难的问题。在这样做之前，我们要把那个较易问题的解法分析一下，我们重新整理它、改造它，使它模拟适合一个新的结构。

选出一个类似的、较易的问题，去解决它，改造它的解法，以便它可以作为一个模型，之后，利用刚刚建立的模型，以达到原来问题的解决。这种方法在外人看来，似乎是迂回绕圈子的方法，但在数学上或数学以外的科学研究中是常用的。

§12. 类似问题的一张表格

到此为止，关于五张平面分割空间的问题尚未解决。在平面情形下类似于它的问题是什么？是五条直线分平面还是四条直线分平面？我们不妨推而广之，一起考察 n 张平面分割空间与 n 条直线分割平面的问题。当然，这些直线的位置必须是一般性的（没有二条平行，也没有三条交于一点）。

假如我们习惯于几何类比法,我们可把这个类比再推广一步,我们还可以考察 n 个不同点分直线为几段的问题. 虽然这个问题似乎是有点无足轻重,但它却是有启发性的. 容易看出:一个点把一条直线分成两部分,两个点分成三部分,三个点分成四部分,一般地,n 个点分成 $n+1$ 部分.

注意,假如我们习惯于极端的情形,我们还可把不曾分割的空间、平面、直线当作是被零个元素来分割.

让我们把所考察的这些类似的结果列表如下:

分 割 元 素 的 个 数	分 成 几 部 分		
	空间被平 面分割的份数	平面被直 线分割的份数	直线被点 分割的份数
0	1	1	1
1	2	2	2
2	4	4	3
3	8	7	4
4	15		5
⋮	⋮	⋮	⋮
n			$n+1$

§13. 解决一大批问题有时比解决单独一个问题更容易

我们提出关于分析五张平面分割空间这个问题仍然没有解决,但是我们提出了许多新的问题. 上述表格中每一个没有填满的空格,就对应于一个未解决的问题.

把新问题汇集起来的办法对于一个非初学者 似乎是不明智的,但是某些试验可以教我们,如果一批问题是彼此密切相关的,解决起来有时还比单独去解决其中一个孤立的问题容易些——因为多个问题是彼此很好地相互联系的,而一个问题本身则是独立的. 我们原来的问题现在表现为一系列未解决的问题中之一. 但是问题在于所有这些未解决的问题现在却形成了一个系统,在这个系统中它们是很好的排列并汇集在一起的，又是彼此密切相似的，而且其中少数问题已经解决了．如果把已插入在一系列相似问题中的我们问题的目前位置，同它还处于完全孤立情况的原来位置比较一下，我们自然就会相信已获得了某些进展．

§14. 一个猜想

我们看显示在上表中的结果如同一个博物学家看他收集的标本一样．这个表对于我们创造发明的才智，对于我们观察的能力，是一个挑战．从这个表中，我们能够发现什么关系？发现什么规律呢？

从第二列（空间被平面分割）可以看出，数列1，2，4，8有一个明显的规律，它们相继是2的幂．但是，可惜第五个数是15而不是所指望的16．我们的第一个推测不像设想的那么好；我们必须寻找别的办法．

现在看相邻两列之间的数有无联系？我们获得的某一数是本列中上一行的数加上同一行中右列那个数之和．例如

$$8 \qquad 7$$
$$15$$

之间有 $8 + 7 = 15$ 的关系．这是一个值得注意的关系，是一个显著的线索，这个关系对于表中已列出的数字都成立，看来不是偶然的．

于是，上述情况暗示出的这个规律，可能超出我们观察的界限，这个表中尚未算出的有关的数字可按那些已经算出的同样方法来算，这样引导我们去猜想所得到的该法则一般地是成立的．

然而，假如果真如此，就能够解决我们原来的问题．按相邻两列相对的两数相加，我们可以扩展我们的表到我们希望获得的数为止．

在这个表中出现的两个黑体数目字，它们分别就是由相邻两列相对的两数相加算出的，即 $11 = 7 + 4$，$26 = 15 + 11$．如果我们的猜想是正确的，26就应该是位置为一般的五张平面分割空

0	1	1	1
1	2	2	2
2	4	4	3
3	8	7	4
4	15	**11**	5
5	26		

间的份数. 这似乎解决了我们提出的问题. 或者至少,我们已成功地获得由所收集的一切证据所支持的一个不成熟的猜想.

§15. 预言与证明

前面,我们完全仿效了自然科学家典型的方法. 若一个自然科学家发现一个不能归结为纯属偶然性的显著规律,他就会猜想这个规律一定超出他实际观察到的范围. 作这样的猜想在归纳的研究中常常是决定性的步骤.

下面的步骤也许就是预言. 根据他以前的一些观察以及这些观察和猜想的法则相符合的情况,自然科学家就预言下一个观察的结果,这在很大程度上取决于下次观察的结果,原来的预言是正确的或者是不正确的? 我们的情况与之很相似. 我们已找到或者宁可说猜想到或者预言到,位置是一般的四条直线将平面分割成11个部分,是如此吗? 我们的预言是正确的吗?

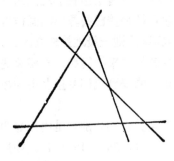 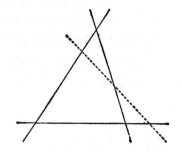

图 3.5　四条直线分割平面　　图 3.6　从三条直线过渡到四条直线

研究一个粗略的简图（见图3.5）就能够使我们相信自己的猜想确是对的，11 实际上是正确的数字。预言兑现的本身就等于说给作出这种预言所根据的法则提供了一个归纳性的证据。我们成功地通过了试验之后，猜想就更加巩固了。

§16. 再来一次，使它更好

我们通过对图形的观察和计算，说明了数目 11 是正确的。是的，位置是一般的四条直线似乎把平面分割成了11个部分。但是让我们再来一遍，使它完善。我们已经大致数过这些部分，让我们再数一数并数到确信是已没有混乱和数错为止，以防止由某些特殊位置可能设置的圈套。

让我们从三条直线分割平面为 7 部分开始，而四条直线看来分平面为11个部分。为什么恰好增加 4？数 4 出现在这里有什么联系？为什么多加一条新的直线就恰好增加四份？看来这里有什么联系？

在图3.5中我们强调一条直线，这条直线用虚线着重画出（见图3.6）。新的图 3.6 看来和图 3.5 差别不很大，但是它表现了一个很不同的概念。我们着重强调这条是新线，而原来的三条是老线。老线分平面为7部分。加一条新线后起了什么变化？

任作一条新线，同三条老线各交于一点，交点有三个。这三个点把新线分成四段，其每段把原分的平面一分为二，这四段新线产生了八份新的分割并取消了四份老的分割，从而使得所分割的数目恰好净增 4，这就是分割数比它以前恰好增加四份的解释，故得 $7 + 4 = 11$。

这个方法得到的数目 11 是使人信服和有启发性的。现在可以开始寻求我们曾观察到的规律的一种理由，根据这种理由我们预言了 11 这一数字。我们开始相信对事实的解释，而且我们对于所观察到的规律的一般正确性的信心也大大加强了。

§17. 归纳法引向演绎法；特例引向一般证明

我们始终指出要注意我们的上述推理与自然科学家的做法有

许多类似之处．我们分析问题从特例开始的做法和自然科学家从观察到的迷惑不解的现象开始是一样的．我们通过试探性的概括法，处理较易的类似特例，通过观察有启发性的类比法，来逐步前进．我们试着寻找某些规律，失败了，再重来，并比第一次做得更好，最后猜想到了由我们所掌握实验证明都支持的一个一般规律．再用新的特例去验证，得到肯定，使所作的概括更可信．最后，我们找出对这概括规律的解释，于是我们对这规律的信心就更大了．一个自然科学家的研究工作也许完全经历同样的研究阶段．

但数学家与自然科学家在研究方法上是有点截然不同的．观察对自然科学家来说是可信的方法，但对数学家确并非如此．对选择恰当的实例进行检验，这是生物学家肯定猜想规律的唯一方法．但是，对数学家来说，对选择恰当的实例进行检证，从鼓励信心角度来看是很有用的，但这样还不能算是数学科学里证明了一个猜想．让我们来考虑特有的具体情形．通过研究各种各样的特殊情形并且比较它们，导出猜想的一般规律，由它们将会得出这样的结论，原来所提的问题的解答是 26．所有我们的观察和检验是否充分证明了一般的规律性呢？或者它们能否证明这个特殊的结果，即我们的问题的解答的确是 26 呢？一点也不能．对于具有严格素养的一个数学家，数字 26 仅仅是巧妙的猜想，不论多少试验性的检验都不足以证明所猜想的一般性规律．归纳法只能说明所得的结果可能可靠，但决没有证明它一定可靠．

但是，可以看到用归纳法考察的结果，在数学的其他方面还是有用的，注意特殊情形的观察，能够导致一般性的数学结果，也可以启发出一般性的证明方法．从专心试验特殊情形，也许会发现一个一般性的规律．

事实上，这一点在前一节已经用到了．由归纳法发现的一般性规律，关于我们的表格中的相邻两列相对二数字——例如 7 和 4 二数之和等于 11．现在，在前一节里我们已经想像了问题中 7，4 和 11 的几何意义，并且这样做时使我们懂得了为什么会出现 7 + 4 = 11 这样一个关系式的原因．事实上，我们通过处理三条直线分割平面到四条直线分割平面. 然而用数目 3 和 4 并没有其他特点;我们可以考虑从 n 条到 $n+1$ 条,这种特殊情形讨论了可以代表我们的一般情况(见第二章例 10). 从前节的特殊观察去完整地抽象出一般概念,作者将这个有趣的工作留给读者. 至少当他考察最后两列的时候,他可以对于归纳法发现的规律给出一个形式上的证明.

然而,为了完整的证明,我们不仅需要分析研究直线分割平面,而且还需要分析研究平面分割空间. 无论如何,我们可以指望只要弄清楚了平面的分割问题,那么用类比的方法将帮助我们弄清空间的分割问题. 我再次把用类比方法进行证明的饶有兴趣的一步留给读者.

§ 18. 更多的猜想

我们仍然没有彻底地解决平面与空间的分割问题. 这里还有适于用归纳推理方法的几个较小的发现. 我们不难从对一些特例的观察和理解相结合来引出它们.

我们还可以设法求出位置是一般的 n 条直线分割平面为几部分的公式来. 事实上,在简单的、相似的情形下我们已经有了公式: n 个(不同的)点分直线为 $n+1$ 段. 这个类比公式,在我们表格的第四列里已归纳出了它的一般规律(我们几乎可以说是证明了它);到目前为止所得到的全部结果可以帮助我们解决这个新问题. 对此我们不打算详细地叙述. 仅根据前面的提示给出我们可以获得的以下几个结果:

n 个(不同的)点分割直线为 $n+1$ 部分.

n 条位置是一般的直线分割平面为 $1+n+\dfrac{n(n-1)}{2}$ 部分.

读者可以导出后面一个公式,或者至少可以对于 $n=0,1,$ 2,3,4 这几种简单的情形进行检验. 关于平面分割空间的数目还有同样类似的第三个公式,我把发现这样一个公式的任务也留给读者. 在作出这个小小发现的时候,读者可以扩大他在数学中运用归纳推理的经验，并且享受到用类比方法在解决大大小小问题时给予我们帮助的那种乐趣．

第三章的例题和注释

在§1 里的公式 $F + V = E + 2$，是由李昂哈德·欧拉提出的猜想，我们称之为"欧拉公式"，把它作为一个猜想，并且用不同的方法加以检验，在例 1～10 中，有时用归纳推理法，有时则是为了寻求一个证明．对例 21～30 和例 31～40，我们又返回到欧拉公式上来．在试图解决这两部分题目之前，应先分别阅读例 21 和例 31．

1. 两个棱锥立于它们公共底的两侧，组成一个"双棱锥"．八面体是一个特殊的双棱锥；它的公共底是一个正方形．对于一般的双棱锥欧拉公式成立吗？

2. 在凸多面体的内部选取一点 P（例如选它的形心）为球心作球，将其 F 张面、V 个顶点和 E 条棱投射到球面上，这投射变换使 F 张面变为球面上的 F 个区域或 F 个"地区"，使 E 条棱的任何一条变为两个相邻地区的分界线，而 V 个顶点的任何一个变为"拐角"或者是三个或更多个"地区"的公共边界点（一个"三地区拐角"和"四地区拐角"等等）．然而这种投影出的边界线是特别简单的（大圆弧）．显然，对于这样的球面划分出的地区是独立的，即与准确的边界线形状无关，而且数目 F，V 和 E 不受这些线连续变形的影响，故欧拉公式仍然成立．

（1）经线是连接南北极的半个大圆弧．纬线是和地球赤道相平行的平面与地球的交线，即平行的圆．今若有 m 条经线和 p 个平行圆把地球分成 F 个地区.计算 F，V 和 E，试问欧拉公式是否成立？

（2）作为（1）的特例，若把八面体投射在以其中心为球心的球面上．问 m 及 p 各是多少？

3. 在发现过程中，"机会"起一定的作用．归纳的发现显然依靠观察资料．在 §1 里我们遇到过多面体，但是，我们也可能有机会遇到另外一些．或许我们希望没有遗漏规则的多面体，但是我们的表格能弄明白这一点的：

多 面 体	面 (F)	顶点 (V)	棱 (E)
四 面 体	4	4	6
立 方 体	6	8	12
八 面 体	8	6	12
五 棱 柱	7	10	15
双 五 棱 锥	10	7	15
正 十 二 面 体	12	20	30
正 二 十 面 体	20	12	30

你发现了某些规律性吗？你能够解释它吗？与欧拉公式有什么关系？

4. 设法推广例 3 的表格中两个多面体之间的关系。［在例 3 解答中所描述的关系对例 2 (2) 来说"太窄"和"太详细"。然而，取立方体和内接八面体，将立方体的棱染成红色，八面体的棱染成蓝色，取两者公共球心 P 为中心作球面，自 P 把红、蓝棱投射到球面上. 并推广之.］

5. 为什么证明欧拉公式只对表面都是三角形的凸多面体证明即可？［见 §4］

6. 为什么证明欧拉公式只对三棱顶点都是凸的多面体证明即可？［见 §4］

7. 证明欧拉公式时也可只限于证明平面图形。事实上，设想，多面体的 $F-1$ 张面用纸板做成，而另一面用玻璃做成；我们称这一面叫做"窗口"。 从窗口靠近玻璃望进去，可以看到整个多面体的内部(非凸多面体或许就不可能)。你能够说明你看到画在窗片上的平面图形是什么样的：你看到了玻璃窗口被分成了更小的多边形。

在这些平面图形中，共有 N_2 个多边形，N_1 条直的边界线(有些是外边界有些是内边界)和 N_0 个顶点。

(1) 用 F, V, E 来表示 N_0, N_1, N_2.

(2) 如果欧拉公式对于 F, V 和 E 成立, 欧拉公式对于 N_0, N_1, 和 N_2 是否也成立?

8. 一个矩形长为 l 英寸; 宽为 m 英寸; l 和 m 皆为整数. 这矩形由平行于它的边的直线分成 lm 个相等的矩形.

(1) 用 l 和 m 来表示 N_0, N_1, 和 N_2 (由例 7 确定的).

(2) 如果欧拉公式对于 l, m 成立, 那么欧拉公式对于 N_0, N_1 和 N_2 是否也成立?

9. 从例 5 和 7 可知, 多面体欧拉公式可用三角形内分成 N_2 个三角形的情形来证, 其内部有 $N_0 - 3$ 个顶点. 用两种不同方法来计算 N_2 个三角形的内角和, 便可证明欧拉公式.

10. 从 §7 联想起欧拉公式可推广到四维和多维空间. 为什么我们能够这样推广? 我们能够怎样想像它?

例 7 显示出一个多面体能够简化再分成平面上的多边形. 由类比可知四维的情形可以简化再分成明显的三维空间的情形. 如果我们希望着手归纳, 可以试验这样一个再分的几个例子. 用例 8 作类比可得下列的联想:

一个盒子(也就是说一个规则的平行六面体), 其长、宽、高分别为 l, m, n; 这三个数皆为整数. 这个盒子被平行于它们的面再分成 lmn 个相等的六面体. 假定 N_0, N_1, N_2 和 N_3 分别表示再分后的顶点、边、面和多面体(六面体)的数目.

(1) 用 l, m, n 来表示 N_0, N_1, N_2 和 N_3.

(2) 有没有一个类似于例 7 (2) 的关系式?

11. 假定 P_n 表示位置一般的 n 条直线分割成的平面部分数. 试证 $P_{n+1} = P_n + (n + 1)$.

12. 假定 S_n 表示位置一般的 n 张平面分割成的空间的部分数. 试证 $S_{n+1} = S_n + P_n$.

13. 对于 $n = 0, 1, 2, 3, 4$ 验证所猜想的公式

$$P_n = 1 + n + \frac{n(n-1)}{2}.$$

14. 猜想关于 S_n 的公式并用 $n = 0, 1, 2, 3, 4, 5$ 验证之.

15. 在位置一般的四条直线把平面分割成的11个部分中, 有几份是有限的? [有几份是无限的?]

16. 说出上题的一般化命题.

17. 在位置一般的五张平面分割空间为 26 个部分中, 有几份是无限的?

18. 过球心的位置是一般的五张平面把球面分割成几部分?

19. 位置是一般五个相互交叉的圆, 把平面分割成几部分?

20. 说出上题的一般化命题.

21. 归纳过程: 思想的适应, 语言的适应. 归纳过程是把我们的思想认识适应于事实的结果. 每当把我们的想法和观察相比较时, 其结果可能一致也可能不一致. 若与观察事实一致, 就对我们的想法更有信心; 若不一致, 就改变想法. 经过多次改变之后, 我们的想法就可能较好地符合事实. 我们对任何新事物的想法, 开头总不免是错误的, 或者至少有一部分是错误的; 归纳过程 (总结经验) 就提供改正错误的机会, 使思想符合现实. 前述一些例题是从小规模上、但却颇明白地来说明这种过程. §1 里的例子说明两次猜错了, 第三次就猜对了. 你也许会说, 我们是意外地获得了它. 当有一次讨论到牛顿的一个无可比拟的伟大发现时, 拉格朗日 (Lagrange) 曾经说过: "但是这种意外, 只能发生在应该获得它们的那些人们那里."

用合适的语言表达事实, 同思想适应于事实在一定程度上具有同样的重要意义. 无论如何, 这两者是有紧密联系的. 科学发展非常明显地伴随着术语的发展, 当物理学家开始谈到关于"电气"或医生开始谈到"传染"时, 这些术语是不明白的、含糊的、混乱的. 这些术语被科学家用到今天, 如像"电荷"、"电流"、"细菌传染"、"病毒传染"是无比地清楚而且很明确. 然而要知道, 区分两个名词术语要经过多少次充分的观察, 经过多少次精巧的试验, 甚至一些伟大的发现. 归纳过程, 改造了术语, 澄清了概念. 我们也可以用一个适当小规模的数学例子来阐明概念的归纳澄清, 下面讲讲这方面的过程. 这种情况在数学研究中是常见的. 一个定理已经系统地整理出来，但是为了使这个定理更加严格，我们还要给这个定理中某些术语更精确的意义. 像我们将要看到的那样，上述过程可以方便地用归纳过程来说明.

让我们回过头去看例 2 和它的解答. 我们谈到把"球面再分割成地区"而未给予这个术语一个正式定义. 如果用 F, V 和 E 表示这样再分成的地区、边界和角的数目，我们希望欧拉公式仍然是正确的. 但我们仍然依靠例子和一些粗略的叙述以及对于 F, V 和 E 没有给出正式的定义. 我们应当怎样精确定义这些术语使得欧拉公式更严格呢？这就是我们要提出的问题.

比方说球（也就是说球面）的再分割是"正确的"，如果用一个相应的解释就是欧拉公式对于 F, V 和 E 成立；是"错误的"，就相应于欧拉公式对于 F, V 和 E 不成立. 提出再分割的例子能够帮助我们发现"正确的"情形和"错误的"情形之间的一些简单的差别.

22. 由地球的全部表面组成正好一个地区，正确吗？（"正确"的意思，我们是指欧拉公式成立. ）

23. 地球的表面由一个大圆分成两个地区——东半球和西半球，欧拉公式成立吗？

24. 两个平行的圆分球面为三个地区，欧拉公式成立吗？

25. 三条经线分球面为三个地区，欧拉公式成立吗？

26. 称由 m 条经线和 p 个平行圆分割球面为"分割 (m, p)"；参考例 2 (1). 极端的情形为 (o, p)，欧拉公式是否成立？

27. "分割 (m, p)"的极端情形 (m, o)，欧拉公式是否能成立？（参看例 26. ）

28. 哪种再分割 (m, p)（参考例 26）能够由例 2 叙述的方法产生？（一个凸多面体投射到球面上，继之以后连续的改变边界，这样留下的地区数目和在地区周围的边界线数目不会改变. ）关于 m 和 p 怎样的条件能表征这样的再分割？

29. 在欧拉公式不成立的那些例子中错误在哪里？哪种几何条件能使 F, V, E 的意义更加精确并将保证欧拉公式仍然有效？

30. 提出更多的例子来说明例 29 的解答.

31. 笛卡儿 (Descarte) 对多面体的研究工作. 笛卡儿留下的原稿中简短地注释了多面体的一般理论. 这些注释的一个副本 (借助于莱布尼兹) 发现并发表于 1860 年, 这已是笛卡儿死后两百多年的事, 参考笛卡儿全集 (*Oeuvres*), 第 10 卷, 第 257~276 页. 这个注释论述了与欧拉定理密切相关的问题: 虽然这个注释没有直接地按照它包含的结果明确地提出这个定理.

我们考察在笛卡儿情形的凸多面体. 假定我们称其任一面的任一角为表面角, 而且用 $\Sigma\alpha$ 表示所有表面角之和, 笛卡儿以两种不同的方式计算 $\Sigma\alpha$, 并且从比较两个表达式出发得出欧拉定理.

下面的例子给读者一个机会重新引出笛卡儿的某些结论, 我们将用下面的符号:

设 F_n 表示具有 n 条棱的面数.

V_n 表示具有 n 条棱端点的顶点数, 因此

$$F_3 + F_4 + F_5 + \cdots = F,$$
$$V_3 + V_4 + V_5 + \cdots = V.$$

我们仍然用 E 表示多面体所有的棱数.

32. 以三种不同的方式: 分别用 $F_3, F_4, F_5, \cdots$ 或用 $V_3, V_4, V_5, \cdots$ 或用 E 表示全部表面角的个数.

33. 计算五种正多面体的 $\Sigma\alpha$: 正四面体, 正六面体, 正八面体, 正十二面体和正二十面体.

34. 用 $F_3, F_4, F_5, \cdots$ 表示 $\Sigma\alpha$.

35. 用 E 及 F 表示 $\Sigma\alpha$.

36. 立体补角, 互补球面多边形. 我们把通常被称为多面角者叫做立体角.

若二凸立体角有一公共顶点 (但无其他公共点), 且面数相同. 一立体角的每面有另一立体角的一边与之对应, 且面与其对应边垂直 (这关系是相互的, 如一立体角二相邻面交线, 对应另一立体角的面 f', 而 f' 的两边则是对应于前二相邻面的). 有这种关系的二立体角, 叫做互为补角 (这跟普通称作补角的意义不

同,但平面二补角也可摆成类似的相互关系). 互补的两立体角之一叫作另一个的补角.

以两个立体补角的公共顶点为中心,以 1 为半径的球面,被二互补立体角割成二球面多边形,它们是互补球面多边形.

我们来考察二互补球面多边形,假定第一个多边形的边是 a_1, a_2, $\cdots$, a_n;而 α_1, α_2, $\cdots$, α_n 是它的补角, A 是它的面积, P 是它的周长. 又设另多边角形的类似部分是 a'_1, a'_2, $\cdots$, a'_n; α'_1, α'_2, $\cdots$, α'_n; A', P',则

$$a_1 + \alpha'_1 = a_2 + \alpha'_2 = \cdots = a_n + \alpha'_n = \pi,$$
$$a'_1 + \alpha_1 = a'_2 + \alpha_2 = \cdots = a'_n + \alpha_n = \pi.$$

这关系式是大家都知道的,并容易看出来的.

证 $$P + A' = P' + A = 2\pi.$$

[已知角为 α, β, γ 的球面三角形面积是球面角盈 $\alpha + \beta + \gamma - \pi$.]

37. "平面多边形外角和等于 4 个直角,类似地立体形外立体角之和等于 8 个直角." (多面体立体角的补立体角叫作它的外角.)设法解释在笛卡儿笔记中发现的这句话,作为一个定理,你可以证明它. [见图 3.7.]

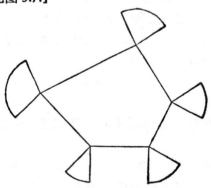

图 3.7 一个多面体的外角

38. 用 V 表示 $\Sigma\alpha$.

39. 试证欧拉定理.

40. §1 最初的陈述是模糊的,但是暗示出若干精确的陈述. 这里有一个我们在 §1 中没有考虑的问题:"假如 F,V,E 三者之一趋向 ∞ 时,其余两个也必然趋向 ∞."证明对于凸多面体下面的不等式一般地成立:

$$2E \geqslant 3F, \quad 2V \geqslant F+4, \quad 3V \geqslant E+6,$$
$$2E \geqslant 3V, \quad 2F \geqslant V+4, \quad 3F \geqslant E+6,$$

这些不等式中,对于哪些多面体等式能成立?

41. 有凸多面体各面都是由相同类型的多边形组成的,即是说这些多边形的边数是相同的. 例如,四面体的各面都是三角形,六面体的各面都是四边形,十二面体的各面都是五边形. 你也许由此会不加思索地说:"依此类推."然而这样简单的归纳也许会误入歧途: 这里不存在各面都是六角形的凸多面体,试证之. [例31.]

第四章 数论中的归纳方法

在数论中由于意外的幸运颇为经常，所以用归纳法可 萌 发 出极漂亮的新的真理．

——高斯[1] (Guass)

§1. 边长为整数的直角三角形[2]

由于

$$3^2 + 4^2 = 5^2.$$

所以具有边长为 3，4 和 5 的三角形是一个直角三角形．这是一种最简单的直角三角形，它的边长都是整数．这样的"边长为整数的直角三角形"在数论的历史中起过重要的作用；甚至古代的巴比伦人 (Babylonians) 已经发现了它的某些性质．

关于这样的三角形的比较明显的问题之一如下所述：是不是存在一个边长为整数的直角三角形，它的斜边长是给定的整数 n 呢？

我们集中研究这个问题．寻求一个三角形，它的斜边长是给定的整数 n 而它的直角边长分别用某整数 x 和 y 表示．我们假定 x 表示两直角边中较长的那条边．因此，对于已给的 n，我们要求二整数 x, y，使

$$n^2 = x^2 + y^2, \quad 0 < y \leqslant x < n.$$

这个问题我们可用归纳方法来处理，而不可能用任何别的方法——除非我们有某些十分特别的知识。让我们看一个例子．取 $n = 12$．因此，要求二自然数 x 及 y，使 $x \geqslant y$，且有

---

1) 《全集》(*Werke*)，第 2 卷，第 3 页．
2) 这一节的某些部分已经在"让我们教猜测"的标题下出现过，在《按斐迪南·贡塞斯所指定的科学哲学研究方向》(*Études de philosophie des sciences en hommage à Ferdinand Gonseth*) 这卷中，由格芳 (Griffon) 发行，1950，见 147~154 页．

$$144 = x^2 + y^2.$$

x^2 可取以下这些数:

1, 4, 9, 16, 25, 36, 49, 64, 81, 100, 121.

可不可以有 $x^2 = 121$ 呢? 也就是要看

$$144 - x^2 = 144 - 121 = 23$$

是不是个平方数? 显然不是. 我们现在就应该试试看其他的差数是不是平方数, 并且也用不着多试. 因为 $y \leqslant x$, 故

$$144 = x^2 + y^2 \leqslant 2x^2,$$
$$x^2 \geqslant 72.$$

所以只可能是 $x^2 = 100$ 和 $x^2 = 81$ 这两种情形值得再试. 但是

$$144 - 100 = 44, \qquad 144 - 81 = 63$$

都不是平方数. 所以得答案: 以 12 为斜边长的边长是整数的直角三角形不存在.

我们再来试以 13 为斜边长的有没有. 在

$$169 - 144 = 25, \quad 169 - 121 = 48, \quad 169 - 100 = 69$$

三数中, 只有一数是平方数, 故只有一个具有斜边长为 13 的边长为整数的直角三角形:

$$169 = 144 + 25.$$

如果稍有耐心, 我们可用同样方法考察一个不太大的数, 如 20 以下的各种情形. 我们可以看到, 20 以下的数, 只有以 5, 10, 13, 15, 17 为斜边长的才存在边长为整数的直角三角形:

$$25 = 16 + 9$$
$$100 = 64 + 36$$
$$169 = 144 + 25$$
$$225 = 144 + 81$$
$$289 = 225 + 64.$$

事实上, 这里的 10 和 15 两种情形是不值得去算的, 因为边长为 10, 8, 6 以及边长为 15, 12, 9 的三角形都同边长为 5, 4, 3 的三角形相似. 只有其余三个分别以 5, 13, 17 为斜边长的边长为整数的直角三角形才是根本不同的.

我们看到，5，13，17 三数都是奇素数．不过它们并不是 20 以下的全部奇素数；其余的奇素数 3，7，11，19 都不是边长为整数的直角三角形的斜边．为什么会这样？这两批奇素数之间有什么不同之处？在什么条件下，一个奇素数才是边长为整数的直角三角形的斜边长？在什么条件下不是？

这个问题改变了原来问题的性质．看来这个问题这样提更好些，至少是个新问题．现在再用归纳方法来考察，列表如下（横线表示没有以 p 为斜边长的边长为整数的直角三角形）：

奇素数 p	以 p 为斜边长的边长为整数的直角三角形
3	——
5	$25 = 16 + 9$
7	——
11	——
13	$169 = 144 + 25$
17	$289 = 225 + 64$
19	——
23	——
29	$841 = 441 + 400$
31	

在什么情况下奇素数可以是边长为整数的直角三角形的斜边长？在什么情况下不是？两种情形有何区别？物理学家也会提出他们自己的同类问题．例如物理学家在研究晶体的双折射时，有的晶体表现出双折射，有的没有双折射，就要问哪些晶体有双折射？哪些没有双折射？两种晶体有何区别？

物理学家考察的是两种晶体，而我们考察的是两批素数：

5，13，17，29，… 与 3，7，11，19，23，31，….

我们是想找这两批数之间有什么不同的性质．两批数增大的情况都是不规则的，比方说看看它们相邻二数差：

5		13		17		29			3		7		11		19		23		31
	8		**4**		**12**					**4**		**4**		**8**		**4**		**8**	

这些差数里面，有好些个是 4，而且都能被 4 整除．以 5 为首的那批数，被 4 除的余数都是 1，它们都是 $4n + 1$ 这种形式（n 是自然数）．以 3 为首的那一批数都是 $4n + 3$ 的形式．这是不是我们所要找的不同性质呢？如果不否定这个可能性，那就会作猜想：$4n + 1$ 形式的素数可以是边长为整数的直角三角形的斜边长，$4n + 3$ 形式的不是．

§2. 平方和

我们仅讨论了边长为整数的直角三角形的问题（在 §1 中）的一个侧面，在数论的历史中它起过重要作用．它使人引出许多别的问题．例如，哪些数（不管本身是否是平方数）能表成平方和？不能表成平方和的数有什么性质？是否还能表成三个平方数之和？还有，不能表成三个平方和的数又有哪些数？

当然我们还可以这样继续不断地问下去，但巴切特（Bachet de Méziriac）（首先出版数学游戏书的作者）曾经指出：任何自然数，（即正整数），或者本身是平方数，或者总是两个、三个或四个平方数之和．他并没有给出证明，但是他一直验证到 325．

简而言之巴切特指出的命题仅仅是用归纳方法得出的猜想．他的贡献是提出了这样一个问题： 要用多少个平方数来表示所有的自然数？问题清楚地提出之后，就不难用归纳方法得出答案．从

$$1 = 1$$
$$2 = 1 + 1$$
$$3 = 1 + 1 + 1$$
$$4 = 4$$
$$5 = 4 + 1$$
$$6 = 4 + 1 + 1$$
$$7 = 4 + 1 + 1 + 1$$
$$8 = 4 + 4$$
$$9 = 9$$

$$10 = 9 + 1$$

开始造一个表. 从 1 到 10 验证了这一命题. 表中只有 7 需要用四个平方数，其余的用一个、两个，三个就够了. 巴切特一直试到 325，发现有好些数要用四个平方数来表示，但没有一个需要用更多的，上述的归纳证明，至少使我们相信与他发表的命题相符. 他的运气很好. 这个猜想以后得到了确切的证明，数论中称为"四方定理"：即方程

$$n = x^2 + y^2 + z^2 + w^2$$

对任何自然数 n 都有 x, y, z, w 的非负整数解.

把一数分解为几个平方数的和还有别的意义，例如，可考察方程

$$n = x^2 + y^2$$

有多少个 x, y 的整数解. x 与 y 可仅限于自然数. 也可为正负整数或 0. 现在从后一观点来考察 $n = 25$ 的情形，可得方程

$$25 = x^2 + y^2,$$

即得 12 组解答如下：

$$25 = 5^2 + 0^2 = (-5)^2 + 0^2 = 0^2 + 5^2 = 0^2 + (-5)^2$$
$$= 4^2 + 3^2 = (-4)^2 + 3^2 = 4^2 + (-3)^2 = (-4)^2 + (-3)^2$$
$$= 3^2 + 4^2 = (-3)^2 + 4^2 = 3^2 + (-4)^2 = (-3)^2 + (-4)^2.$$

这个解答有一个有趣的几何解释，但现在我们不必讨论它. 见例 2.

§3. 关于四奇数平方和问题

这个问题虽然提得突然，但讲起来却很有教益.

假定 u 是正奇数，用归纳法来考察方程

$$4u = x^2 + y^2 + z^2 + w^2$$

有多少组 x, y, z, w 的正奇数解.

例如，当 $u = 1$ 时，方程是

$$4 = x^2 + y^2 + z^2 + w^2,$$

这时只有一组解 $x = y = z = w = 1$. 因为只限于正奇数，故

$$x = -1, \quad y = 1, \quad z = 1, \quad w = 1$$

或

$$x = 2, \quad y = 0, \quad z = 0, \quad w = 0$$

不算解. 假如当 $u = 3$ 时,方程是

$$12 = x^2 + y^2 + z^2 + w^2,$$

有下列两组不同的解.

$$x = 3, \quad y = 1, \quad z = 1, \quad w = 1,$$
$$x = 1, \quad y = 3, \quad z = 1, \quad w = 1.$$

为了强调对 x, y, z, w 值的限制,我们不说"解",而说"把 $4u$ 表为四个奇数平方和". 但这样说是冗长的,我们应该用某种方法简化它,为此,有些时候我们用"表为"两字来代替.

§4. 考察一个例子

为了熟悉问题的意义,让我们来考察一个例子. 我们取 $u = 25$,则 $4u = 100$,这时要找出 100 表为四个奇数平方和的各种方法. 可用于这个问题的平方数是

$$1, \quad 9, \quad 25, \quad 49, \quad 81.$$

若 81 是四个平方数之一,则其余三个平方和是

$$100 - 81 = 19.$$

小于 19 的奇数平方只可能是 9 和 1,且有 $19 = 9 + 9 + 1$,这是 19 表成三奇数平方和的唯一表达式. 故有

$$100 = 81 + 9 + 9 + 1.$$

同样可得

$$100 = 49 + 49 + 1 + 1,$$
$$100 = 49 + 25 + 25 + 1,$$
$$100 = 25 + 25 + 25 + 25.$$

若将四个平方和按照递减的次序排列,先分出最大的一个,这样系统地进行试验,就可以得出一切可能的分解法. 但若顾及到次序,那就有更多可能的分解法,例如

$$100 = 49+49+1+1$$
$$= 49+1+49+1$$
$$= 49+1+1+49$$
$$= 1+49+49+1$$
$$= 1+49+1+49$$
$$= 1+1+49+49.$$

这 6 个和表为包含有同样的项, 但是其项的次序是不同的. 按照我们对问题的说法, 在处理时应该把它们作为 6 个不同的表达式, 具有非增的平方和的一个表达式为

$$100 = 49+49+1+1.$$

其他五种表达式都是由它派生出来的, 一共有六种表达式. 同样有

非增平方和	次序不同的排列数目
$81+9+9+1$	12
$49+49+1+1$	6
$49+25+25+1$	12
$25+25+25+25$	1

总起来说, 对 $u = 25$ 即 $4u = 100$ 的情形共有

$$12+6+12+1 = 31$$

种表成四个奇数平方和的分解法.

§5. 把观察结果列成表

对于特例 $u = 25$ 即 $4u = 100$ 表为四个奇数平方和共有 31 个表示式, 它显示了问题的清楚的含意. 我们现在从 $u = 1$, 3, 5, ··· 列到 $u = 25$. 把分解法的个数列成表 I 来作系统的观察 (见下文; 读者应自列表, 或至少验算一部分数字).

§6. 有什么规则

能否从表中看出 u 与把 $4u$ 表成四个奇数平方和的分解法的数目之间有什么规则吗?

表 I

u	$4u$	非增分解式	排列数目	分解法数目
1	4	1+1+1+1	1	1
3	12	9+1+1+1	4	4
5	20	9+9+1+1	6	6
7	28	25+1+1+1	4	8
		9+9+9+1	4	
9	36	25+9+1+1	12	13
		9+9+9+9	1	
11	44	25+9+9+1	12	12
13	52	49+1+1+1	4	14
		25+25+1+1	6	
		25+9+9+9	4	
15	60	49+9+1+1	12	24
		25+25+9+1	12	
17	68	49+9+9+1	12	18
		25+25+9+9	6	
19	76	49+25+1+1	12	20
		49+9+9+9	4	
		25+25+25+1	4	
21	84	81+1+1+1	4	32
		49+25+9+1	24	
		25+25+25+9	4	
23	92	81+9+1+1	12	24
		49+25+9+9	12	
25	100	81+9+9+1	12	31
		49+49+1+1	6	
		49+25+25+1	12	
		25+25+25+25	1	

　　这个疑问是问题的核心．我们必须在收集观察结果的基础上利用前节制定的表来回答这个问题．就像自然科学家设法从实验数据找出规律的情形一样，我们也要从这些数据里找出规律来．不妨列出两行数字如下：

1	3	5	7	9	11	13	15	17	19	21	23	25
1	4	6	8	13	12	14	24	18	20	32	24	31.

第一行都是奇数．但是第二行有什么规则呢？

当我们要回答问题时，猛一看，几乎使人失望，第二行数字之间很不规则，我们被它的复杂来历迷惑了，我们似乎没有希望能够找出任何规则．然而，假如我们忽略上面的复杂来历并且认真分析一下，会发现第二行的数总比第一行相应的大，而且有好些个恰好大 1．我们把这些情况强调指出来，在相应的地方用黑体，把表写成这样：

1 **3** **5** 7 9 **11** **13** 15 **17** **19** 21 **23** 25

1 4 6 8 13 12 14 24 18 20 32 24 31．

不难看出，黑体数字都是素数．这倒有点奇怪了，在上表中我们搞出这一系列数的时候，只是作平方和分解，没有牵涉到什么素数不素数的问题．现在素数竟然与我们这个问题有关系，你说怪也不怪？这里面一定有什么名堂！

非黑体的那些数是什么样的数呢？第一个 1 是单位数，其余都是复合数．

$$9=3\times 3, \quad 15=3\times 5, \quad 21=3\times 7, \quad 25=5\times 5.$$

那么第二行里同这些对应的数有什么性质呢？

我们看到，如果在第一行里奇数 u 是素数，则在第二行里所对应的数是 $u+1$；如果 u 不是一个素数，所对应的数就不是 $u+1$．对这些我们已有所发现．我们可以再注意一点，如果 $u=1$，则第二行中的对应数也是 1，从而小于 $u+1$．其他 u 不是素数的情况，对应的数都大于 $u+1$．也就是说，若 u 是 1 时，所对应的数就比 $u+1$ 小，若 u 是素数则所应的数就等于 $u+1$，若 u 是复合数则所应的就比 $u+1$ 大．这可算是一种规则．

让我们再集中研究上一行中那些复合数所对应的数：

3×3　　　3×5　　　3×7　　　5×5

13　　　　24　　　　32　　　　31

从这里看出一些怪现象．第一行的两个平方数都对应于第二行中的素数！不过因观察数目尚少，这个断言还不够充分．但是倒过来说也对，不是平方的那些复合数，所对应的则不是素数：

$$3 \times 5 \qquad 3 \times 7$$
$$4 \times 6 \qquad 4 \times 8.$$

这里又有些不太寻常的事，即第二行所对应数的每个因子都恰好比原数 u 的两个因子每个都大 1！不过这里观察数据尚少，也不宜把这个说法看得太认真. 在先我们注意到

$$p$$
$$p + 1$$

现在又看到

$$pq$$
$$(p + 1)(q + 1)$$

这里 p 和 q 是素数. 这里总算找到了一些规则.

如果把对应于 pq 的数 $(p + 1)(q + 1)$ 写成另一种形式，也许能看得更清楚些：

$$(p + 1)(q + 1) = pq + p + q + 1.$$

我们看到了什么呢？$pq, p, q, 1$ 是些什么数呢？至今

$$9 \qquad 25$$
$$13 \qquad 31$$

这两种情形尚未得到解释. 我们曾指出 9 与 25 所对应的数分别大于 $9+1$ 和 $25+1$，而且事实上有

$$13 = 9 + 1 + 3 \qquad 31 = 25 + 1 + 5.$$

这些数是什么？

如果再从什么地方找出一点新发现，把上述这些零零碎碎的观察综合起来，即可得到整个对应关系的规则：

$$p \qquad\qquad pq \qquad\qquad 9 \qquad\qquad 25 \qquad\qquad 1$$
$$p + 1 \quad pq + p + q + 1 \quad 9 + 3 + 1 \quad 25 + 5 + 1 \quad 1.$$

除数！第二行数字中出现的都是能整除第一行相应数字的几个除数. 这可能就是要找的规则，这似乎是一个发现：第一行每个数所对应的是其所有除数之和.

说得更完整些，我们有一个猜想. 这个猜想很可能是高斯的那些"很漂亮的新真理"之一：若 u 是奇数，则把 $4u$ 表成四个奇数平方和的表达式的数目等于 u 的各除数之和.

§7. 关于归纳发现未知事物的性质

回顾从§3到§6所讲的,我们可以提出许多问题.

我们得出的是什么? 不是证明,甚至连证明的影子也没有,仅仅是一种猜想:它不过是在所观察数据范围之内,发现事实的一种简单描述, 还表明这种描述有可能应用到观察数据范围之外的一种希望.

我们是怎样得到这个猜想的呢? 这同普通人,非数学方面的自然科学家得到他们猜想的情况很像. 先收集有关的观察材料、考察它们、加以比较、注意到一些规律性、犹豫不决、东拼西凑、最后把零零碎碎的细节归纳成有明显意义的整体.完全类似,一个考古学家可以从破石碑上零零碎碎的文字考证出全部材料来,一个古生物学家可以从几片烂碎骨头搞出古代动物的整个形态来. 在我们的情况下也是如此,当我们认识到合理的统一概念(除数)时,有意义的全貌也就同时出现了.

§8. 关于归纳证据的性质

这里还有几个值得注意的问题.

证据有多少说服力? 当你这样问时,你的问题还是不完全的. 你自然是指的对于§6我们所述猜想的归纳证据. 而且是能够从§5的表 I 中导出的猜想的归纳证据. 然而你所指的说服力的意思是什么? 假如它能使人信服,则证据就是有说服力的;所谓说服力,就是能让某些人相信. 但你未说明让谁相信——让我,让你,让欧拉,让一个初学者,还是让别的什么人?

作为对我个人来说,我觉得这些证据是很有说服力的,我确信欧拉曾仔细地设想过它(我提到欧拉,因为他差一点就会发现我们的猜想,见例 6.24). 我想,凡是一个初学者,只要他多少知道一些数的整除性,也都应该觉得证据相当有说服力. 我的一个同事,一位杰出的数学家,不过他对数论这部分是不熟悉的,他觉得这证据是"百分之百地使人信服".

我不去关心主观印象如何，什么是证实理性信念的客观估计的确切程度？

你给我一事件（A），你未给我另一事件（B），并且你向我要求第三事件（C）．

（A）你给我精确的归纳证据：猜想对前 13 个情形 4，12，20，…，100 是证实了的，这很清楚．

（B）你要我估计证据的可信程度．然而这种可信程度对某些人来说，如果不是出于轻率或灵机一动的话，要依赖于看得到这些证据的人有多少知识．他可能知道这个猜想的定理的一个证明，或者可能知道一个反例足以使这个猜想破产．在这两种情形下，他的信念已经确定，不会受归纳证据的影响．但是如果他知道一些东西，这些东西很接近于这个定理的完整证明或者接近于属于一个完整的反例，他的信念还可以更改，并且会受归纳证据的影响，虽然信念不同程度是按照他掌握知识的不同而产生的．因此，如果你希望一个明确的回答，你就应当说清楚某人的一定知识水平，所提出的归纳证据（A）应该按它去判断，你应当给我一批确定的有关已知事实（或许，在数论中可以是已知基本命题的一个明确的表）．

（C）你要我确切估计归纳证据的可信程度，我是否应当给你表达成"完全相信"的百分比呢？（这个定理的可信程度若是通过数学定理证明了的，我们同意叫"完全相信"．）你是不是期待我说证据的可信程度相当于完全相信的 99%，或者 2.875%，或者 0.000001% 呢？

简而言之，你要我解决这样一个问题：已知（A）一些归纳的证据及（B）一批已给的事实和命题，来估计（C）有百分之几的可信程度．

这个问题的解决是远非我力所能及的，我也不知道谁能解决它，或者谁敢去解决它，我知道某些哲学家他们打算在最大的一般性问题上作这样一些工作，但是面对这个具体问题，他们畏缩和避免作正面回答，并且可以找出一千个借口说他们为什么恰好不解决这个问题.

可能这个问题是那些典型的哲学问题之一, 关于它你可以泛泛地谈得很多, 甚至煞费苦心. 然而当你要用确切的字眼说出来的时候, 你又什么也说不出来.

你能否将现在归纳推断的实例同某些标准事例作一比较, 从而作出具有坚实有力证据的合理估计吗? 现在把这个猜想的归纳证据同巴切特得出他的猜想的归纳证据比较一下.

巴切特猜想是: 对于 $n = 1, 2, 3, \cdots$, 方程

$$n^2 = x^2 + y^2 + z^2 + w^2$$

至少有一组 x, y, z, w 的非负整数解. 他对 $n = 1, 2, 3, \cdots$, 325 都验证了这个猜想.

我们的猜想是: 对一已知奇数 u, 方程

$$4u = x^2 + y^2 + z^2 + w^2$$

的解答个数 (x, y, z, w 为正奇整数解) 等于 u 的除数之和. 我们对 $n = 1, 3, 5, 7, \cdots, 25$ (13 种情形) 验证了这个猜想 (见 §3 ~ §6).

现在从三方面来比较这一猜想以及由其验证所得的归纳证据.

验证的次数. 巴切特猜想验证了 325 种情形, 而我们的猜想只验证了 13 种情形. 巴切特的证据显然比较有力.

猜想内容的准确程度. 巴切特猜想说解答的数目 $\geqslant 1$; 我们的猜想则明确指出解答数目等于什么. 我认为, 验证一个很明确的猜想比验证一个不那么明确的猜想总要好些, 从这方面讲, 我们的证据似较有力.

有无其他类似的猜想. 巴切特猜想说任一正整数用平方和表示的最大个数 $M = 4$. 我认为巴切特有一个先验的理由提出 M 一定等于 4, 也可能 $M = 5$, 或者任何其它的值, 如像 $M = 6$, 或 $M = 7$; 甚至 $M = \infty$ ($M = \infty$ 的意思自然应理解为较大的正整数. 从形式上讲 $M = \infty$ 似乎是可以的). 简而言之, 巴切特猜想显然不是唯一的. 但是我们的猜想是独一无二的, 起先看解

答的个数很不规则,可能以为找不到什么规则了,但后来终于找到了一个很明确的规则,而且很难想像还有其他不同于此的规则.

如果要从许多都是称心如意的姑娘中选一个新娘是不太好选的;如果在周围只有唯一的一个姑娘符合条件,那么很快就可以做出决定. 在我看来对于我们的猜想有点和这种处境类似. 在所有其他条件相同的情况下,一个猜想有许多不同的结果比只有独一无二的结果更难于被人承认. 如果你相信这点,你应当发现从这方面讲,我们的证据比较有力.

请注意关于巴切特猜想的证据在一个方面是较有力的,而关于我们的猜想的证据在另一方面是较有力的,请不要提无法回答的问题.

第四章的例题和注释

1.符号表示法. 设 n, k 是自然数,我们考察丢番图(Diophantine)方程

$$n = x_1^2 + x_2^2 + \cdots + x_k^2.$$

其两组解 $x_1, x_2, \cdots, x_k$ 与 $x_1', x_2', \cdots, x_k'$ 当且仅当 $x_1 = x_1', x_2 = x_2', \cdots, x_k = x_k'$ 时才算是相等的. 若 $x_1, x_2, \cdots, x_k$ 可为正负整数及 0,则记解的个数为 $R_k(n)$.若只许可是正奇数,则记解的个数为 $S_k(n)$.

用这种表示法可把巴切特猜想表为

$$R_4(n) > 0 \qquad n = 1, 2, 3, \cdots.$$

我们在 §6 中所发现的猜想: $S_4(4(2n-1))$ 等于 $2n-1(n=1, 2, 3, \cdots)$ 的除数之和.

求 $R_2(25)$ 及 $S_3(11)$.

2.若 x 和 y 是平面上的直角坐标,对于这样一对 x 和 y 若为整数时,叫做平面上的"格点". 在空间中的格点有类似的定义.

用格点来对 $R_2(n)$ 及 $R_3(n)$ 作几何解释.

3.用符号 $R_2(n)$ 来表示 §1 中所提到的猜想.

4.什么时候两平方和是奇素数? 通过研究下表

3 ——

$$5 = 4+1$$
$$7 \quad ——$$
$$11 \quad ——$$
$$13 = 9+4$$
$$17 = 16+1$$
$$19 \quad ——$$
$$23 \quad ——$$
$$29 = 25+4$$
$$31 \quad ——$$

必要时扩大这个表并且把它和 §1 的表作比较,试用归纳法回答这个问题.

5. 你能用数学演绎法证明你在例 4 里用归纳法得到的某些解答吗? 这样证明之后,是否有可能改变你对猜想的信任.

6. 证明巴切特猜想 (§2) 直到 30 为止. 哪些数目实际上需要四个平方和?

7. 为了更好地了解 § 5 中的表 I, 假定 a^2, b^2, c^2 与 d^2 表示四个不同的奇数平方并且考虑和

(1) $a^2 + b^2 + c^2 + d^2$

(2) $a^2 + a^2 + b^2 + c^2$

(3) $a^2 + a^2 + b^2 + b^2$

(4) $a^2 + a^2 + a^2 + b^2$

(5) $a^2 + a^2 + a^2 + a^2$.

若改变每式各项的排列次序能够导出多少种不同的表示法 (在 §3 的意义上)?

8. 当且仅当 u 是一个平方数时, $4u$ 表成四个奇数平方和的分解法的个数是奇数(下面用 §3 的符号,我们假定 u 是奇数). 证明这个命题并且证明它和 §6 的猜想一致. 这个结论将怎样影响你对这个猜想的信任?

9. 现在假定 a, b, c, 和 d 表示不同的自然数 (奇的或偶的). 考虑在例 7 中提到的五个和式,同时也考虑下列的和式:

(6)	$a^2 + b^2 + c^2$
(7)	$a^2 + a^2 + b^2$
(8)	$a^2 + a^2 + a^2$
(9)	$a^2 + b^2$
(10)	$a^2 + a^2$
(11)	$a^2.$

求这 11 种情形之中的每个 $R_4(n)$ 的分布情况. 你可按下面明显的运算得到每个和的全部表示法, 如果增加 0^2, 就必然可使它们的项数都可到四项, 你改变排列并且分别用 $-a$, $-b$, $-c$, $-d$, 来代替 a, b, c, d 中的某些(或者一个不, 或者全部)(核对在表 Ⅱ 中的例子).

10. 归纳地研究方程

$$n = x^2 + y^2 + z^2 + w^2$$

用整数 x, y, z, w (正负整数或 0)表示的解的数目. 并构造出一个和表 Ⅰ 类似的表

11(续). 试利用 §6 的方法和结果.

12(续). 利用对 §6 的类比或者从对表 Ⅱ 的观察, 区别整数的恰当类别, 并且只研究每个类别本身.

13(续). 集中研究最难处理的类别.

14(续). 试总结所有零碎的规则并用一句话来表达这个规则.

15(续). 检查不包含在表 Ⅱ 中前三种情形推导出的规则.

16. 求 $R_8(5)$ 及 $S_8(40)$.

17. 检查在本章最后的表 Ⅲ 中而尚未列入在表 Ⅰ 和表 Ⅱ 中的至少两项.

18. 利用表 Ⅲ 归纳地研究 $R_8(n)$ 及 $S_8(8n)$.

19(续). 试利用 §6 和例 10~15 的方法或者结果.

20.(续)由类比或观察区别自然数的恰当的类别, 并且只研究类别本身.

21(续). 试在最易解的问题中寻找出一个线索.

22(续). 试用某个统一的概念来概括各零碎的规则.

23(续). 试用一句话来表达这个规则.

24. 哪些数能用形式 $3x + 5y$ 来表示? 那些数不能? 此处 x 和 y 是非负整数.

25. 从下表

a	b	最后的整数不可能以形式 $ax + by$ 表示
2	3	1
2	5	3
2	7	5
2	9	7
3	4	5
3	5	7
3	7	11
3	8	13
4	5	11
5	6	19

表 II

n	非增的分解式	表 示 式	$R_4(n)/8$
1	1	4×2	1
2	1+1	6×4	3
3	1+1+1	4×8	4
4	4	4×2	3
	1+1+1+1	1×16	
5	4+1	12×4	6
6	4+1+1	12×8	12
7	4+1+1+1	4×16	8
8	4+4	6×4	3
9	9	4×2	13
	4+4+1	12×8	
10	9+1	12×4	18
	4+4+1+1	6×16	
11	9+1+1	12×8	12
12	9+1+1+1	4×16	12
	4+4+4	4×8	
13	9+4	12×4	14
	4+4+4+1	4×16	

n	非增的分解式	表　示　式	$R_4(n)/8$
14	9+4+1	24×8	24
15	9+4+1+1	12×16	24
16	16	4×2	3
	4+4+4+4	1×16	
17	16+1	12×4	18
	9+4+4	12×8	
18	16+1+1	12×8	39
	9+9	6×4	
	9+4+4+1	12×16	
19	16+1+1+1	4×16	20
	9+9+1	12×8	
20	16+4	12×4	18
	9+9+1+1	6×16	
21	16+4+1	24×8	32
	9+4+4+4	4×16	
22	16+4+1+1	12×16	36
	9+9+4	12×8	
23	9+9+4+1	12×16	24
24	16+4+4	12×8	12
25	25	4×2	31
	16+9	12×4	
	16+4+4+1	12×16	
26.	25+1	12×4	42
	16+9+1	24×8	
	9+9+4+4	6×16	
27	25+1+1	12×8	40
	16+9+1+1	12×16	
	9+9+9	4×8	
28	25+1+1+1	4×16	24
	16+4+4+4	4×16	
	9+9+9+1	4×16	
29	25+4	12×4	30
	16+9+4	24×8	
30	25+4+1	24×8	72
	16+9+4+1	24×16	

设法推测出一个规则. 已知 x 和 y 是非负整数. 假如需要,可以比较一些项目并且扩大这个表[当仅两个数 a 和 b 中的一个改变时,观察最后一列的变化].

26. 归纳法的危险. 试用归纳法试验下面的命题.

(1) 当 n 是素数时,则 $(n-1)!+1$ 能被 n 除尽;但当 n 是合数时,则 $(n-1)!+1$ 不能被 n 除尽.

(2) 当 n 是奇素数时,则 $2^{n-1}-1$ 能被 n 除尽;但当 n 是合数时,则 $2^{n-1}-1$ 不能被 n 除尽.

表 III

n	$R_4(n)/8$	$R_8(n)/16$	$S_8(8n)$	$S_4(4(2n-1))$	$2n-1$
1	1	1	1	1	1
2	3	7	8	4	3
3	4	28	28	6	5
4	3	71	64	8	7
5	6	126	126	13	9
6	12	196	224	12	11
7	8	344	344	14	13
8	3	583	512	24	15
9	13	757	757	18	17
10	18	882	1008	20	19
11	12	1332	1332	32	21
12	12	1988	1792	24	23
13	14	2198	2198	31	25
14	24	2408	2752	40	27
15	24	3528	3528	30	29
16	3	4679	4096	32	31
17	18	4914	4914	48	33
18	39	5299	6056	48	35
19	20	6860	6860	38	37
20	18	8946	8064	56	39

第五章 归纳法杂例

当你觉得那个定理是真实的，那你再去证明它.

——传统的数学教授[1]

§1. 函数的展开式

处理任何一种问题，我们常要用某种归纳推理. 在数学的不同分支里也有一些问题要求用归纳推理的典型方法. 对这一点，本章将用一些具体例子来说明. 我们先举简单的例子.

把函数 $\dfrac{1}{1-x+x^2}$ 展成 x 的幂级数.

这个问题的解法不只一种. 下面的解法可能显得麻烦些，但对数学知识不多的初学者可能显得容易理解些，他只需要知道几何级数之和就够了：

$$1 + r + r^2 + r^3 + \cdots = \frac{1}{1-r}.$$

我们的问题可以利用这个公式：

$$\frac{1}{1-x+x^2} = \frac{1}{1-x(1-x)}$$

$$= 1 + x(1-x) + x^2(1-x)^2 + x^3(1-x)^3 + \cdots$$

$$= 1 + x - x^2$$
$$+ x^2 - 2x^3 + x^4$$
$$+ x^3 - 3x^4 + 3x^5 - x^6$$

---

1) 这著名的教育格言(《怎样解题》(*How to Solve It*)，181 页) 曾经来自下列的告诫："如果你必须证明一个定理，不要仓促行动. 首先应完全了解定理讲的什么，设法看清楚它是什么意思. 然后检验定理；它是否有错误. 检验它的结果，为了使你认清它的正确性，用尽可能多的特例加以验证. 当…"

$$+\ x^4 - 4x^5 + 6x^6 - 4x^7 + x^8$$
$$+\ x^5 - 5x^6 + 10x^7 - 10x^8 + \cdots$$
$$+\ x^6 - 6x^7 + 15x^8 - \cdots$$
$$+\ x^7 - 7x^8 + \cdots$$
$$+\ x^8 - \cdots$$
$$\cdots$$
$$=\ 1 + x - x^3 - x^4 + x^6 + x^7 \qquad \cdots.$$

这个结果很值得注意. 任一不等于零的系数都是 1 或 −1. 相继出现的各系数似乎也有一定的规律,如果多算出几项,这种规律就可以看得更清楚:

$$\frac{1}{1 - x + x^2} = 1 + x - x^3 - x^4 + x^6 + x^7 - x^9 - x^{10}$$
$$+\ x^{12} + x^{13} - \cdots.$$

看出有周期性! 各系数按周期循环出现,周期数为 6:

$$1, 1, 0, -1, -1, 0 \mid 1, 1, 0, -1, -1, 0 \mid 1, 1, \cdots.$$

我们自然会设想这周期性能扩展到观察所及的范围之外. 但是这只是归纳的结论,或者说仅仅是一种推测,自然不能轻信. 不过这是根据事实得出的推测,所以值得认真的检验. 所谓检验的方法之一,是把这猜想写成另一种形式

$$\frac{1}{1 - x + x^2} = 1 - x^3 + x^6 - x^9 + x^{12} - \cdots$$
$$+\ x - x^4 + x^7 - x^{10} + x^{13} - \cdots.$$

按此刻的情形,右边可看作是两个几何级数,它们都有同样的公比 $-x^3$,我们可以把它们加起来,所以这猜想归结为:

$$\frac{1}{1 - x + x^2} = \frac{1}{1 + x^3} + \frac{x}{1 + x^3} = \frac{1 + x}{1 + x^3},$$

上式显然成立. 所以我们证明了这一猜想.

这个例子虽然简单,但是在许多方面却具有代表性. 如果我们要展开一个函数,常常很容易求出头几项系数. 然后看看这些系数,我们应当设法(像这里一样)猜想系数的规律,在猜出其规律

之后,像这里一样,然后再设法证明它. 先提出一个合理的清晰的猜想命题,然后再作出证明,这样做可能是大为有利的.

顺便指出,从这个例子我们得到很好的收益,它导出了二项式系数之间的一个令人神往的关系式.

将一个已知函数展成级数经常出现在不同的数学分支里,指出这一点并非赘言,见下一节与例题以及第六章的注释.

§2. 近似式[1]

设有半轴为 a 及 b 的椭圆,以 E 表示其周长. 用 a 及 b 来表示 E,虽没有简单的表达式,但有许多近似式,最显然的也许是下列两式:

$$P = \pi(a + b), \qquad P' = 2\pi(ab)^{1/2};$$

P 及 P' 都是椭圆周长的近似值,E 是准确值. 当 $a = b$ 时椭圆变为圆,$P = P' = E$.

当 $a \neq b$ 时,P 和 P' 近似 E 的程度如何? 是 P 还是 P' 更近似些? 这类问题在应用数学中常常碰到,处理的方法也有一种公认的步骤,大致如下:把近似的相对误差 $(P - E)/E$ 展成某一适当微小量的幂级数,然后根据展开式的第一项(不为 0 的头一项)来判断近似度的好坏.

让我们看这是什么意思,并把这一步骤应用到我们的问题上来. 首先应该选取一"适当小量",用椭圆的离心率

$$\varepsilon = \frac{(a^2 - b^2)^{1/2}}{a}$$

来试,我们取 a 为长半轴 b 为短半轴. 当 $a = b$ 时椭圆变成圆,$\varepsilon = 0$. 椭圆形状与圆相近时,ε 是小的. 因此,让我们把相对误差按 ε 展开,得(步骤从略)

$$\frac{P - E}{E} = -\frac{1}{64}\varepsilon^4 + \cdots, \qquad \frac{P' - E}{E} = -\frac{3}{64}\varepsilon^4 + \cdots.$$

---

1) 参看普纳姆 (Putnam),1949.

两式都只取第一项,更高项 ε^5, ε^6, …, 略去. 故当椭圆与圆相近时, P 比 P' 更接近于 $E(\varepsilon \to 0$ 时,误差比率为 1:3),而且都是弱近似值: 即

$$E > P > P'.$$

对于很小的 ε,椭圆与圆相近时,所有这些是适用的. 但当 ε 并不太小时,结果如何尚不知道. 事实上,现在我们只知道 $\varepsilon \to 0$ 时的极限关系. 然而关于我们的近似误差例如 $\varepsilon = 0.5$ 或 $\varepsilon = 0.1$ 时还不确切知道,当然,在实际问题中我们所需要的正是这种具体数据.

在这种情况下,有实践经验的人总是用具体数值去试他们的公式,我们可以仿效他们,但是我们首先应当试哪种情形呢? 先试 $\varepsilon = 0$ 及 $\varepsilon = 1$ 这两种极端情形. 当 $\varepsilon = 0$,即 $b = a$ 时椭圆变成圆,然而,这种情形我们已经很了解,所以不如试 $\varepsilon = 1$. 当 $\varepsilon = 1$ 即 $b = 0$ 时,椭圆变成长度为 $2a$ 的直线段,并且周长为 $4a$,这时有

$$E = 4a, \quad P = \pi a, \quad P' = 0 \qquad (\text{当 } \varepsilon = 1 \text{ 时}).$$

值得指出的是,对两个极端情形($\varepsilon = 0, \varepsilon = 1$),都有 $E > P > P'$,因此要问这些不等式是否一般地成立?

对于第二个不等式来说,问题很容易回答. 事实上,当 $a > b$ 时,

$$P = \pi(a + b) > 2\pi(ab)^{\frac{1}{2}} = P'$$

因这相当于

$$(a + b)^2 > 4ab$$

或

$$(a - b)^2 > 0.$$

现在集中讨论问题的另一部份,即 $E > P$ 是否一般地成立? 自然会猜想: 在极端情形下成立的关系,在中间情形下($0 < \varepsilon < 1$)也成立. 我们的猜想固然没有经过许多观察验证,但它是由类比证实了的. 我们以同样的口吻并基于类似的理由,对所提出的类似问题,已经予以肯定的回答.

让我们用具体的数值来试验一种情形. 在 ε 接近于 0 与 ε 接近于 1 相比之下，我们对前者知道得更多一些. 我们选取一个更接近于 1 的 ε 的简单值来试，即用 $a = 5$，$b = 3$，$ε = \dfrac{4}{5}$ 的数值来试. 对于这样的 ε 我们找到 (利用适当的表)

$$E = 2\pi \times 4.06275, \qquad P = 2\pi \times 4.00000.$$

不等式 $E > P$ 已经验证了. 这数字从另一方面证实了我们的猜想，由于来源不同，所以增加了重要性. 假定我们还注意到

$$(P - E)/E = -0.0155, \qquad -ε^4/64 = -0.0064.$$

这个相对误差大约为 1.5％，它比展开式的首项大得相当多，不过符号一样. 因为 $ε = \dfrac{4}{5} = 0.8$ 也不算太小，我们的意见还是整个大体一致并且在增加我们对猜想的信心方面是有帮助的.

近似公式在应用数学中起着重要的作用. 在实践中我们常常采取本节的作法来判断这样的一个公式是否精确. 我们计算相对误差的展开式的头一项，并且补充上用具体数值检验所得的信息及类比考虑，等等，简而言之，是通过归纳推理而并非通过论证推理来实现的.

§3. 极限

为了了解归纳推理在别的领域中的应用，我们来考虑下面的问题[1].

设 a_1, a_2, $\cdots$, a_n, $\cdots$ 是任意正数序列，求证

$$\lim_{n \to \infty} \sup \left(\frac{a_1 + a_{n+1}}{a_n} \right)^n \geq e.$$

这个问题需要些初步知识，特别是要熟悉 "lim sup" 概念或者 "不确定的上极限" 概念[2]. 然而即使你完全熟悉这个概念，你要寻求一个证明也许还会遇到某些困难. 任何一个大学生若能在几小

---

1) 见普纳姆，1948.

2) 例如，见 G. H. 哈代《纯粹数学》(G. H. Hardy, *Pure Mathematics*)，第 82 节.

时内自行证出，就值得称赞。

如果你自己对这一个问题亲自进行一些奋斗，你将易于接受下一节所叙述的论证思路。

§4. 设法推翻它

我们先问几个普通的问题。

有哪些题设？ 只有 $a_n > 0$，没有别的。

要什么结论？ 在这个不等式中 e 在右边，而复杂的极限在左边。

你知道不知道与此有关的定理？ 不知道，这同我已经知道的定理很不一样。

定理是否可能成立？ 或者定理不成立的可能性是否更大些？当然，不成立可能性更大些，从这样泛泛的条件 $a_n > 0$ 就得出这样明确的不等式，实在不能令人相信。

要你做的是什么？ 证明定理或者推翻它，我很想推翻它。

你想用什么特例来检验这个定理吗？ 是的，我就想这么做。

【为了简化公式，我们令

$$\left(\frac{a_1 + a_{n+1}}{a_n} \right)^n = b_n,$$

且用 $b_n \to b$ 来表示 $\lim_{n \to \infty} b_n = b$。】

用 $a_n = 1 \ (n = 1, 2, \cdots)$ 来检验，则

$$b_n = \left(\frac{1+1}{1} \right)^n = 2^n \to \infty.$$

在这种情形下，定理的结论得到证实。

但也可设 $a_1 = 0, \ a_n = 1 \ (n = 2, 3, 4, \cdots)$。这时

$$b_n = \left(\frac{0+1}{1} \right)^n = 1^n \to 1 < e.$$

这样一来定理被推翻了！但且慢，定理中的条件许可有 $a_1 = 0.00001$，但不许有 $a_1 = 0$。多么可惜！

让我们再试一下。设 $a_n = n$，则

$$b_n = \left(\frac{1 + (n+1)}{n}\right)^n = \left(1 + \frac{2}{n}\right)^n \to e^2$$

又证实了定理．

现设 $a_n = n^2$，则

$$b_n = \left(\frac{1 + (n+1)^2}{n^2}\right)^n = \left(1 + \frac{2}{n} \frac{n+1}{n}\right)^n \to e^2.$$

又证实了定理，而且又是 e^2．那么右边是不是应该是 e^2 而不是 e 呢？如果那样，岂不改进了定理．

让我引入一个参量，比方说，我取 $a_1 = c$，以便将来可以处理 c，但设 $a_n = n \ (n = 2, 3, 4, \cdots)$ 则

$$b_n = \left(\frac{c + (n+1)}{n}\right)^n = \left(1 + \frac{1+c}{n}\right)^n \to e^{1+c},$$

因 $c = a_1 > 0$，所以这总比 e 大．但 c 可为任意小的数，故可把 e^{1+c} 弄得尽量接近于 e．总之，我不能推翻这定理，但也不能证明它．

再试一下，取 $a_n = n^c$．这时 [略去一些计算步骤]

$$b_n = \left[\frac{1 + (n+1)^c}{n^c}\right]^n \to \begin{cases} \infty, & \text{当 } 0 < c < 1 \text{ 时,} \\ e^2, & \text{当 } c = 1 \text{ 时,} \\ e^c, & \text{当 } c > 1 \text{ 时,} \end{cases}$$

极限仍是任意接近 e 且总大于 e．似不可能使这极限变得比 e 还小．看来得改变方针了．

§5. 设法证明它

看来这些事实颇为有力地说明我们应该改变方针转而证明定理．否定它的希望既然显得暗淡，那么证明它成立的希望相对地就显得光明了．

所以现在只有重新再考察这一定理，考察它说的什么，有什么假设，有什么结论，包含什么概念等等．

条件还能减弱吗？不，不可能．若许可 $a_n = 0$，结论就不成

立,定理变成假的了 ($a_1 = 0$, $a_2 = a_3 = a_4 = \cdots = 1$).

你能不能使结论更明确些? 不能把 e 换成一个更大的数,否则结论不成立,定理又不对了(看前面 §4 例子便知).

你有没有把问题里的所有主要概念都考虑过? 不,我没有. 也许毛病就出在这里.

哪些东西你没有考虑到? lim sup 的定义,e 的定义.

$\lim \sup b_n$ 是什么? 这是 $n \to \infty$ 时的上极限.

e 是什么? e 可用不同的方式来定义.但最为大家所熟悉的是

$$e = \lim_{n \to \infty} \left(1 + \frac{1}{n}\right)^n.$$

你能把定理换一种说法吗?

你能把定理说得更容易懂些吗?

你能把结论换一种说法吗? 结论说的什么? 结论中包含 e,e 是什么?(我以前忘了问这个.) 噢,对了,结论是

$$\lim_{n \to \infty} \sup \left(\frac{a_1 + a_{n+1}}{a_n}\right)^n \geqslant \lim_{n \to \infty} \left(1 + \frac{1}{n}\right)^n.$$

也就是

$$\lim_{n \to \infty} \sup \left[\frac{n(a_1 + a_{n+1})}{(n+1)a_n}\right]^n \geqslant 1.$$

这个形式看来好得多!

所设条件满足时,结论能否不成立? 的确这是个问题. 我来试试看. 考察结论的反面,写成

(?) $$\lim_{n \to \infty} \sup \left[\frac{n(a_1 + a_{n+1})}{a_n}\right]^n < 1.$$

我在式子前面放个问号,因为它正是存疑之处. 称此为 (?) 式.(?)式表明什么? 它显然是说,存在一个 N,使对所有的 $n \geqslant N$ 都有

$$\left[\frac{n(a_1 + a_{n+1})}{(n+1)a_n}\right]^n < 1,$$

从而对所有的 $n \geqslant N$ 有

$$\frac{n(a_1 + a_{n+1})}{(n+1)a_n} < 1.$$

从而还有……。让我们再试把它写成别的形式。对了，还可把它写得更简洁些。由 (?) 式对所有 $n \geqslant N$ 的 n 有

$$\frac{a_1}{n+1} + \frac{a_{n+1}}{n+1} < \frac{a_n}{n}$$

或

$$\frac{a_{n+1}}{n+1} - \frac{a_n}{n} < -\frac{a_1}{n+1}.$$

再一一写出类似式子，有

$$\frac{a_n}{n} - \frac{a_{n-1}}{n-1} < -\frac{a_1}{n},$$

$$\frac{a_{n-1}}{n-1} - \frac{a_{n-2}}{n-2} < -\frac{a_1}{n-1},$$

$$\cdots \cdots \cdots$$

$$\frac{a_{N+1}}{N+1} - \frac{a_N}{N} < -\frac{a_1}{N+1},$$

故有

$$\frac{a_n}{n} < \frac{a_N}{N} - a_1\left(\frac{1}{N+1} + \frac{1}{N+2} + \cdots + \frac{1}{n-1} + \frac{1}{n}\right)$$

$$= C - a_1\left(1 + \frac{1}{2} + \frac{1}{3} + \cdots + \frac{1}{n}\right),$$

其中 C 是常数，它对于一切合乎 $n \geqslant N$ 的 n 是无关的。C 究竟多大无关重要，但事实上

$$C = \frac{a_N}{N} + a_1\left(1 + \frac{1}{2} + \cdots + \frac{1}{N}\right).$$

但 n 可以任意大，而调和级数是发散的，所以应有

$$\lim_{n \to \infty} \frac{a_n}{n} = -\infty.$$

现在，这显然同所设条件 $a_n > 0$ $(n = 1, 2, 3, \cdots)$ 矛盾。而

这矛盾又是从(?)式逐步无误地推出来的,所以事实上出现矛盾的责任在(?)式;(?)式同所设条件不能并立;从而(?)的反面成立,定理得证.

§6. 归纳阶段的作用

从表面回顾一下前面的解法,我们可能认为解题的第一阶段(在§4里),即归纳阶段的解法完全没有用到第二阶段(在§5里),即论证阶段上去,但事实不然,归纳阶段在好几方面有用.

第一,考察了定理的具体特例之后,我们就彻底了解了这个定理,懂得了它的全部含意. 我们认识到它的条件很重要,它的结论很明确. 还有,我们知道必须应用所有的条件,并且必须考虑到常数 e 的确切数值.

第二,用好几个特例验证了定理之后,就得到不少归纳证据. 归纳阶段的结果解除了我们起初对定理的怀疑,使我们对定理有了坚定的信心. 没有这种信心,就不会有勇气去作这种不寻常的证明.“当你觉得那个定理是真实的,那你再去证明它.”——传统的数学教授是十分正确的.

第三,考察的特例中不断出现表示 e 的极限式子,这一点使我们体会到改述定理时要引用 e 的极限式子,而引用极限式子是解决问题的关键一步.

总之,在论证阶段之前先有归纳阶段,这既自然而又合理.先猜想,而后证明.

第五章的例题和注释

1. 将下列两级数

$$(1 - x^2)^{-\frac{1}{2}} = 1 + \frac{1}{2} x^2 + \frac{1}{2} \frac{3}{4} x^4 + \cdots,$$

$$\arcsin x = \frac{x}{1} + \frac{1}{2} \frac{x^3}{3} + \frac{1}{2} \frac{3}{4} \frac{x^5}{5} + \cdots$$

相乘,你找着了展开式的头两项;

$$y = (1 - x^2)^{-\frac{1}{2}} \arcsin x = x + \frac{2}{3} x^3 + \cdots .$$

(a) 再计算几项并且试猜想一般项.

(b) 证明上述 y 满足微分方程

$$(1 - x^2) y' - xy = 1,$$

并用这个方程证明你的猜想.

2. 将下列两个级数

$$e^{\frac{x^2}{2}} = 1 + \frac{x^2}{2} + \frac{x^4}{2 \cdot 4} + \cdots ,$$

$$\int_0^x e^{-\frac{t^2}{2}} dt = \frac{x}{1} - \frac{1}{2} \frac{x^3}{3} + \frac{1}{2 \cdot 4} \frac{x^5}{5} - \cdots$$

相乘,你找着了展开式的头两项:

$$y = e^{\frac{x^2}{2}} \int_0^x e^{-\frac{t^2}{2}} dt = x + \frac{1}{3} x^3 + \cdots .$$

(a) 再计算几项并且试猜想一般项.

(b) 如果你的猜想是正确的,这就暗示上述的 y 满足一个简单的微分方程. 通过建立这个方程,证明你的猜想.

3. 函数方程

$$f(x) = \frac{1}{1 + x} f\left(\frac{2\sqrt{x}}{1 + x} \right)$$

为幂级数

$$f(x) = 1 + \frac{1}{4} x^2 + \frac{9}{64} x^4 + \frac{25}{256} x^6 + \frac{1225}{16384} x^8 + \cdots$$

所满足. 检验这些系数,如果需要,请再导出几项并试猜想一般项.

4. 函数方程

$$f(x) = 1 + \frac{x}{6} [f(x)^3 + 3f(x) f(x^2) + 2f(x^3)]$$

为幂级数

$$f(x) = 1 + x + x^2 + 2x^3 + 4x^4 + \cdots + a_n x^n + \cdots$$

所满足．它断言 a_n 是具有同样的化学分子式 $C_nH_{2n+1}OH$ 但结构不同的化学化合物的数目(脂肪，酒精)；当 $n=4$ 时，答案是正确的．有 $a_4=4$ 酒精 C_4H_9OH；它们表示在图 5.1 中，每个化合物像一棵"树"，每个 C 像一个小圆或"节"，而基——OH 像一个箭头；H 的图示略去了．试验别的 n 的值．

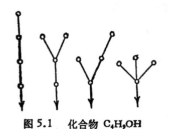

图 5.1　化合物 C_4H_9OH

5. $\sum_{k=0}^{\frac{n}{2}}(-1)^k\binom{n-k}{k}=1,\ 1,\ 0,\ -1,\ -1,\ 0$

随 $n\equiv 0,\ 1,\ 2,\ 3,\ 4,\ 5\ (\mathrm{mod}\,6)$ 而定．

6. 一个椭圆绕其长半轴或短半轴旋转，分别得出一个扁长的或扁的椭球．

对于扁长椭球分别用

$$E=2\pi ab[(1-\varepsilon^2)^{\frac{1}{2}}+(\arcsin\varepsilon)/\varepsilon],\ P=4\pi(a^2+2b^2)/3$$

表示其表面面积的准确值和近似值(a,b 和 ε 的意义如§2所述)．求：

(a) 首项的相对误差．

(b) 在 $b=0$ 时的相对误差．

关于相对误差的符号是什么？

7. 对于扁的椭球分别用

$$E=2\pi a^2\left[1+\frac{1-\varepsilon^2}{2\varepsilon}\log\frac{1+\varepsilon}{1-\varepsilon}\right],\ P=\frac{4\pi(2a^2+b^2)}{3}$$

表示其表面面积的准确值和近似值．求：

(a) 首项的相对误差．

(b) 当 $b=0$ 时的相对误差．

关于相对误差的符号是什么？

8. 比较例 6 与例 7，你能否提出一个用半轴 a,b 及 c 表示的一般椭球表面面积的近似公式？

9. [§2] 从椭圆的参数方程

$$x = a \sin t$$
$$y = b \cos t$$

出发,证明

$$E = 4a \int_0^{\frac{\pi}{2}} (1 - \varepsilon^2 \sin^2 t)^{\frac{1}{2}} dt$$

$$= 2\pi a \left[1 - \sum_1^{\infty} \left(\frac{1}{2} \frac{3}{4} \cdots \frac{2n-1}{2n} \right)^2 \frac{\varepsilon^{2n}}{2n-1} \right].$$

从而导出在 §2 中未加证明而给出的前几项.

10(续). 利用 ε 的幂级数展开式,证明

$$E > P \quad (当 \ 0 < \varepsilon \leqslant 1 \ 时).$$

11. [§2]确定数值 α,以便表达式

$$P'' = \alpha P + (1 - \alpha) P'$$

对于小的 ε,能产生 E 的最佳可能的近似值. [即 $(P'' - E)/E$ 的头一项的阶应当尽可能的高.]

12(续). 按 §2 的方法(归纳法)来研究用 P'' 作为近似值.

13. 给定一个正整数 p 和一正数数列 $a_1, a_2, a_3, \cdots, a_n,$ $\cdots$. 证明

$$\lim_{n \to \infty} \sup \left(\frac{a_1 + a_{n+p}}{a_n} \right) \geqslant e^p.$$

14(续). 指出一个数列 $a_1, a_2, a_3, \cdots$ 使例 13 中的不等式取成等号.

15. 解释观察到的规律性.

在物理学中的一个发现往往是用两个步骤来达到的. 首先注意观察数据中的一个确定的规律. 而后把这个规律解释为某个一般法则的一个结果. 两个步骤可以由不同的人来作出,也可能相隔一段很长的时间. 一个显著的例子是: 由开普勒观察到的行星运动规律后来被牛顿发现的万有引力定律加以解释. 这种类似的情形也常发生在数学研究中,并且这里有一个不需要很多初步知识的简洁例子.

常见的四位常用对数表中列出了由 100 到 999 这 900 个整数的对数尾数. 在观察之前, 我们常常可以倾向于想象: 在表中的 10 个数字 0, 1, …, 9 出现的次数大约相同. 但事实并非如此: 它们与尾数的首位数一样, 每个数的出现次数确实不同. 数一下具有相同首位数的尾数的数目, 我们得到表 I(请检验它!)

表 I　在四位对数中具有同样首位数的尾数的数目

首　　位	尾 数 的 数 目	比　　值
0	26	
1	33	1.269
2	41	1.242
3	52	1.268
4	65	1.250
5	82	1.262
6	103	1.256
7	129	1.252
8	164	1.271
9	205	1.250
	总计 900	

检查表 I 的第二列, 我们可以发现, 任何相邻两数具有几乎相同的比率. 这一事实促使我们来计算这些比率到若干位小数: 它们列在表 I 中的最后一列.

为什么这些比率会近似相等呢? 在观察出这种近似的规律性之后, 设法找出某些准确的规律. 在表 I 的第二列的数是近似于一个几何数列的项. 你能不能找出一个精确的几何数列的项与这个近似的几何数列的项有简单的关系呢? [精确的几何数列的公比也许是表 I 中最后一列中所给出的那些比率的某种平均值.]

16. 把观察到的事实进行分类. 一个生物学家的大部分工作是致力于描述和把他所观察到的事实分类. 这样的工作在林奈(Linnaeus)之后的相当长的时间里是主要的, 那时生物学家的主要活动是描述植物和动物的新品种和类属, 并且把已知的品种和类属重新分类. 生物学家不仅对植物和动物加以描述和分类, 而且也描述和分类其他的对象,特别是矿物;晶体分类是根据它的对称性. 一个好的分类是很重要的;它能使观察到的千差万别化为较少数的具有清晰特征而且妥善安排的类型. 数学家没有机会经常耽迷于描述和分类的工作,不过有时也可能碰到它.

假如你熟悉一个简单的平面几何概念(对称线,对称中心)你也许对装饰有兴趣.

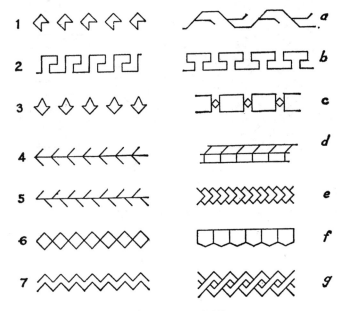

图 5.2   饰带的对称性

图 5.2 显示出 14 条装饰带,其中每一条是由一个简单的图形沿一条(水平)直线周期性重复而产生的. 假定我叫每一条是一条"饰带". 图 5.2 左边的每条饰带(用一个数目字作记号)和右边的每一条饰带 (用一个字母作记号) 匹配起来就配成两种具有同样的对称形式的饰带.另外,调查一下你能从一切事物中或者从一些古老的建筑物中找到的装饰带并把其中每一种与图 5.2 中的装饰带匹配起来,最后给出饰带可能具有的各种不同对称形式的一个完全的表格,和每种对称形式的一个应有尽有的描述. 〔考虑

一个饰带在两个方向为无限长,并且基本图形周期性重复无限多次. 注意术语"对称形式"还没有正式定义:为了得出这个术语的一个恰当的解释,是你的任务的重要部分.]

17. 在图 5.3 中找出两个具有同样对称形式的装饰,每一个装饰必须想象用它图案的重复能覆盖整个平面.

图 5.3 壁纸的对称性.

18. 差别是什么?

26 个英文大写字母,被分成下列五组:

A M T U V W Y
B C D E K
N S Z
H I O X
F G J L P Q R

差别是什么? 对于呈现出的分类有什么简单根据? [考察五个方程:

$$y = x^2, \quad y^2 = x, \quad y = x^3, \quad x^2 + 2y^2 = 1, \quad y = x + x^4.$$

差别是什么?]

第六章　更一般性的陈述

他 [欧拉] 给学生讲课时喜欢寻点开心，让学生感到惊异．他认为，如果单是做出了给科学宝库增加财富的发现，而不能坦率阐述那些引导他做出发现的思想，那么他就没有给科学做出足够的工作．
　　　　　　　　　　　　　　　　——康多塞（Condorcet）

§1. 欧拉

在我熟悉的所有数学家的著作中，欧拉的著作对本书的研究是最重要的．他是数学研究中善于用归纳法的大师，他用归纳法，也就是说，他凭观察、大胆猜测和巧妙证明得出了许多重要的发现（在无穷级数，数论和其他数学分支中）．当然，在这方面欧拉不是唯一的，其他大大小小的数学家也在他们的著作中广泛地使用了归纳法．

然而在我看来，欧拉在以下这几点上几乎是独特的：他总是下功夫把有关的归纳证据细心地、详尽地、有条理地写出来．他讲得令人心悦诚服，但只是如实反映他的思想，就像一个真正的科学家所应当做的那样．他的讲解能"坦率表述那些使他引向发现的思想"而又有一种特别感人的魅力．自然，如同任何其他作者一样，他力求影响他的读者，但作为一个真正好的作者，他只用那些使他自己获得深刻印象的事物去影响他的读者．

在下一节我们来看一篇欧拉的代表作．所选这篇文章只需要很少的某些初步知识就可以阅读，而这篇文章完全是为叙述一种归纳论证的．

§2. 欧拉的研究报告

这里给出欧拉研究报告的全部译文，为了使现代的读者容易领会它,我们仅作了少许非本质的改动[1].

关于整数因子和的一个非常奇特规律的发现.

1. 数学家们迄今不能发现素数序列的规律,并且我们有一切理由相信有些奥秘是人类永远无力探索的. 为了使自己信服,你只要看一下素数表,有人不厌其烦地把素数序列算到几十万之外,但是却看不出有什么条理和规律,更惊人的是用算术里的确定规则,我们可以继续往下算出任意多素数,但是也没有发现一点条理的迹象. 我自己也一点找不出规律,整数因子和这个序列,初看也像素数一样无规律,甚至从某种意义上讲,这序列中包含了素数,但是我碰巧发现这序列有一种非常奇特的规律. 这种规律我们在下文中就要解释,其所以特别值得注意,是因为虽未经严格证明却亦可信以为真,我先提出几乎相当于严格证明的证据.

2. 素数与众不同之处,在于只有 1 与其本身是因子. 如 7 是素数,因其只能被 1 和 7 除尽. 其余任何数,当除 1 与本身外尚有其他因子的数叫合数,例如,15 除 1 与 15 外尚有因子 3 及 5. 所以一般说来,若 p 是素数,那它就只能被 1 及 p 除尽;而若 p 是合数,则除 1 及 p 外尚有其他因子. 因此,素数的因子和是 $1+p$,而合数的因子和则大于 $1+p$. 因我们将要研究各种数的因子和,故以[2] 符号 $\sigma(n)$ 表数 n 的因子和. 例如 $\sigma(12)=1+2+3+4+6+12=28$. 同样有 $\sigma(60)=168$,$\sigma(100)=217$. 但是,1 只能被本身除尽,故 $\sigma(1)=1$. 又因 0 能被所有的数除尽,故 $\sigma(0)$ 理应为∞. (但以后依不同情况给 $\sigma(0)$ 指定不同的有限数,而这样做的结果很有用.)

3. 定义了符号 $\sigma(n)$ 的意义之后,若 p 是素数,则 $\sigma(p)=1+p$. 而 $\sigma(1)=1$(不是 $1+1$);由此可知 1 不能算作素数,它是数的开头,既非素数,亦非合数. 若 n 是合数,则 $\sigma(n)>1+n$.

---

1) 原著是法文;见欧拉全集 (Euler's *Opera Ominia*),第 1 辑,第 2 卷,241~253 页.这种改动就在于一个不同的符号(脚注 2),一个表的不同排列(在下页脚注中说明),稍微变化有影响的一小部分公式,以及减少一个前后重复的第 13 个论点,读者可以查阅容易买到的原文.

2) 欧拉最先引入的因子和的符号是 $\int n$,而不是本书上的 $\sigma(n)$.

当 n 为合数时，可由其因子求得 $\sigma(n)$. 若 $a,b,c,d,\cdots$ 是不同的素数，则易看出

$$\sigma(ab)=1+a+b+ab=(1+a)(1+b)=\sigma(a)\sigma(b),$$
$$\sigma(abc)=(1+a)(1+b)(1+c)=\sigma(a)\sigma(b)\sigma(c),$$
$$\sigma(abcd)=\sigma(a)\sigma(b)\sigma(c)\sigma(d),$$

如此等等. 对素数多次乘方，需有特别法则，如

$$\sigma(a^2)=1+a+a^2=\frac{a^3-1}{a-1},$$

$$\sigma(a^3)=1+a+a^2+a^3=\frac{a^4-1}{a-1},$$

一般地，有

$$\sigma(a^n)=\frac{a^{n+1}-1}{a-1}.$$

利用以上关系，可得任一合数的因子和，如

$$\sigma(a^2b)=\sigma(a^2)\sigma(b),$$
$$\sigma(a^3b^2)=\sigma(a^3)\sigma(b^2),$$
$$\sigma(a^3b^4c)=\sigma(a^3)\sigma(b^4)\sigma(c),$$

一般有，

$$\sigma(a^\alpha b^\beta c^\gamma d^\delta e^\varepsilon)=\sigma(a^\alpha)\sigma(b^\beta)\sigma(c^\gamma)\sigma(d^\delta)\sigma(e^\varepsilon).$$

例如，为求 $\sigma(360)$，因 $360=2^3\cdot3^2\cdot5$，故有

$$\sigma(360)=\sigma(2^3)\sigma(3^2)\sigma(5)=15\cdot13\cdot6=1170.$$

4. 为了显示出因子和序列，我们列出从 1 到 99 各数的因子和序列如下面的表[1]

若仅粗略地来考察这个序列，我们几乎会感到失望，我们不能指望发现有什么规律. 这同素数的不规则性密切相关，以致使我们觉得除非发现素数规律，否则不可能发现这序列的规律. 甚至也许以为这序列比素数序列还要奥妙些.

5. 尽管如此，我却发现了这序列有完全确定的规律，甚至可

---

1) 行标 60 同列标 7 的交点的数，即 68 是 $\sigma(67)$. 若 p 是素数，则 $\sigma(p)$ 用重写. 这个表的排列法比原文的排列法稍简明些.

n	0	1	2	3	4	5	6	7	8	9
0	—	1	3	4	7	6	12	8	15	13
10	18	12	28	14	24	24	31	18	39	20
20	42	32	36	24	60	31	42	40	56	30
30	72	32	63	48	54	48	91	38	60	56
40	90	42	96	44	84	78	72	48	124	57
50	93	72	98	54	120	72	120	80	90	60
60	168	62	96	104	127	84	144	68	126	96
70	144	72	195	74	114	124	140	96	168	80
80	186	121	126	84	224	108	132	120	180	90
90	234	112	168	128	144	120	252	98	171	156

以说是一种递推序列. 递推序列的数学意义是：其每项可按一定法则从前面各项求出. 事实上，若设 $\sigma(n)$ 是这个序列中的某项，而 $\sigma(n-1),\sigma(n-2),\sigma(n-3),\sigma(n-4),\sigma(n-5),\cdots$ 等等是其前面各项，则有下列公式：

$$\sigma(n) = \sigma(n-1) + \sigma(n-2) - \sigma(n-5) - \sigma(n-7)$$
$$+ \sigma(n-12) + \sigma(n-15) - \sigma(n-22) - \sigma(n-26)$$
$$+ \sigma(n-35) + \sigma(n-40) - \sigma(n-51) - \sigma(n-57)$$
$$+ \sigma(n-70) + \sigma(n-77) - \sigma(n-92) - \sigma(n-100)$$
$$+ \cdots.$$

对这个公式需要说明如下几点：

I. 每两个加号之后有两个减号.

II. 要从 n 减去的 $1,2,5,7,12,15,\cdots$ 诸数，若取其差，则易见其规律：

数 $1,2,5,7,12,15,22,26,35,40,51,57,70,77,92,100,\cdots$
差 $\quad 1,3,2,5,3,7,4,9,5,11,6,13,7,15,8,\cdots$

事实上，在这差的序列里根据交替出现的全部整数 $1,2,3,4,5,6,\cdots$ 与奇数 $3,5,7,9,11,\cdots$，可把这个序列往下写得任意长.

III. 这序列虽然无穷，但每次只取到 $\sigma(\ )$ 中的数大于零为止，不取 $\sigma(\ )$ 中的数为负数.

IV. 若公式中出现 $\sigma(0)$，则因 $\sigma(0)$ 不定，应以 n 代 $\sigma(0)$，

6. 作了这些说明之后,就不难把公式应用到任何给定的**特殊情形**,从而谁都可以随便用多少例子来说明它的正确性. 我必须承认,虽然我还不能给出一个严格的证明,但我将用足够多的例子来说明它是正确的.

$\sigma(1)=\sigma(0)$ $=1$ $=1$

$\sigma(2)=\sigma(1)+\sigma(0)$ $=1+2$ $=3$

$\sigma(3)=\sigma(2)+\sigma(1)$ $=3+1$ $=4$

$\sigma(4)=\sigma(3)+\sigma(2)$ $=4+3$ $=7$

$\sigma(5)=\sigma(4)+\sigma(3)-\sigma(0)$ $=7+4-5$ $=6$

$\sigma(6)=\sigma(5)+\sigma(4)-\sigma(1)$ $=6+7-1$ $=12$

$\sigma(7)=\sigma(6)+\sigma(5)-\sigma(2)-\sigma(0)$ $=12+6-3-7$ $=8$

$\sigma(8)=\sigma(7)+\sigma(6)-\sigma(3)-\sigma(1)$ $=8+12-4-1$ $=15$

$\sigma(9)=\sigma(8)+\sigma(7)-\sigma(4)-\sigma(2)$ $=15+8-7-3$ $=13$

$\sigma(10)=\sigma(9)+\sigma(8)-\sigma(5)-\sigma(3)$ $=13+15-6-4$ $=12$

$\sigma(11)=\sigma(10)+\sigma(9)-\sigma(6)-\sigma(4)$ $=18+13-12-7$ $=12$

$\sigma(12)=\sigma(11)+\sigma(10)-\sigma(7)-\sigma(5)+\sigma(0)$ $=12+18-8-6+12$ $=28$

$\sigma(13)=\sigma(12)+\sigma(11)-\sigma(8)-\sigma(6)+\sigma(1)$ $=28+12-15-12+1$ $=14$

$\sigma(14)=\sigma(13)+\sigma(12)-\sigma(9)-\sigma(7)+\sigma(2)$ $=14+28-13-8+3$ $=24$

$\sigma(15)=\sigma(14)+\sigma(13)-\sigma(10)-\sigma(8)+\sigma(3)+\sigma(0)$ $=24+14-18-15+4+15=24$

$\sigma(16)=\sigma(15)+\sigma(14)-\sigma(11)-\sigma(9)+\sigma(4)+\sigma(1)$ $=24+24-12-13+7+1=31$

$\sigma(17)=\sigma(16)+\sigma(15)-\sigma(12)-\sigma(10)+\sigma(5)+\sigma(2)=31+24-28-18+6+3=18$

$\sigma(18)=\sigma(17)+\sigma(16)-\sigma(13)-\sigma(11)+\sigma(6)+\sigma(3)=18+31-14-12+12+4=39$

$\sigma(19)=\sigma(18)+\sigma(17)-\sigma(14)-\sigma(12)+\sigma(6)+\sigma(4)=39+18-24-28+8+7=20$

$\sigma(20)=\sigma(19)+\sigma(18)-\sigma(15)-\sigma(13)+\sigma(8)+\sigma(5)=20+39-24-14+15+6=42$

我想这些例子已经足以打消任何人认为上述规律的正确性不过是偶然巧合的想法.

7. 然而仍然会有人怀疑:从 n 减去的 $1,2,5,7,12,15,\cdots$ 等数是否恰好就是我所指出的那个规律呢? 因为这些例子仅包含这些数的前六个. 所以,这个规律仍然有可能不一定成立,为此,我再举出几个较大的数为例.

I. 给出数 101,求它的因子和. 有

$$\sigma(101)=\sigma(100)+\sigma(99)-\sigma(96)-\sigma(94)$$
$$+\sigma(89)+\sigma(86)-\sigma(79)-\sigma(75)$$

$$+ \sigma(66) + \sigma(61) - \sigma(50) - \sigma(44)$$
$$+ \sigma(31) \quad + \sigma(24) - \sigma(9) - \sigma(1)$$
$$= 217 \quad\quad + 156 \quad - 252 - 144$$
$$+ 90 \quad\quad + 132 \quad - 80 \quad - 124$$
$$+ 144 \quad\quad + 62 \quad\; - 93 \quad - 84$$
$$+ 32 \quad\quad + 60 \quad\; - 13 \quad - 1$$
$$= 893 \quad\quad - 791$$
$$= 102.$$

从而我们可以断定 101 是素数, 即使我们以前并不知道它是素数.

II. 给出数 301, 求它的因子和, 有

$$\begin{array}{cccc} \text{差} & 1 & 3 & 2 & 5 \end{array}$$
$$\sigma(301) = \sigma(300) + \sigma(299) - \sigma(296) - \sigma(294) +$$
$$\qquad\qquad\quad 3 \qquad\quad 7 \qquad\quad 4 \qquad\quad 9$$
$$+ \sigma(289) + \sigma(286) - \sigma(279) - \sigma(275) +$$
$$\qquad\quad 5 \qquad\quad 11 \qquad\quad 6 \qquad\quad 13$$
$$+ \sigma(266) + \sigma(261) - \sigma(250) - \sigma(244) +$$
$$\qquad\quad 7 \qquad\quad 15 \qquad\quad 8 \qquad\quad 17$$
$$+ \sigma(231) + \sigma(224) - \sigma(209) - \sigma(201) +$$
$$\qquad\quad 9 \qquad\quad 19 \qquad\quad 10 \qquad\quad 21$$
$$+ \sigma(184) + \sigma(175) - \sigma(156) - \sigma(146) +$$
$$\qquad\quad 11 \qquad\quad 23 \qquad\quad 12 \qquad\quad 25$$
$$+ \sigma(125) + \sigma(114) - \sigma(91) - \sigma(79) +$$
$$\qquad\quad 13 \qquad\quad 27 \qquad\quad 14$$
$$+ \sigma(54) + \sigma(41) - \sigma(14) - \sigma(0).$$

从这个例子, 我们看出, 在每一种情形下怎样利用差, 从而根据我们的需要能够继续写出公式. 经过计算, 我们求得:

$$\sigma(301) = 4939 - 4587 = 352.$$

由此看出 301 不是素数. 事实上

$$301 = 7 \cdot 43,$$

从而我们可得

$$\sigma(301) = \sigma(7)\sigma(43) = 8 \times 44 = 352,$$

就像规律所指出的那样.

8. 上面给出的例子,无疑会消除对于我的公式的正确性的怀疑. 现在,由于我们不能发觉这个公式的结构与那些因子(它们的和是这里的研究对象)的性质之间有任何关系,这些数的漂亮的性质就更加使人惊异. 数列 1, 2, 5, 7, 12, 15, …同因子和看不出什么关系,而且,由于这些数的规律是"间隔的"并且是两个有规则数列 1, 5, 12, 22, 35, 51, … 同 2, 7, 15, 26, 40, 57, …的混合物,真想不到分析里会出现这种不规则的东西. 缺乏证明必然使我们更加吃惊,因为如果没有某种可靠的方法引导来代替一个严格的证明,要发现上述的性质,似乎是完全不可能的. 我承认自己发现它不是偶然的,而是别的一个命题打开了通向这个漂亮性质的思路——这另一个命题也具有同样的性质,即我们必须承认它是正确的,虽然我还没法证明.并且虽然无穷小分析似乎不适用于我们所考虑的整数性质,然而,我还是通过微分法和别的方法得出了这个结果. 我希望有人会找到一个比较简略和自然的方法,而我所曾经考虑过的思路也许对此能有所帮助.

9. 为了考察数的划分,很久以前,我考察过无穷乘积

$$(1 - x)(1 - x^2)(1 - x^3)(1 - x^4)(1 - x^5)$$
$$\times (1 - x^6)(1 - x^7)(1 - x^8) \cdots,$$

为了想知道它会产生什么样的级数,我实际乘出了好些项因子,得

$$1 - x - x^2 + x^5 + x^7 - x^{12} - x^{15} + x^{22} + x^{26} - x^{35} - x^{40} + \cdots,$$

这里 x 的幂指数同上面公式中的数列一样,而且正号+和负号一也是两两交错出现的. 这只要做乘法,而且乘出足够多的因子,直到能信服这个级数的正确性为止. 然而,至今除了一个长的归纳过程外,使我无论如何还不能怀疑这些项的结构和它们的幂指数形成的规律,我还没有别的证据. 长期以来,我一直在探索级数与上述无穷乘积 $(1 - x)(1 - x^2)(1 - x^3)\cdots$ 之间等式的严格证明,但始终是白费力气. 而且我曾经把同样的问题提给我的某些在这

方面有才能的朋友,他们都同我一样,认为上面把一个乘积转化为级数的做法是正确的,但是都没有能够找出证明的任何线索. 这样,我们将有一个确知的然而尚未证明的事实,即如果我们令

$$s = (1-x)(1-x^2)(1-x^3)(1-x^4)(1-x^5)(1-x^6)\cdots,$$

那么这个量 s 也可表为

$$s = 1-x-x^2+x^5+x^7-x^{12}-x^{15}+x^{22}+x^{26}-x^{35}-x^{40}+\cdots.$$

我想每一个人都能够相信这个公式是正确的,只要他尽量运用乘法即可:这个规律比方说对于 20 项是成立的,那么它在其后各项不成立看来是不可能的.

10. 于是我们就这样发现了这两个无穷表达式是相等的,即使还未能证明它们相等,因此所有从这个等式得出的结论也将有相同的性质,假如这些结论中的一个可以被证明,则我们就能够反过来得到证明这个等式的一个线索. 由于我有了这种想法,我就用很多不同的方式来处理这两个表达式,这样,除了其他发现之外,我就得到了上述结论,而这结论的正确性,也同那两个无穷式相等的正确性一样. 我的做法是这样的. 设两个表达式

I.
$$s = (1-x)(1-x^2)(1-x^3)(1-x^4)(1-x^5)$$
$$\times (1-x^6)(1-x^7)\cdots,$$

II.
$$s = 1-x-x^2+x^5+x^7-x^{12}-x^{15}+x^{22}+x^{26}-x^{35}-x^{40}+\cdots$$

相等,先取第一式的对数,以去掉乘积:

$$\log s = \log(1-x) + \log(1-x^2) + \log(1-x^3) + \log(1-x^4) + \cdots.$$

再微分之,以去掉对数,得等式

$$\frac{1}{s}\frac{ds}{dx} = -\frac{1}{1-x} - \frac{2x}{1-x^2} - \frac{3x^2}{1-x^3} - \frac{4x^3}{1-x^4} - \frac{5x^4}{1-x^5} - \cdots,$$

或

$$-\frac{x}{s}\frac{ds}{dx} = \frac{x}{1-x} + \frac{2x^2}{1-x^2} + \frac{3x^3}{1-x^3} + \frac{4x^4}{1-x^4} + \frac{5x^5}{1-x^5} + \cdots.$$

再从第二式求 $-\dfrac{x}{s}\dfrac{ds}{dx}$, 得

$$-\frac{x}{s}\frac{ds}{dx}=\frac{x+2x^2-5x^5-7x^7+12x^{12}+15x^{15}-22x^{22}-26x^{26}+\cdots}{1-x-x^2+x^5+x^7-x^{12}-x^{15}+x^{22}+x^{26}-\cdots}.$$

11. 现设

$$-\frac{x}{s}\frac{ds}{dx}=t.$$

则以上得出表示 t 的不同二式. 把第一式各项展成几何级数, 得

$$
\begin{aligned}
t = {} & x + {} && x^2 + {} && x^3 + {} && x^4 + {} && x^5 + {} && x^6 + {} && x^7 + {} && x^8 + \cdots \\
& + 2x^2 && && + 2x^4 && && + 2x^6 && && + 2x^8 + \cdots \\
& && + 3x^3 && && && + 3x^6 && && && + \cdots \\
& && && + 4x^4 && && && && + 4x^8 + \cdots \\
& && && && + 5x^5 && && && && + \cdots \\
& && && && && + 6x^6 && && && + \cdots \\
& && && && && && + 7x^7 && && + \cdots \\
& && && && && && && + 8x^8 + \cdots.
\end{aligned}
$$

这里容易看出: x 的每个乘幂, 看其乘幂有多少因子就出现多少项, 而且每个因子都作为 x 同幂项的一个系数出现. 故若合并各同幂项, 则知其系数是幂指数 n 的因子和 $\sigma(n)$, 所以有

$$t=\sigma(1)x+\sigma(2)x^2+\sigma(3)x^3+\sigma(4)x^4+\sigma(5)x^5+\cdots.$$

级数的规律是清楚的. 虽然看来在决定系数的过程中涉及到归纳过程, 我们很容易相信这个规律是必然的结果.

12. 由于 t 的定义, 款 10 的第二式可写为

$$t(1-x-x^2+x^5+x^7-x^{12}-x^{15}+x^{22}+x^{26}-\cdots)$$

$$-x-2x^2+5x^5+7x^7-12x^{12}-15x^{15}+22x^{22}+26x^{26}-\cdots=0,$$

再把款 11 中末式代入上式中的 t, 得

$$
\begin{aligned}
0 = {} & \sigma(1)x+\sigma(2)x^2+\sigma(3)x^3+\sigma(4)x^4+\sigma(5)x^5+\sigma(6)x^6+\cdots \\
& -x-\sigma(1)x^2-\sigma(2)x^3-\sigma(3)x^4-\sigma(4)x^5-\sigma(5)x^6-\cdots \\
& -2x^2-\sigma(1)x^3-\sigma(2)x^4-\sigma(3)x^5-\sigma(4)x^6-\cdots \\
& +5x^5+\sigma(1)x^6+\cdots,
\end{aligned}
$$

合并各同幂项,得 x 各乘幂项的系数. 这系数是由几项组成的,其形成规律如下:先是幂指数 n 的因子和,然后是该幂指数 n 相继减去 $1,2,5,7,12,15,22,26,\cdots$ 各数的因子和;最后,若 $(n-1)$, $(n-2),\cdots$ 等数中出现 0,则以 n 代 $\sigma(n)$. 至于各 $\sigma(n),\sigma(n-1)$ 的符号规则,前已说过,不必重复了. 故一般得 x^n 的系数为

$$\sigma(n)-\sigma(n-1)-\sigma(n-2)+\sigma(n-5)+\sigma(n-7)$$
$$-\sigma(n-12)-\sigma(n-15)+\cdots.$$

这里 $\sigma(\ )$ 中的数遇到负数便告中止,而若出现 $\sigma(0)$,则以 n 代之.

13. 因为款 12 中无穷级数之和为 0,所以不管 x 值是什么数, x 各乘幂项系数亦为零,从而得款 5 中所说明的规律,即得因子和序列中各项的递推法则. 从上所述,可以看出何以正负号重复交错出现,何以出现数列

$$1,2,5,7,12,15,22,26,35,40,51,57,70,77,\cdots,$$

特别可以看出,为什么我们能用数 n 本身代替 $\sigma(n)$,这就是我这个规律的一个最奇怪的特点,这个道理虽然远非一个完美的证明,但是肯定会解除对于我在此解释的最奇特规律的某些怀疑.

§3. 从实践到抽象的一般观点

上述欧拉的原文极富有启发性,我们从中可以学到很多关于数学、发明心理学、归纳推理的东西. 在这一章结尾的一些例子和注释中,将使我们有机会研究欧拉的某些数学思想,不过现在我们希望集中研究他的归纳论证.

这个被欧拉所研究的定理在好几方面很值得注意,甚至在今天仍具有很大的数学趣味. 然而,我们在这里所要关心的倒不是这个定理的数学内容,而关心的是什么原因使得欧拉在这个定理未被证明之时,他仍然相信这个定理. 为了较好地了解这些原因的本质,我们将忽视欧拉研究报告的数学内容,只给出一个它的概要,而着重强调归纳论证的某些一般方面.

因为我们将不强调必须讨论的各定理的数学内容…. 为了方便,我们用一些字母来代替它们,如 $T,T^*,C_1,C_2,\cdots,C_1^*$,

C_2^*, $\cdots$. 读者可以完全不顾这些字母的意义,如果有人想要在欧拉原文中识别它们,可以此作线索.

T 指定理

$$(1 - x)(1 - x^2)(1 - x^3)\cdots$$
$$= 1 - x - x^2 + x^5 + x^7 - x^{12} - x^{15} + \cdots.$$

数 1, 2, 5, 7, 12, 15, $\cdots$ 的规律已在 §2款5之 II 中作了说明.

C_n 是指前述方程等号两边 x^n 项的系数 相等. 例如 C_6 是指左边乘积展开后 x^6 的系数,我们可以求得它是 0. C_n 是定理 T 的推论.

C_n^* 是指方程

$$\sigma(n) = \sigma(n - 1) + \sigma(n - 2) - \sigma(n - 5) - \sigma(n - 7) + \cdots,$$

它的意义已在 §2款5的最后作了说明. 例如,C_6^* 是指

$$\sigma(6) = \sigma(5) + \sigma(4) - \sigma(1).$$

T^* 是指"奇特的规律": C_1^*, C_2^*, C_3^*, $\cdots$ 都成立. C_n^* 是定理 T^* 的推论(一种特殊的情形).

§4. 欧拉研究报告的概述[1]

定理 T 的性质: 从实践知其成立,但不能证明. 不过可给出它成立的证据,而这些证据也几乎相当于严格证明.

定理 T 包含无穷多个特例 $C_1, C_2, C_3, \cdots$,反过来说,这无穷多个特例 C_1, C_2, C_3, $\cdots$ 的整体即相当于定理 T. 我们可用简单计算验证 C_1 成立与否,C_2 成立与否,C_3 等等成立与否. 计算结果证得 $C_1, C_2, C_3, \cdots, C_{40}$ 都成立. 我们只要做这些计算,一直到我们能深信这一系列计算不断地无限做下去而始终正确为止. 然而,至今除了一个长的归纳过程使我无论如何不能怀疑这些特例 $C_1, C_2, C_3, \cdots$ 的规律之外,我还没有别的证据. 长期以来,我一直在探索定理 T 的严格证明,但始终是白费力气. 并且我曾

---

1) 这概述最初发表在我的论文 "启发推理与概率论" (Heuristic Reasoning and the Theory of Probability) 中,《美国数学月刊》(*Amer. Math. Monthly*),第 48 卷,450~465 页. 其中斜体字是箴言,它不是欧拉说的.

把这问题提给我熟知的某些在这方面有才能的朋友，他们完全同意我上面的定理 T 是成立的，但是都没有能够找出证明的任何线索．这样，它是一个成立的事实，但不能证明；因为我们每一个人都可随意进行多少次实际计算 C_1, C_2, C_3, $\cdots$，来使他自己相信这是正确的；这个规律对于比方说 20 项是成立的，并且其后各项不成立看来也是不可能的．

于是我们发现定理 T 是正确的，即使没有可能证明它，从而所有由 T 得出的结论也将有相同的性质，就是说，它们是正确的但未被证明，或者如果这些结论中的一个可以被证明，则我们就能够反过来得到定理 T 的证明的一个线索．由于我有了这种想法，我就用不同方式来处理定理 T，这样，除了其他收获之外，我得到了定理 T^*，它和定理 T 是等价的．

T 与 T^* 是等价的，它们必同时成立或同时被推翻，和 T 类似，T^* 也含有无穷多个特例 C_1^*, C_2^*, C_3^*, $\cdots$，而且这个特殊序列的整体相当于定理 T^*．这里我们仍然可用一次简单计算验证 C_1^* 成立与否．同样地，可以验证 C_2^* 等等成立与否．不难应用定理 T^* 到任何给定的特殊情形，从而谁都可以用任意多的例子来说明它的正确性，因此我必须承认，我不能给出一个严格的证明，但我可以用足够多的例子 C_1^*, C_2^*, C_3^*, $\cdots$，来说明它的正确性．我想这些例子已经可以足以打消那种认为我的上述规律的正确性不过是偶然巧合的想法．

假如还怀疑我已经指出那个规律是否正确，我愿意再举出一些含有较大的数的例子验证我的结果，我发现 C_{101}^* 和 C_{301}^* 也是正确的，因此即使对那些与我早先研究过的情形有很大差别的情形，定理 T^* 也是正确的．我已经给出的那些例子，将毫无疑问地会打消对于定理 T 和 T^* 的正确性的任何怀疑．

第六章的例题和注释

虽然"无穷小分析从本质上来说似乎不适用于整数，"但是欧拉在"数的奇特规律"这篇文章的研究中却"用微分法和别的方法得到了他的结论." 为了了解欧拉的方法,我们把它应用于类似的例子. 我们首先对于他的主要方法或数学工具给一个名称.

1. **母函数**. 欧拉研究报告的第 11 个问题的结果可用现代的记号缩写为:

$$\sum_{n=1}^{\infty} \frac{nx^n}{1-x^n} = \sigma(1)\, x + \sigma(2)\, x^2 + \cdots + \sigma(n)\, x^n + \cdots.$$

等号的右边是 x 的幂级数. x^n 的系数是 $\sigma(n)$,即 n 的因子和,等号两边表示 x 的同一个函数,这函数展成级数之后,"生成"数列 $\sigma(1)$,$\sigma(2)$,$\cdots$,$\sigma(n)$,$\cdots$,所以称此函数为 $\sigma(n)$ 的**母函数**. 一般地,如果

$$f(x) = a_0 + a_1 x + a_2 x^2 + \cdots + a_n x^n + \cdots,$$

我们就说 $f(x)$ 是 a_n 的母函数或者说函数生成数列 a_0,a_1,a_2,$\cdots$,a_n,$\cdots$.

"母函数"的名称是拉普拉斯取的,不过,在拉普拉斯还没有给出这个名称以前,欧拉早在他的文章中已经使用了母函数的方法,我们在§2中所看到的就是其中之一. 他应用这种数学方法解决了组合分析和数论中的若干问题.

母函数就像个口袋,可以装许多零碎东西. 我们把携带不方便的零碎东西都放在口袋里,就只需携带单独一个对象了. 完全类似地,分别处理数列 a_0,a_1,a_2,$\cdots$ 中的各项不方便,但把它们都放在幂级数(母函数)$\sum a_n x^n$ 里,就只需处理单独一个数学对象了.

2. 求 n 的母函数(即级数 $\sum n x^n$ 之和).

3. 已知 $f(x)$ 是数列 a_0,a_1,a_2,$\cdots$,a_n,$\cdots$ 的母函数,求 $0a_0$,$1a_1$,$2a_2$,$\cdots$,na_n,$\cdots$ 的母函数.

4. 已知 $f(x)$ 是数列 a_0,a_1,a_2,$\cdots$,a_n,$\cdots$ 的母函数,求 0,a_0,a_2,$\cdots$,a_{n-1},$\cdots$的母函数.

5. 已知 $f(x)$ 是 a_n 的母函数,求

$$s_n = a_0 + a_1 + a_2 + \cdots + a_n$$

的母函数。

6. $f(x)$, $g(x)$ 各为 a_n, b_n 的母函数,求

$$c_n = a_0 b_n + a_1 b_{n-1} + a_2 b_{n-2} + \cdots + a_n b_0$$

的母函数.

7. 平面几何的一个组合问题. n 边形可用 $n-3$ 条对角线分成 $n-2$ 个三角形(见图 6.1). D_n 是不同分法的数目. 在 $n = 3$, $4, 5, 6$ 的情形下,求 D_n.

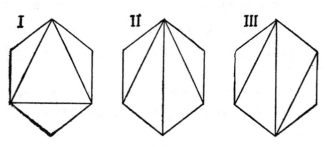

图 6.1　关于六边形分法的三种型式

8(续).　根据例 7 的个别数值求出或猜出 D_n 的一般显式是困难的. 但 D_3, D_4, D_5, $\cdots$ 这数列,因其每项可由以前各项用一定法则算出,它是个递推数列(参见欧拉的报告第 5),其法则是:

规定 $D_2 = 1$,　试证 $n \geqslant 3$ 时,有

$$D_n = D_2 D_{n-1} + D_3 D_{n-2} + D_4 D_{n-3} + \cdots + D_{n-1} D_2.$$

[检验开始情形,参照图 6.2.]

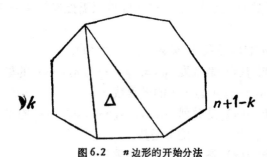

图 6.2　n 边形的开始分法

9(续).　要从例 8 的递推公式推出 D_n 的明显公式不是一下子能看得出的事. 但可考察母函数

$$g(x) = D_2 x^2 + D_3 x^3 + D_4 x^4 + \cdots + D_n x^n + \cdots,$$

试证 $g(x)$ 满足一个二次方程，并由此推出 $n = 3$，4，5，6，$\cdots$ 时，

$$D_n = \frac{2}{2} \, \frac{6}{3} \, \frac{10}{4} \, \frac{14}{5} \cdots \frac{4n - 10}{n - 1}.$$

10. 平方和. 回忆 $R_k(n)$ 的定义（例4.1），把它扩大到 $n = 0$，并规定 $R_k(0) = 0$（一个合理的推广），引入母函数

$$\sum_{n=0}^{\infty} R_k(n) x^n = R_k(0) + R_k(1) x + R_k(2) x^2 + \cdots,$$

试证

$$\sum_{n=0}^{\infty} R_3(n) x^n = (1 + 2x + 2x^4 + 2x^9 + \cdots)^3.$$

[$R_3(n)$ 的意思是什么呢？它是方程

$$u^2 + v^2 + w^2 = n$$

的解组的数目，其中要求 u，v，w 是正负整数或零.

需要你证明的方程右边那个级数的作用是什么？

$$1 + 2x + 2x^4 + 2x^9 + \cdots = \sum_{u=-\infty}^{\infty} x^{u^2} = \sum_{n=0}^{\infty} R_1(n) x^n.$$

对你所关注的方程右边有些什么想法呢？也许你会这样想：

$$\sum x^{u^2} \cdot \sum x^{u^2} \cdot \sum x^{u^2}. \;]$$

11. 推广例 10 的结果.

12. 回忆 $S_k(n)$ 的定义（例 4.1）并表达母函数

$$\sum_{n=1}^{\infty} S_k(n) x^n.$$

13. 利用例 10 证明对于 $n \geqslant 1$ 时，$R_2(n)$ 可被 4 除尽，$R_4(n)$ 可被 8 除尽，$R_8(n)$ 可被 16 除尽（结果已经在第四章的表 II 和表 III 中用过了）.

14. 用例 12 证明

$$S_2(n) = 0 \qquad \text{如果 } n \neq 8m + 2,$$

$$S_4(n) = 0 \qquad \text{如果 } n \neq 8m + 4,$$

$$S_8(n) = 0 \qquad \text{如果 } n \neq 8m.$$

15. 用例 11 证明

$$R_{k+l}(n) = R_k(0)\, R_l(n) + R_k(1)\, R_l(n-1) + \cdots$$
$$+ R_k(n)\, R_l(0).$$

16. 证明

$$S_{k+l}(n) = S_k(1)\, S_l(n-1) + S_k(2)\, S_l(n-2) + \cdots$$
$$+ S_k(n-1)\, S_l(1).$$

17. 用第四章的表 I 与表 II 提出一个简单的方法来计算该章中的表 III.

18. 用 $\sigma_k(n)$ 来代替 n 的各因子的 k 次幂之和,例如

$$\sigma_3(15) = 1^3 + 3^3 + 5^3 + 15^3 = 3528;$$
$$\sigma_1(n) = \sigma(n).$$

(1) 说明在 §4.6 和例 4.23 中的猜想能导出下列结果:

$$\sigma(1)\,\sigma(2u-1) + \sigma(3)\,\sigma(2u-3) + \cdots + \sigma(2u-1)\,\sigma(1)$$
$$= \sigma_3(u),$$

其中 u 表示一个奇数.

(2) 用一个数字的特例去试验 (1) 中的关系式.

(3) 通过这样的证明,是否影响你对上述猜想的信心? 而前面我们正是利用这个猜想去导出 (1) 中的关系式的.

19. 另一个递推公式. 我们考察母函数

$$G = \sum_{m=1}^{\infty} S_1(m) x^m, \qquad H = \sum_{m=1}^{\infty} S_4(m) x^m.$$

令

$$S_4(4u) = s_u,$$

其中 u 是一个奇数,那末由例 14 和例 12 有

$$G = x + x^9 + x^{25} + \cdots + x^{(2n-1)^4} + \cdots,$$
$$H = s_1 x^4 + s_3 x^{12} + s_5 x^{20} + \cdots + s_{2n-1} x^{8n-4} + \cdots,$$
$$G^4 = H.$$

从最后的方程通过取对数和求微分,可得

$$4 \log G = \log H,$$

$$\frac{4G'}{G} = \frac{H'}{H},$$

$$G \cdot xH' = 4 \cdot xG' \cdot H,$$

$$(x + x^9 + x^{25} + \cdots)(4s_1x^4 + 12s_3x^{12} + 20s_5x^{20} + \cdots)$$
$$= 4(x + 9x^9 + 25x^{25} + \cdots)(s_1x^4 + s_3x^{12} + s_5x^{20} + \cdots).$$

比较方程两边 x^5, x^{13}, x^{21}, $\cdots$ 的系数,可得下述关系式

$$0s_1 = 0$$
$$1s_3 - 4s_1 = 0$$
$$2s_5 - 3s_3 = 0$$
$$3s_7 - 2s_5 - 12s_1 = 0$$
$$4s_9 - 1s_7 - 11s_3 = 0$$
$$5s_{11} \qquad\quad - 10s_5 = 0$$
$$6s_{13} + 1s_{11} - 9s_7 - 24s_1 = 0$$
$$7s_{15} + 2s_{13} - 8s_9 - 23s_3 = 0$$
$$8s_{17} + 3s_{15} - 7s_{11} - 22s_5 = 0$$
$$9s_{19} + 4s_{17} - 6s_{13} - 21s_7 = 0$$
$$10s_{21} + 5s_{19} - 5s_{15} - 20s_9 - 40s_1 = 0$$
$$11s_{23} + 6s_{21} - 4s_{17} - 19s_{11} - 39s_3 = 0$$
$$\cdots\cdots\cdots\cdots\cdots.$$

上述这一组方程的第一个方程是没有意义的,之所以把它写出来,是为了强调这一系列方程的一般规律. 然而我们知道 $s_1 = 1$,从而由第二个方程可以求得 s_3. 知道 s_3 后,从第三个方程又可以求得 s_5,如此等等. 我们可以从上述这一系列方程相继递推地求出数列 s_1, s_3, s_5, $\cdots$.

上述这一系列方程有一种值得注意的结构. 其中,有一个方程含有 s_1, s_3, s_5, $\cdots$ 中的一个量,有两个方程含有这组量中的两个量,有三个方程含有这组量中的三个量, 如此等等. 通过从这一系列方程的一个方程到它的下一个方程,在每一列里它的系数增加 1 而 s 的下标增加 2. 每一列开始的 s 的下标是 1 而其系数是同一行的第一个系数的 -4 倍,

由于上述结构的特点,因此我们可以由一个方程(利用递推公式)写出这一系的所有方程.

20. **整数因子和的另一个奇特规律.** 如果将 §4.6 的猜想用

$$s_{2n-1} = S_4(4(2n-1)) = \sigma(2n-1)$$

来代替,从而可由例 9 得出一个与序列 $\sigma(1)$, $\sigma(3)$, $\sigma(5)$, $\sigma(7)$, $\cdots$ 有关的递推公式,这样的公式其形式同欧拉公式非常相似.

详细地把这个递推公式写出来并且用数字验证递推公式的第一种情形.

21. 对于我们来讲,这里也有欧拉的关于 $\sigma(n)$ 的递推公式 (§2) 与前面关于 $\sigma(2n-1)$ 的递推公式(例 20)之间的一种启发式的相似性: 对于我们来讲后面一个是猜想. 我们仿照欧拉通过"微分和别的方法"导出了这个猜想.

说明由例 20 关于 $\sigma(2n-1)$ 的递推公式等价于等式

$$S_4(4(2n-1)) = \sigma(2n-1).$$

这个等式我们已经在 §4.6 中得到了,也就是说,如果这两个结论中有一个是正确的,则另一个也必然是正确的.

22. 推广例 19 的结论.

23. 想出一个与 $R_4(n)$ 无关的计算 $R_8(n)$ 的方法.

24. **欧拉怎样遗漏一个发现.** 在例 19 和 23 里的方法以及作了一般叙述的例 22 是属于欧拉[1]的. 欧拉创造这个方法,是针对四平方和问题以及与它有关的某些问题. 事实上,他应用其方法到四平方和问题以及用归纳方法来研究数的表达式. 但却没有发现决定 $R_4(n)$ 的著名规律. 这毕竟不是很难用归纳法发现的 (例 4.10～4.15). 这究竟是怎么回事?

在考察方程

$$n = x^2 + y^2 + z^2 + w^2$$

的时候,我们可以选择不同的观点,特别地如下所述:

---

1) 《全集》(*Opera Omnia*), 第 1 辑,第 4 卷,125～135 页.

(1) 我们要求 x, y, z, w 为非负整数.

(2) 我们要求 x, y, z, w 为正负整数和零.

第二个观点也许不明显，但它导致了 $R_4(n)$ 并导出了关于 $R_4(n)$ 和 n 个因子之间的显著关系. 第一个观点更明显些，但是解的数目似乎没有任何简单的明显特性. 欧拉选定了观点 (1) 而没有选定观点(2)，他用了他在例 22 中所解释的方法，他对

$$(1 + x + x^4 + x^9 + \cdots)^4$$

作了说明，而没有对

$$(1 + 2x + 2x^4 + 2x^9 + \cdots)^4$$

作说明，从而他绕过了一个重大的发现. 这种比较两条探索的路线，是有教益的. 这两条路线起初貌似相同，但其中一个是奇迹般地富有成果的，而另一个几乎是完全无用的.

在第四章研究了 $R_4(n)$，$S_4(n)$，$R_8(n)$ 和 $S_8(n)$ 的性质(例 4.10~4.15，§4.3~4.6，例 4.18~4.23)，它是被雅可比 (Jacobi) 发现的，但他不是用归纳法发现的，而是通过研究椭圆函数得到的一个附带的必然结果. 从那时起就已经发现了好几个关于这些定理的证明，但是没有一个是初等的和直接的[1].

25. 欧拉定理关于 $\sigma(n)$ 的一种推广. 已知 k，令

$$\prod_{n=1}^{\infty} (1 - x^n)^k = 1 - \sum_{n=1}^{\infty} a_n x^n,$$

试证当 $n = 1, 2, 3, \cdots$ 时，有

$$\sigma(n) = \sum_{m=1}^{n-1} a_m \sigma(n - m) + n a_n / k.$$

哪一种特殊情形会产生 §2 的欧拉定理？

---

[1] 作为更进一步的参考可查看 G. H. 哈代与 E. M. 拉特的 《数论导引》，(G. H. Hardy and E. M. Wright, *An introduction to the theory of numbers*), Oxford, 1938, 第 XX 章.

第七章 数学归纳法

雅克·伯努利的方法对于自然科学家来说也是重要的. 我 们通过观察一些特例 C_1, C_2, C_3, $\cdots$, 觉得概念 B 似乎具有性质 A. 从伯努利的方法我们知道, 我们不应根据不完全的、非数学的归纳法, 便认为概念 B 具有性质 A, 除非 A 同 B 的特征性质有联系, 而且不依赖于特例的改变. 正如在许多别的方面一样, 数学在这里也给自然科学提供一个典范.

——E. 马赫[1] (Ernst Mach)

§1. 归纳阶段

我们再从一个例子开始讲起.

求前 n 个整数之和, 不会有什么困难. 这里我们认为公式

$$1 + 2 + 3 + \cdots + n = \frac{n(n+1)}{2}$$

不成问题, 它可由许多方法来发现和证明[2]. 但是求前 n 个整数平方和

$$1 + 4 + 9 + 16 + \cdots + n^2$$

的公式却比较费力. 当 n 的数目不太大时, 计算这个和还不难, 但要找出规律就不那么容易了. 不过我们很自然地会想到把它们列在一起, 看看两者之间有无类似之处:

n	1	2	3	4	5	6	$\cdots$
$1 + 2 + \cdots + n$	1	3	6	10	15	21	$\cdots$
$1^2 + 2^2 + \cdots + n^2$	1	5	14	30	55	91	$\cdots$

最后两行有何关系呢? 也许会想到要考察一下两者之比:

---

1) 《认识与错误》 (*Erkenntnis und Irrtum*), 第四版, 1920, 第 312 页.
2) 参看 《怎样解题》, 第 107 页.

n		1	2	3	4	5	6	$\cdots$
$\dfrac{1^2 + 2^2 + \cdots + n^2}{1 + 2 + \cdots + n}$		1	$\dfrac{5}{3}$	$\dfrac{7}{3}$	3	$\dfrac{11}{3}$	$\dfrac{13}{3}$	$\cdots$

若把上述的比值改写为

$$\frac{3}{3} \quad \frac{5}{3} \quad \frac{7}{3} \quad \frac{9}{3} \quad \frac{11}{3} \quad \frac{13}{3},$$

则易见规律并且几乎不可能失之交臂. 我们不禁会作出猜想

$$\frac{1^2 + 2^2 + \cdots + n^2}{1 + 2 + \cdots + n} = \frac{2n + 1}{3}.$$

利用上式左端分母的公式（这已不成问题），可以把所猜想的公式写为

$$1^2 + 2^2 + \cdots + n^2 = \frac{n(n + 1)(2n + 1)}{6}.$$

这是对的吗? 换句话说,这个公式一般成立吗? 在特殊情形 $n = 1, 2, 3, 4, 5, 6$ 这个公式肯定是对的,因为公式就是从这些特例启发下得出的. 那么它在 $n = 7$ 的情形也是对的吗? 这个猜想引导我们去计算

$$1 + 4 + 9 + 16 + 25 + 36 + 49 = \frac{7 \cdot 8 \cdot 15}{6},$$

的确,两端都等于 140.

当然,我们还可以继续对下一种情形 $n = 8$ 再来检验,不过意义不大. 虽然我们总是倾向于相信,在下一种情形公式也将得以证实,然而这种证实只能增加我们一点信心——继续进行计算几乎没有价值. 那么怎样才能更有效地来验证我们的猜想呢?

如果猜想总是对的,那么它将与个别情形的变化无关,也就是说,从一种情形变到另一种情形它也应该成立. 假设

$$1 + 4 + \cdots + n^2 = \frac{n(n + 1)(2n + 1)}{6},$$

如果这个公式一般地成立,那么它在下一种情形也应该成立:我们有

$$1 + 4 + \cdots + n^2 + (n+1)^2 = \frac{(n+1)(n+2)(2n+3)}{6},$$

这里有一个有效地检查猜想的机会：不妨从下式减去上式，得

$$(n+1)^2 = \frac{(n+1)(n+2)(2n+3)}{6} - \frac{n(n+1)(2n+1)}{6}.$$

猜想的这个结果是对的吗？重新整理右端项易得

$$\frac{n+1}{6}[(n+2)(2n+3) - n(2n+1)]$$

$$= \frac{n+1}{6}[2n^2 + 3n + 4n + 6 - 2n^2 - n]$$

$$= \frac{n+1}{6}[6n + 6]$$

$$= (n+1)^2.$$

所检验的结果无疑是对的，于是这个猜想经过了一次严峻的考验．

§2. 论证阶段

虽然任何结果的证实都会增强我们对于猜想的信心，但是上述证实的结果却能做得更多：它可以证明猜想．只需稍许改变一下我们的观点或者稍微重新转变一下我们的注意．

可能成立的是

$$1^2 + 2^2 + \cdots + n^2 = \frac{n(n+1)(2n+1)}{6}.$$

无疑成立的是

$$(n+1)^2 = \frac{(n+1)(n+2)(2n+3)}{6} - \frac{n(n+1)(2n+1)}{6}.$$

从而成立的是

$$1^2 + 2^2 + \cdots + n^2 + (n+1)^2 = \frac{(n+1)(n+2)(2n+3)}{6}$$

（前两式相加）．这意味着，若所猜想的公式对某一整数 n 成立，则它必然对下一个整数 $n+1$ 也成立．

但是我们已知它对 $n = 1, 2, 3, 4, 5, 6, 7$ 成立. 既然对 7 成立, 那么对下一个整数 8 必然成立; 既然对 8 成立, 那么对 9 也成立; 因为对 9 成立, 所以对 10 也成立, 进而对 11 也是如此, 等等. 这说明所猜想的公式对所有的整数都成立; 按完全一般的原则证明完了.

§3. 研究的飞跃

前一节最后提到的理由可以稍加概括, 也就是说, 关于猜想的公式我们知道两件事情就够了:

它对 $n = 1$ 成立.

既然对 n 成立, 那么它对 $n + 1$ 也成立.

于是这个猜想对所有的整数都成立: 因为对 1 成立, 因而对 2 也成立; 对 2 成立, 因而对 3 成立, 如此等等.

于此我们便有一个非常重要的论证手段. 我们把它叫做"从 n 推到 $n + 1$"的方法, 通常称之为"数学归纳法". 这个常用的名称对于一种论证方法来说是一个很不恰当的称呼, 因为归纳(按习惯用语来说)只能得出一种似乎合理的推断, 而不能得出一种确凿的论断.

数学归纳与通常的归纳有什么关系吗? 有的, 我们认为是这样, 这是有理由的, 不仅是因为它的名字.

在上述例子中, §2 的论证推理当然完成了 §1 的归纳推理, 而这是具有代表性的. 若是把"数学归纳法"看做是一种简称, 那么在这种意义下, §2 的论证毕竟是作为"归纳方法的数学补充"而出现. (今后, 让我们按这种意义来理解它, 而不用为建立专门术语来争论.) 归纳法常常是作为归纳性研究的终结步骤或最后阶段出现, 而这最后阶段又常常从上面叙述的各阶段中得到启发.

在现在的意义下, 研究数学归纳法的另一个较好的理由是本章开头援引 E. 马赫所说的话[1]. 在检验一个猜想时, 我们研究假

---

1) 马赫认为是雅克·伯努利发明了数学归纳法, 但此方法的发明主要应归功于巴斯卡.

定猜想适合的各种不同情形．希望知道猜想所主张的关系是否在任何情形下都是稳定的，也就是说不依赖于各种不同的情形，即不受各种情形的干扰．自然而然地我们注意到从这种情形到另一种情形的飞跃．牛顿说，"如果研究抛射体的运动，我们也许容易理解为什么行星借助于向心力来保持一定的轨道"，于是他想到以越来越大的初速投掷石头，直到这石头终于像围绕地球运动的月亮一样进入围绕地球的轨道；请参看例 2.18(4)．因此牛顿具体化了一个从抛射体运动到行星运动的连续飞跃．他着手去证明万有引力定律，而先考虑应该同样适用万有引力定律的两种情形之间的飞跃．任何初学者，在证明某个初等定理时要用数学归纳法，他就应该在这方面像牛顿那样去做：考虑从 n 到 $n+1$ 的飞跃，也就是两种情形之间的飞跃，所要着手证明的定理应该同样适用于这两种情形．

§4. 数学归纳法的技巧

要成为一个好的数学家，或者一个优秀的博奕者，或者要精通别的什么事情，你必须首先是一个好的猜想家．而要想成为一个好的猜想家，我想，你首先应是天资聪慧的．但只是天资聪慧当然还不够．你应该考察你的一些猜想，把它与事实进行比较，如果有必要，就对你的猜想进行修正，从而获得猜想失败或成功的广泛的（和彻底的）经验．在你的经历中如果具备这样一种经验，你就能够判断得比较适当，碰到一种机遇，就能大致预知它的是非结果．

数学归纳法是一种论证的方法，通常用在证明数学上的猜想，而这种猜想是我们用某种归纳方法所获得的．因此，如果我们希望得到归纳法数学研究的某些经验，那么关于数学归纳法技巧的一些知识应该是所需要的．

本节后面的例题和注释可以给你在获得这些技巧方面一些帮助．

（1）归纳阶段．我们再举一个与§1和§2中讨论过的很类似的例子．我想要把另一个与前 n 个自然数平方和有关的和改写成

比较简单的形式

$$\frac{1}{3} + \frac{1}{15} + \frac{1}{35} + \cdots + \frac{1}{4n^2 - 1}$$

$$= \frac{1}{4 \cdot 1^2 - 1} + \frac{1}{4 \cdot 2^2 - 1} + \frac{1}{4 \cdot 3^2 - 1} + \cdots + \frac{1}{4 \cdot n^2 - 1}.$$

先把 n 等于头几个数的情形计算出来并列表如下:

$$n \qquad\qquad = 1, \ 2, \ 3, \ 4, \ \cdots$$

$$\frac{1}{3} + \frac{1}{15} + \cdots + \frac{1}{4n^2 - 1} = \frac{1}{3}, \ \frac{2}{5}, \ \frac{3}{7}, \ \frac{4}{9}, \ \cdots.$$

自然会猜想:

$$\frac{1}{3} + \frac{1}{15} + \frac{1}{35} + \cdots + \frac{1}{4n^2 - 1} = \frac{n}{2n + 1}.$$

从以前类似问题的经验中我们得到启发,我们应该即刻高效率地检验我们的猜想: 考察从 n 到 $n+1$ 的飞跃. 如果我们的猜想一般是对的,那么它应该对 n 和 $n+1$ 都成立:

$$\frac{1}{3} + \frac{1}{15} + \cdots + \frac{1}{4n^2 - 1} \qquad\qquad = \frac{n}{2n + 1},$$

$$\frac{1}{3} + \frac{1}{15} + \cdots + \frac{1}{4n^2 - 1} + \frac{1}{4(n + 1)^2 - 1} = \frac{n + 1}{2n + 3}.$$

两式相减得

$$\frac{1}{4(n + 1)^2 - 1} = \frac{n + 1}{2n + 3} - \frac{n}{2n + 1}.$$

我们的这个猜想结果是对的吗? 力求两端彼此接近,进行变形:

$$\frac{1}{(2n + 2)^2 - 1} = \frac{2n^2 + 3n + 1 - 2n^2 - 3n}{(2n + 3)(2n + 1)}.$$

少许一点代数常识就足以看出最后一式两端相等. 所验证的结果无疑是正确的.

　(2) 论证阶段. 像前面 §2 中的例子一样,现在我们重新再用那种论证方法.

　可能成立的是

$$\frac{1}{3} + \frac{1}{15} + \cdots + \frac{1}{4n^2 - 1} = \frac{n}{2n + 1}.$$

无疑成立的是

$$\frac{1}{4(n + 1)^2 - 1} = \frac{n + 1}{2n + 3} - \frac{n}{2n + 1}.$$

从而成立的是

$$\frac{1}{3} + \frac{1}{15} + \cdots + \frac{1}{4n^2 - 1} + \frac{1}{4(n + 1)^2 - 1} = \frac{n + 1}{2n + 3}.$$

假设猜想的公式对 n 成立, 从而对 $n + 1$ 也成立, 那么这个猜想原来是对的.

(3) 更简短些. 我们在用归纳法解决问题方面可少花些时间了. 已经怀有猜想时, 我们可以认为数学归纳法能够证明这个猜想. 于是, 不用再做任何检验就直接尝试应用如下的数学归纳法.

假设是

$$\frac{1}{3} + \frac{1}{15} + \cdots + \frac{1}{4n^2 - 1} = \frac{n}{2n + 1}.$$

于是乎

$$\frac{1}{3} + \frac{1}{15} + \cdots + \frac{1}{4n^2 - 1} + \frac{1}{4(n + 1)^2 - 1}$$

$$= \frac{n}{2n + 1} + \frac{1}{4(n + 1)^2 - 1}$$

$$= \frac{n}{2n + 1} + \frac{1}{(2n + 2)^2 - 1}$$

$$= \frac{n(2n + 3) + 1}{(2n + 1)(2n + 3)}$$

$$= \frac{2n^2 + 3n + 1}{(2n + 1)(2n + 3)}$$

$$= \frac{(2n + 1)(n + 1)}{(2n + 1)(2n + 3)}$$

$$= \frac{n + 1}{2n + 3}.$$

因此已经假设对 n 成立的关系式现在推到对 $n+1$ 也成立. 这正是我们所需要做的,从而证明了我们的猜想.

解决问题方法的这种变化既减少了重复,又减少了在 (1) 与 (2) 中所出现的不必要的繁琐.

(4) 再短些. 若注意到

$$\frac{1}{4n^2-1} = \frac{1}{(2n-1)(2n+1)} = \frac{1}{2}\left(\frac{1}{2n-1} - \frac{1}{2n+1}\right),$$

几乎一下子即可看出解答来. (如果我们熟悉分解有理函数成部分分式的话,会很自然地导出这个公式来.)令 $n=1,2,3,\cdots$, 且相加,则得

$$\frac{1}{4-1} + \frac{1}{16-1} + \frac{1}{36-1} + \cdots + \frac{1}{4n^2-1}$$

$$= \frac{1}{1\cdot3} + \frac{1}{3\cdot5} + \frac{1}{5\cdot7} + \cdots + \frac{1}{(2n-1)(2n+1)}$$

$$= \frac{1}{2}\left[\left(\frac{1}{1} - \frac{1}{3}\right) + \left(\frac{1}{3} - \frac{1}{5}\right) + \left(\frac{1}{5} - \frac{1}{7}\right) + \cdots + \left(\frac{1}{2n-1} - \frac{1}{2n+1}\right)\right]$$

$$= \frac{1}{2}\left[1 - \frac{1}{2n+1}\right]$$

$$= \frac{n}{2n+1}.$$

这里所看到的并非偶然. 用数学归纳法证明一个定理常常要比用其他一些方法来得简短. 甚至于用数学归纳法仔细研究这个证明,也会导至如此的捷径.

(5) 另一个例子. 考察 a, b 二数,满足不等式

$$0 < a < 1, \qquad 0 < b < 1.$$

于是易见

$$(1-a)(1-b) = 1 - a - b + ab > 1 - a - b.$$

一个自然的推广引导我们去猜度下面的命题:

若 $n \geqslant 2$, 且

$$0 < a_1 < 1, \ 0 < a_2 < 1, \ \cdots, \ 0 < a_n < 1,$$

则
$$(1-a_1)(1-a_2)\cdots(1-a_n) > 1 - a_1 - a_2 - \cdots - a_n.$$

我们用数学归纳法来证明这个命题. 已知这个不等式在起初的情形, 即对 $n=2$ 时, 已经断定成立. 因此, 现设它对 n 成立, 其中 $n \geq 2$, 要推出它对 $n+1$ 也成立.

假设
$$(1-a_1)\cdots(1-a_n) > 1 - a_1 - \cdots - a_n,$$

且知
$$0 < a_{n+1} < 1.$$

于是
$$(1-a_1)\cdots(1-a_n)(1-a_{n+1}) > (1-a_1-\cdots-a_n)(1-a_{n+1})$$
$$= 1 - a_1 - \cdots - a_n - a_{n+1} + (a_1 + \cdots + a_n)a_{n+1}$$
$$> 1 - a_1 - \cdots - a_n - a_{n+1}.$$

假设对 n 成立, 导出了对 $n+1$ 也成立, 证毕.

需注意, 使用数学归纳法来证明命题, 不是无条件地对所有的正整数都适用, 而是对从某一个整数开始的所有正整数才适用. 例如, 刚才证明过的定理只与 $n \geq 2$ 的正整数有关.

(6) 取什么作 n? 现在讨论一个平面几何问题.

若 P 是凸多边形, 且包含于多边形 Q 之内, 则 P 的周长小于 Q 的周长.

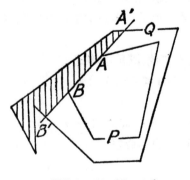 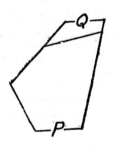

图 7.1　从 n 到 $n+1$　　　图 7.2　$n=1$ 的情形

内部多边形 P 的面积小于外部多边形 Q 的面积,这是显然的.可是上述定理却叙述得不那么十分明确;没有 P 是凸的限制,这个定理就不对.

图 7.1 表明了证明的基本思想. 从外部的多边形 Q 割去有阴影的部分;那里剩下一个新的多边形 Q',它是 Q 的一部分,并且具有两个性质:

第一,Q' 仍然包有凸多边形 P,且为凸的,它完全位于沿 P 的边 AB 所引直线 $A'B'$ 的一侧.

第二,Q' 的周长小于 Q 的周长. 事实上,Q' 的周长有别于 Q 的周长,就前者来说,它的周长包有连接 A' 与 B' 两点的直线段,就后者来说,它的周长包有连接同样两点的折线(在阴影部分的外围边界上).但是,在 A' 与 B' 两点之间以直线的距离为最短.

仿照从 Q 变到 Q',我们可以从 Q' 变到另一个多边形 Q''. 如此可得到一个多边形序列 $Q, Q', Q'', \cdots$. 前一个多边形包有后一个多边形,而后者的周长比前者的周长短,但序列中最后一个多边形却是 P. 因而,P 的周长小于 Q 的周长.

我们应该认出上述证明的种类: 事实上,它是一种数学归纳法的证明. 但是什么是其中的 n 呢?哪个量才是进行归纳的量呢?

这是一个严肃的问题. 数学归纳法适用于各种不同的领域,有时用来处理很困难很复杂的问题,试图寻求一个隐匿着的证明,我们可能面临一个紧要的决定: 应该取什么作 n? 对哪个量进行数学归纳法?

在上例证明中,选择完全不与外部多边形重合的内部凸多边形的边数为 n 才是合理的.图 7.2 说明 $n = 1$ 的情形.图 7.1 中把什么取作 n,留给读者去完成.

第七章的例题和注释

1. 观察

$$1 = 1$$
$$1 - 4 = -(1 + 2)$$

$$1 - 4 + 9 = 1 + 2 + 3$$
$$1 - 4 + 9 - 16 = -(1 + 2 + 3 + 4).$$

从这些例子猜测所示意的一般规律,用适当的数学方法表示出来,并证明它.

2. 分别证明例 3.13,3.14 和 3.20 中所猜测的 P_n,S_n 和 S_n'' 的显式表示. [例 3.11,3.12.]

3. 猜测
$$1^3 + 2^3 + 3^3 + \cdots + n^3$$
的一个表达式,并用数学归纳法证明之. [例 1.4.]

4. 猜测
$$\left(1 - \frac{1}{4}\right)\left(1 - \frac{1}{9}\right)\left(1 - \frac{1}{16}\right)\cdots\left(1 - \frac{1}{n^2}\right)$$
对 $n \geqslant 2$ 成立的一个表达式,并用数学归纳法证明之.

5. 猜测
$$\left(1 - \frac{4}{1}\right)\left(1 - \frac{4}{9}\right)\left(1 - \frac{4}{25}\right)\cdots\left(1 - \frac{4}{(2n-1)^2}\right)$$
对 $n \geqslant 1$ 成立的一个表达式,并用数学归纳法证明之.

6. 推广关系式
$$\frac{x}{1+x} + \frac{2x^2}{1+x^2} + \frac{4x^4}{1+x^4} + \frac{8x^8}{1+x^8} = \frac{x}{1-x} - \frac{16x^{16}}{1-x^{16}},$$
并用数学归纳法证明你的推广.

7. 考虑这样的运算,它是由数列
$$a_1, \quad a_2, \quad a_3, \quad \cdots, \quad a_n, \quad \cdots$$
变到数列
$$s_1, \quad s_2, \quad s_3, \quad \cdots, \quad s_n, \quad \cdots,$$
这里一般项
$$S_n = a_1 + a_2 + a_3 + \cdots + a_n.$$
我们称这个(构成数列 s_1, s_2, s_3, $\cdots$ 的)运算是"数列 a_1, a_2, a_3 $\cdots$ 相加". 用这个术语,可把(在例 1.3 中)已经看到的事实说明如下.

从全体正整数数列 1，2，3，4，… 变到它的平方数列 1，4，9，16，… 可分为两步：（1）划去每第二项，（2）把剩余的数列相加．实际请参看下表：

1	2	3	4	5	6	7	8	9	10	11	12	13 ···
1		3		5		7		9		11		13 ···
1		4		9		16		25		36		49 ···

试用数学归纳法证明这个论断．

8(续)．从全体正整数数列 1，2，3，4，… 到它的立方数列 1，8，27，64，… 可由四步得出：（1）去掉每第三项，（2）把剩下的数列相加，(3) 再去掉每第二项，(4) 再把所余的数列相加，先考察下表，而后证明之：

1	2	3	4	5	6	7	8	9	10	11	12	13 ···
1	2		4	5		7	8		10	11		13 ···
1	3		7	12		19	27		37	48		61 ···
1			7			19			37			61 ···
1			8			27			64			125 ···

9(续)．从全体正整数数列 1，2，3，4，… 变到它的四次方数列 1，16，81，256，… 可用六步得出，从下表即可看出：

1	2	3	4	5	6	7	8	9	10	11	12	13 ···
1	2	3		5	6	7		9	10	11		13 ···
1	3	6		11	17	24		33	43	54		67 ···
1	3			11	17			33	43			67 ···
1	4			15	32			65	108			175 ···
1				15				65				175 ···
1				16				81				256 ···

这些事实揭示了什么？

10. 观察

$$1 = 1$$
$$1 - 5 = -4$$
$$1 - 5 + 10 = 6$$

$$1 - 5 + 10 - 10 \qquad\quad = -4$$
$$1 - 5 + 10 - 10 + 5 \quad\ = 1$$
$$1 - 5 + 10 - 10 + 5 - 1 = 0$$

我们可以导出一般命题

$$\binom{n}{0} - \binom{n}{1} + \binom{n}{2} - \binom{n}{3} + \cdots + (-1)^k \binom{n}{k} = (-1)^k \binom{n-1}{k},$$

此处 $0 < k < n$, $n = 1, 2, 3, \cdots$.

在用数学归纳法证明这个命题时,应该是从 n 推到 $n+1$,还是从 k 推到 $k+1$?

11. 有 $2n$ 个人参加网球比赛,在第一轮比赛中每人只出场一次,两个对手进行一场比赛,共有 n 场. 试证第一轮比赛中对手的安排正好有

$$1 \cdot 3 \cdot 5 \cdot 7 \cdots (2n - 1)$$

种不同方法.

12. 多证可能反而更省事. 设

$$\frac{1}{1 - x} = f_0(x),$$

对 $n = 0, 1, 2, 3, \cdots$ 再依条件

$$f_{n+1}(x) = x \frac{d f_n(x)}{dx}$$

确定序列 $f_0(x)$, $f_1(x)$, $f_2(x)$, $\cdots$. (这样一种确定方法称之为递推:为求 f_{n+1} 归结到求 f_n.)观察到

$$f_1(x) = \frac{x}{(1-x)^2}, \quad f_2(x) = \frac{x + x^2}{(1-x)^3}, \quad f_3(x) = \frac{x + 4x^2 + x^3}{(1-x)^4},$$

试用数学归纳法证明,对 $n \geq 1$, $f_n(x)$ 的分子是一个多项式,其常数项为 0,而其余各项系数为正整数.

13(续). 用归纳来发现,以数学归纳法来证明 $f_n(x)$ 的更进一步的性质.

14. 权衡你的定理. 用数学归纳法能够进行证明的一个典型命题共有无限多种情形 $A_1, A_2, A_3, \cdots, A_n, \cdots$. 情形 A_1 常常

容易,总之,可用特殊的方法来处理 A_1. 一旦确立了 A_1,就要假设 A_n,去证明 A_{n+1}. 命题 A' 比 A 强,而且较 A 容易证明[1]. 实际上,设 A' 由情形 $A'_1, A'_2, \cdots, A'_n, \cdots$ 组成. 在由 A 变到 A' 的过程中,虽然加重了证明的一些负担: 我们需要证明较强的 A'_{n+1},而不是 A_{n+1};我们也支持进行较强的证明: 我们可以用较多信息的 A'_n 代替 A_n.

例 12 的解就提供了一种解释. 我们如果用例 13 中所处理的资料来求此例的解,不仅无益而且非常麻烦,根据附注,后者用推论来处理则比较方便.

一般说来,尝试用数学归纳法作证明的时候,由于两种完全对立的理由你可能会失败. 因为你要证明的东西太多了,所以可能失败: A_n 的负担太重了. 也可能你想要证明的内容太少,因而失败: A_n 的支持论据太弱了. 你应该权衡定理的叙述,使得负担与支持论据恰到好处. 从而使你采用的证明方法促使你走向相对的平衡,使之较好地适应于现实的观点. 这样做才是建立科学证明的典型方法.

15. 展望. 在比较困难的领域,一些较为复杂的问题要求比较纯熟的数学归纳法技巧,并且要对这些重要证明方法做各种改进. 群论提供了某些引人注目的例子. 一个有趣的变形是所谓"反向数学归纳法"或"从 n 推到 $n-1$";作为一个初等的有趣例子可参看 C. H. 哈代,J. E. 利特伍德和 G. 波利亚《不等式》一书,第 17 页和第 20 页.

16. 现已知 $Q_1 = 1$,以及对 $n = 2, 3, \cdots$ 有

$$Q_{n-1} Q_n = \frac{1}{2^{n(n-1)}} \frac{n!}{0!} \frac{(n+1)!}{1!} \frac{(n+2)!}{2!} \cdots \frac{(2n-1)!}{(n-1)!},$$

试找出并证明 Q_n 的表达式.

17. 任何 n 个数都相等吗?你当然会说,不. 但是我们可以用数学归纳法去证明你说的刚好相反. 为此,我们证明一个比较有

---

1) 即"创造者的怪论";参看《怎样解题》第 110 页.

趣的断言："任何 n 个女孩都有同样颜色的眼睛."

对于 $n=1$,这句话(无意义)显然是对的,剩下的是从 n 推到 $n+1$. 为了具体起见,我将从 3 推到 4,而把一般情形留给你.

让我把四个女孩介绍给你,她们是安 (Ann),伯西 (Berthe),卡洛尔 (Carol) 和多洛西 (Dorothy), 或简称 A, B, C 和 D. 假设 $(n=3)$ A, B, C 的眼睛具有同样的颜色,也假设 $(n=3)$ B, C, D 的眼睛也具有同样的颜色. 因此,A, B, C 和 D 四个女孩的眼睛必定具有同样的颜色;为了彻底明了起见,你可以观看下面的图示:

$$\overbrace{A,\ \underbrace{B,\ C,}\ D}.$$

这就证明了 $n+1=4$ 时的论点,又比如从 4 推到 5 的情形,显然也并没有什么困难.

请解释这个怪论. 你可通过实地考察几个女孩的眼睛,用实验的方法来试探解决此问题的办法.

18. 如果把平行线看作是相交的(在无穷远处),那么"任何位于同一平面上的 n 条直线必有一个公共点",这句话对于 $n=1$(无意义)和 $n=2$(由于上述说明)是对的,试用数学归纳法构造一个(荒谬的)证明.

第八章 极大和极小

由于这个世界构造完美无缺，并由最聪明的造物主所创立，以至于在这个世界上无论什么事情里都包含有极大或极小的道理。

——欧拉

§1. 模式

与最大值和最小值有关的问题，或极大和极小的问题，也许比其他较为困难的数学问题更吸引人，这可能是出于十分朴素的理由．尽管每个人都有他自己的问题，我们可以注意到，这些问题大都是些极大或极小的问题．我们总希望以尽可能低的代价来达到某个目标，或者以一定的努力来获得尽可能大的效果，或者在一定的时间内做最大的功，当然，我们还希望冒最小的风险．我相信，数学上关于极大和极小的问题之所之引起我们的兴趣，是因为它能使我们日常生活中的问题理想化．

我们甚至倾向于设想，世界万物按我们的意愿行事，能以最小的努力获得最大的效果．对于这种想法，物理学家以某种清晰而有效的形式获得了成功；他们依据"最小原理"来描述某种物理现象．属于这类问题的第一动力学原理（即"最小作用原理"，通常以莫乌波图依斯（Maupertuis）的名字命名），其实是由欧拉所提出的；在本章开头所援引他的话，生动地描述了极大和极小问题的某个方面，这些问题可能早已引起了他同时代的许多科学家的兴趣．

在下一章我们将讨论初等物理学中出现的有关极大和极小的一些问题．本章为下一章作准备．

微分法为解决极大和极小问题提供了一种一般的方法．这里我们将不用微分法．而提出我们自己的一些"模式"来代替．这将是比较有指导意义的[*]．

---

[*] 现代发展起来的所谓"最优化"方法将更加有普遍意义．——译者注

如果你确实理解并感兴趣于你已经解决的一个问题,那么你就会得到一种宝贵的东西:一个模式,或一个模型,以后可模仿它去解决类似的问题. 如果你想这样做,如果你这样做时获得了成功,如果你考虑到成功的理由,考虑到从已解决的问题去类推,考虑到解决这类问题能够达到的有关条件等等,那么你就可以提出一个模式.提出这样的模式以后,你便真的有所发现.总之,你就有机会获得一些必要的层次和便于应用的知识.

§2. 例子

已知同一平面上两点及一直线,两点在直线的同侧. 在已知直线上求一点,使自该点观察连接两已知点的线段有尽可能大的视角.

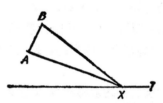

图 8.1. 寻找最好的观测点

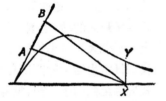

图 8.2. 角度的变化看来像是这样

这就是我们想要解决的问题.作图(图8.1)并标上相应的符号. 设

A 与 B 表示二已知点,

l 表示已知直线,

X 表示直线 l 上的一个变点.

考虑 $\angle AXB$,即在变点 X 处已知线段 AB 所张成的角. 我们需要在已知直线 l 上求点 X 的位置,使得上述的角度达到最大.

可以设想 l 是一条直的公路. 如果你想要从公路 l 上的某一点,向从 A 到 B 运动着的一个目标进行射击,那么你就应该选择上述待求的点;它给你以命中的最好机会. 如果你出自一个和平的愿望,想从公路 l 上以 A 和 B 为边缘拍一张正面快照,那么你也会选择上述待求的点；它使你有最广阔的视野.

我们不是马上就能解决这个问题的，但是，尽管我们还不知道达到最大的那一点，却毫不怀疑这样一点一定存在. 这是什么道理呢？

如果我们把变角 $\angle AXB$ 看成是想要求的最大值，那么我们就能够解释这个道理. 让我们设想，一边沿着直线 l 走，一边看着线段 AB. 从直线 l 与 A、B 连线的交点出发往右行. 在起点，面对 AB 的角度为 0，而后角度增加；最后，当离 AB 很远时，角度必定再次减少，因为在无穷远处它为 0[1]. 在角度为 0 的两种极端情形之间，必在某处取最大值. 那么在何处呢？尽管我们能够指出直线 l 的长可沿伸，但是在何处才能达到最大值，这个问题还是不好回答. 让我们在直线 l 上任选一点，称之为 X. 该点是我们随便取的，不一定在我们要求最大的位置上. 那么我们又如何才能十分明确地肯定该点是在最大的位置处上，或者不呢？

有一个相当容易的解释[2]. 如果一点不在最大位置上，那么必有另一点，在最大位置的另一侧，在该点所讨论的角度有相同的值. 那么在直线 l 上是否有另外一点 X'，使从该点观察线段 AB 与从 X 观察有相同的视角呢？这里总算有一个我们容易回答的问题：根据圆的内接角的一个熟知的性质（欧几里德 III. 21），X 与 X'（如果 X' 存在的话）两点必在通过 A、B 两点的同一圆周上.

到现在，这个想法算是清楚了. 让我们通过已知点 A、B 画若干个圆. 如果这样一个圆与直线交于两点，如图 8.3 中的 X 与 X'，那么从 X 与 X' 两点观察线段 AB 就有相同的角度，但是这个角度不可能是最大的：在 X 与 X' 之间与 l 相交的圆将产生更大的角度. 与 l 相交的圆都不能达到目的：最大角度的顶点应是通过 A、B 的圆与直线 l 的切点（图8.3中的 M 点）.

---

1) 如果把 $\angle AXB$ 看成是沿直线 l 所量度的距离的函数，那么按习惯的方法可以把曲线画出来. 图 8.2 表示一个定性草图；以纵坐标 XY 表示 $\angle AXB$.
2) 参看图 8.2 就很容易.

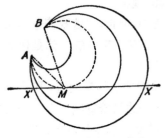
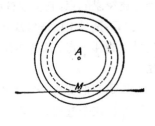

图 8.3　一条相切的等高线　　　　图 8.4　另一条相切的等高线

§3. 相切的等高线模式

让我们回顾一下刚刚求到的解. 我们从中可以学到些什么? 其中本质的东西又是什么? 能够适当地概括哪些特性?

经过回顾, 表明最本质的步骤是不太显著的. 我认为, 决定性的步骤是开阔了我们的眼界. 现在我们脱离开直线 l, 在平面上 l 外的一些点处来考虑最大化数量的值 (AB 所对的角): 我们考虑过, 当角顶在平面上运动时角度的变化, 也考虑过角度对于角顶位置的依赖关系. 简言之, 我们把此角度看作是变点 (它的角顶) 的函数, 而认为该点 (角顶) 是在平面上变化的.

当角顶沿连接 A、B 两点的圆弧移动时, 角度保持不变. 我们称这样的圆弧是等高线. 这种表达刻画了我们即将得到的一般观点. 通常把变点沿着变化而函数值保持不变的线叫做那个函数的等高线.

可是, 不要忘记我们尚未解决的问题. 当角顶 (变点) 在平面上不能随便移动, 而被限制在规定的路径即直线 l 上时, 需要我们去求角度 (变点的函数) 的最大值. 那么在所规定路径的哪一点上才能达到最大值呢?

虽然我们已经知道问题的答案, 但是还是让我们更好地解释它吧, 让我们以更一般的观点考察它吧. 我们来研究一个相当一般而又非常直观的类似例子.

你知道地图上或地形图上 (让我们想到一个丘陵国家) "等高

线"或"轮廓线"表示什么吗？它们是表示具有相同高度的曲线；一条等高线连接地图上表示地面海拔高度相同的点．如果你想像海洋升高 100 英尺，那么漫入海湾的一条新海岸线将随这个新的海平面上升而出现．这条新的海岸线就是高度为 100 的等高线．绘图者仅画几条相等间隔的等高线，例如，100，200，300，…；也可以认为，在每一高度上都有一条等高线，这样，等高线就通过地形上的每一点．变点的函数应是它的海拔高度，这对绘图者来说很重要．若你在这块地形上运动，那么对你来说也很重要；其函数值沿每条等高线都保持不变．

现在，这里有一个与我们刚刚讨论过（在 §2 中）的类似问题．假如你沿着所规定路径上的一条道路行走，那么你在道路上的哪一点才能达到最大高度呢？

说你在某处没有达到最大高度，这是很容易做到的．你通过一点正在爬上或爬下，该点肯定不是最大高度点．也不会是最小高度点．在这样的一点上，你走的路穿过一条等高线：在所规定路径穿过一条等高线这样一点上，不可能达到最高点(或最低点)．

根据这个基本说明，来解释我们的例子(§2，图 8.1，8.2，8.3)．考虑所规定的整条路径：从直线 l 与 A，B 两点连线的交点到无穷远处(即右端)．在这条路径的每一点上，除刚好一点，这点是它与一条等高线(即通过 A，B 两点的圆)的切点外，都与一条等高线(以 A、B 为端点的圆弧)相交．最高点无论在哪儿，它必须是这样一点：在这点上，所规定的路径与一条等高线相切．

有了这个例子，使一般性想法很受启发．让我们再来考究这个启发．把它应用到一个简单的类似情形，并看它如何起作用．下面就是一个容易的例子．

在一条已知直线上求一点，该点与一已知点有最小的距离．

让我们引进相应的符号：

A 是已知点，

a 是已知直线．

不言而喻，已知点 A 不在已知直线 a 上．我们要求从 A 到 a

的最短距离.

问题的解答是众所周知的. 现在设想你正在平静的海中游泳,此刻你正在 A 点;直线 a 象征平直的海滩. 突然你害怕了,想尽快地游到陆地. 但是海滩的最近点在哪里? 无需熟虑,你会知道在哪里. 甚至连狗也知道. 陷入水中的狗或牛会不耽搁地沿着从 A 到 a 的垂线开始游过来.

然而我们的目的却不是去求这个问题的解,而是考察一种探求中的普遍思想. 我们想要最小化的量是变点与已知点 A 的距离. 这一距离与变点的位置有关. 该距离的等高线显然是以 A 点为其公共圆心的同心圆. 而"所规定的路径"是已知直线 a. 在所规定的路径与等高线相交的点上不能达到最小值. 实际上,在所规定的路径与等高线相切的 (仅有的) 一点上 (即图 8.4 中的 M 点上) 才能达到最小值. 从点 A 到直线 a 的最短距离是以 A 为圆心与 a 相切的圆的半径——与我们一开始就知道的是一回事. 可是,我们却学到了某些东西. 现在,一般性的思想显得比较清楚了,可以把它留给读者去完整地阐明.

只要记清上述问题本质上的共同性,那当然就会应用解答的同一模式去处理类似的问题. 在上述问题中,我们考虑了一个在平面上变化的点,并求该点的函数沿着一条所规定路径的最小值或最大值. 我们还可以考虑空间中的一点,来求该点的函数沿一条所规定路径或在一张所规定曲面上的最小值或最大值. 在平面上,切等高线起过特殊的作用. 这促使我们类比地去想,在空间中切等值面将起着类似的作用.

§4. 两个例子

我们讨论两个例子,这两个例子能用同一方法来处理,但在其他方面这两个例子之间却毫无共同之处.

(1) 求空间二已知直线的最小距离.

设

a 与 b 是两条已知的空间直线,

X 是 a 上的一个变点,

Y 是 b 上的一个变点;

参看图 8.5. 我们所要确定的是线段 XY 的位置,在这个位置上此线段是最短的.

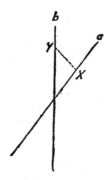

图8.5　两条空间
直线

距离 XY 与其二端点 X,Y 的位置有关,而 X,Y 两者都是变化的. 有两个变点,而不是一个变点,这就足以表明问题的困难性. 如果两点中有一点是已知的,即固定的,不变的,而只有另一点变化,那么问题会是容易的. 实际上,这不是新问题;而是与刚刚解决过的问题(§3)完全一样的.

让我们暂时固定一个原来变化的点,例如 Y. 于是线段 XY 就在通过固定点 Y 和已知直线 a 的一个平面上,并且 XY 的端点中只有一点 X 在变化,即沿直线 a 运动. 显然,当 XY 成为 a 的垂线时,它才变得最短(根据§3,图8.4).

然而我们可以互换两点 X 和 Y 的地位. 作为一种改变,现在我们来固定 X,而使 Y 单独变化. 显然,当线段 XY 垂直于 b 时,它变得最短.

但是,XY 的最小位置与我们的任意选择,即 X,Y 的地位无关,从而使我们认识到 XY 应该既垂直于 a 也垂直于 b. 再让我们更严密地考虑此种情况.

实际上,上述论证不能直接表明最小位置在哪里(而只能间接表明它应该在哪里). 可以断言,如果线段 XY 在 X 点不与直线 a 垂直,那么它就不是最小位置. 事实上,固定 Y 点,把 X 点移动到使 XY 垂直于 a 的位置上,这样做的结果使得 XY 更短些(根据§3). 这个理由应用到 Y,和 X 一样完全适用,由此看出:除非线段 XY 同时垂直于 a 和 b,否则这个线段的长度不可能最小. 如果有最小距离,那么它必定沿着两条已知直线的公垂线.

我们不能认为任何事情都是当然的. 实际上,一看就知道公垂线确实是最短距离. 在图 8.5 中,假设图所在的平面既平行于

直线 a，又平行于直线 b（a 在上，b 在下）. 我们来考虑空间中任何的点或线，如图 8.5 中用它们的垂直投影所表示的. 线段 XY 的真实长度是一个直角三角形的斜边；这个直角三角形的另一边是在图 8.5 中看到的 XY 的垂直投影；第三边是两张平行平面的最短距离，一张平面通过 a，另一张平面通过 b，两者都平行于图所在的平面，第三边也垂直于图所在的平面. 因此，图 8.5 中所表示的 XY 的投影越短，XY 本身也越短. 当且仅当 XY 垂直于图所在的平面，从而垂直于二直线 a 和 b 时，XY 的投影化为一点，它的长度变成 0，如此，XY 的长度最短.

这样，我们又用另外一种方法直接证明了以前的发现是正确的.

（2）给定边数，在已知圆中求内接多边形的最大面积.

已知一圆，在其圆周上必须选择多边形的 n 个顶点 U, $\cdots$, W, X, Y 和 Z，以使面积成为最大. 正如（1）中所述问题一样，主要的困难就在于有许多变量（顶点 U, $\cdots$, W, X, Y 和 Z）. 也许，我们应该尝试上述问题中使用过的方法. 那么这个方法的基本点是什么呢？让我们认为问题已近乎解决. 设想除一个顶点，比如说 X 外，其余各顶点已在所求的位置上. 这样，其余 $n-1$ 个点 U, $\cdots$, Y 和 Z 已经固定，其中每一点都在它应处的位置上，剩下的就是选择 X 以使多边形的面积最大. 然而整个面积由两部分组成：一个具有 $n-1$ 个固定顶点的多边形 $U\cdots WYZ$，它与 X 无关；一个三角形 WXY，它与 X 有关. 我们把注意力集中在这个三角形上，当整个面积成为最大时，此三角形的面积也必须成为最大，参看图 8.6. $\triangle WXY$ 的底边 WY 是固定的. 如果顶点 X 沿着底边 WY 的一条平行线移动，那么它的面积保持不变：这样与 WY 平行的直线就是等高线. 我们挑出相切的等高线：平行于 WY 的圆的切线. 显然其切点就是 X 的位置，它使 $\triangle WXY$ 的面积成为最大. 当 X 处在这个位置上时，$WX=XY$，三角形是等腰的. 于是，若要多边形的面积最大，其这两条邻边必须相等. 同样的理由也适用于任何一对邻边：当面积达到最大时，所有的边

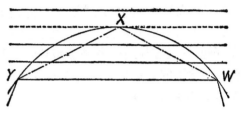

图 8.6　最大面积的三角形

必须全都相等，因此具有最大面积的圆内接多边形必定是正多边形.

§5. 局部变动的模式

对照上一节(§4)讨论过的两个例子，我们容易看出某些共性以及解答的共同模式．在上述的两个问题中，我们寻求的是依赖于多变因素中的单变量的极值（最大或最小）．在上述两个解答中，除一个可变因素外，我们暂时固定其余所有的初始可变因素，而研究这个单独因素变化的结果．所有可变因素同时变动，或全体变动不是那么容易观察得到的．仅单独一个因素变动而其余因素固定时，用研究局部变动的方法，来处理我们的例子会产生好的效果．此方法的基本原则是：一个多变函数，只有对单独每一个变量都达到最大时，所有变量才能同时达到最大.

这句话具有相当的一般性，尽管受到如下方面的不必要的限制：在上述例子中极严格地遵守一次仅变动一个因素的做法．我们还可以设想，在另外的例子中，一次刚好改变两个因素，或者三个因素，等等，而其余因素固定，这样做可能更有利．在这样的情形下，我们仍然可以认为是"局部变动"．现在一般性概念就显得十分清楚了，再举一例之后，读者当会完全自己着手解决问题.

把一长为 l 的直线分成 n 段，求这 n 段乘积的最大值.

设 $x_1, x_2, \cdots, x_n$ 表示这 n 段的长度；$x_1, x_2, \cdots, x_n$ 是满足和式

$$x_1 + x_2 + \cdots + x_n = l$$

的正数．要求使得乘积 $x_1 x_2 \cdots x_n$ 最大.

首先，我们来研究最简单的特殊情形：已知两正数之和为 $x_1 + x_2$，求它们乘积 $x_1 x_2$ 的最大值．我们可以把 x_1, x_2 说成是一个矩形的两条邻边，并且把这个问题重新叙述为如下的更为有趣的形式：已知一个矩形的周长为 L，求它的最大面积．实际上，刚才所提到的两边之和是已知的：

$$x_1 + x_2 = \frac{L}{2}.$$

有一个明显的猜测：当此矩形成为正方形时，面积变得最大．要证明这个猜想是不困难的．周长为 L 的正方形每边等于

$$\frac{L}{4} = \frac{x_1 + x_2}{2}.$$

我们必须证明这个正方形的面积比矩形的面积大，或者相同，即两个面积之差

$$\left(\frac{x_1 + x_2}{2}\right)^2 - x_1 x_2$$

是正的（或者为 0），是这样吗？用很少的代数知识就够了，可以看出

$$\left(\frac{x_1 + x_2}{2}\right)^2 - x_1 x_2 = \left(\frac{x_1 - x_2}{2}\right)^2.$$

一目了然，这个公式说明了全部情况．除 $x_1 = x_2$，即此矩形为一正方形外，上式右端总是正的．

简言之，具有已知周长的矩形，当其为一正方形时，面积达到最大；具有已知和的两个正数，当此二数相等时，乘积达到最大．

让我们尝试利用刚刚解决了的特殊情形作为基石，去解决一般问题．假设问题已经近乎解决．可以设想，除前两部分 x_1, x_2 外，其余各部分已经得到所要求的值．于是，我们把 x_1 和 x_2 看作变量，而把 $x_3, x_4, \cdots, x_n$ 看作常量．两个变量的部分和是常数，即

$$x_1 + x_2 = l - x_3 - x_4 - \cdots - x_n.$$

现在，只有当前两部分的乘积 $x_1 x_2$ 达到最大时，所有部分的乘积

$$x_1 x_2 (x_3 x_4 \cdots x_n)$$

才能达到最大. 然而,这需要 $x_1 = x_2$. 也没有理由说明其余任何两部分应该不等. 除非具有已知和的所有数都相等,否则这些数的乘积不可能达到所希望的最大值. 我们援引麦克劳林 (C. Mac-Laurin, 1698～1746)的话:"如果把直线分成 AC, CD, DE, EB 若干段,那么只有当这些段彼此都相等时,所有这些段乘上另一些段的乘积才能成为最大."前述的推理就是根据他的话.

根据前面证明的阐述,读者会学到很多东西. 那么它十分令人满意吗?

§6. 算术平均与几何平均的定理及其初步推论

让我们重新考虑上节的结果: 设若
$$x_1 + x_2 + x_3 + \cdots + x_n = l,$$
除非 $x_1 = x_2 = x_3 = \cdots = x_n = l/n$, 总有
$$x_1 x_2 x_3 \cdots x_n < \left(\frac{l}{n}\right)^n.$$

现在消去 l,可用下式重述此结果:
$$x_1 x_2 \cdots x_n < \left(\frac{x_1 + x_2 + \cdots + x_n}{n}\right)^n,$$

或
$$\sqrt[n]{x_1 x_2 \cdots x_n} < \frac{x_1 + x_2 + \cdots + x_n}{n},$$

除非所有的正数 x_1, x_2, $\cdots$, x_n 都相等,上述不等式恒成立;如果 $x_1 = x_2 = \cdots = x_n$,则不等式变成等式. 上不等式的左端称作 x_1, x_2, $\cdots$, x_n 的几何平均,右端称作 x_1, x_2, $\cdots$, x_n 的算术平均. 刚刚叙述过的定理有时称作"算术平均与几何平均定理",或者简称作"平均定理".

在许多方面,平均定理是有趣的和重要的. 值得提出的是,它可以叙述为下面两种不同的形式:

当 n 个正数都相等时,具有已知和的这 n 个数的乘积达到最

大.

当 n 个正数都相等时，具有已知乘积的这 n 个数的和达到最
小.

第一种叙述与最大值有关，第二种叙述与相应的最小值有关.
前一节的推导针对第一种叙述. 系统地改变这个推导过程就可以
得到第二种叙述. 但是，为了简单，对于这两个平均之间的不等
式，我们采取对两者都公平的叙述：必须认为不等式的一端或另
一端是已知的，才能得到一端或另一端的极值. 我们把这两个(本
质上等价的)叙述称作共轭叙述.

平均定理给出许多有关最大最小几何问题的解. 这里我们只
讨论一个例子(其他几个例子可在本章末的例题和注释中找到).

已知盒子的表面面积，求其最大容积.

用"盒子"一词来代替"平行六面体"一词，是因为它足以说明
问题，比用专门术语要简捷得多.

稍加思索，问题的解立刻想得到，比较容易的方法是把平均值
定理简化如下. 设

a, b, c 表示从同一顶点引出的盒子的三条棱的长度，

S 表示表面面积，

V 表示容积.

显然

$$S = 2(ab + ac + bc), \quad V = abc.$$

可见 ab, ac 和 bc 三个量之和为 $S/2$，而它们的乘积为 V^2，自然想
到平均定理，除非

$$ab = ac = bc$$

或等同地

$$a = b = c,$$

总可得

$$V^2 = (abc)^2 < \left(\frac{ab + ac + bc}{3}\right)^3 = \left(\frac{S}{6}\right)^3.$$

亦即

$$V < (S/6)^{3/2},$$

当等式成立时,盒子成为一个立方体. 我们用两种不同的(虽然本质上等价的)形式来表示这个结果.

具有一定表面面积的所有盒子当中,立方体的容积最大.

具有一定容积的所有盒子当中,立方体的表面面积最小.

如前所述,我们可以称这两种叙述是共轭叙述. 同样,共轭叙述二者之中,一个涉及到最大值,另一个涉及到最小值.

上述的平均定理有它的优点. 我们可以把它当作一个模式,可以把能够类似地应用平均定理的场合汇集在一起.

第八章的例题和注释

第 一 部 分

1. 平面几何中的最小和最大距离. 求(1)两点,(2)一点与一直线,(3)两条平行直线之间的最小距离.

求(4)一点与一圆,(5)一直线与一圆,(6)两圆之间的最小以及最大距离.

在所有的情形下,问题的解都是显然的. 对某些情形至少应回忆起初等证明.

2. 空间几何中的最小和最大距离. 求(1)两点,(2)一点与一平面,(3)两平行平面,(4)一点与一直线,(5)一平面与一平行直线,(6)两条空间直线之间的最小距离.

求(7)一点与一球,(8)一平面与一球,(9)一直线与一球,(10)两球之间的最小以及最大距离.

3. 平面上的等高线. 考虑一变点与一已知(1)点,(2)直线,(3)圆的距离. 等高线是什么?

4. 空间中的等值面. 考虑一变点与一已知(1)点,(2)平面,(3)直线,(4)球的距离. 等值面是什么?

5. 试用等高线法解答例 1 的问题.

6. 试用等值面法解答例 2 的问题.

7. 已知三角形的两边,试用等高线法求其最大面积.

8. 已知三角形的一边和周长,试用等高线法求其最大面积.

9. 已知矩形的面积,试用等高线法求其最小周长. (在直角坐标系中,设 $(0,0),(x,0),(0,y),(x,y)$ 为矩形的四个顶点,再利用解析几何的知识.)

10. 验证下面这句话:"从一已知点到一已知曲线的最短距离垂直于已知曲线."

11. **穿过等高线的原则**. 一个点函数 f,点在一平面上变化,考虑 f 沿一条规定路径的最大值和最小值; f 的等高线把平面分隔成两个区域;在其中一个区域 f 取比等高线本身高的值,在另一个区域 f 取比等高线本身低的值.

如果所规定的路径穿过等高线,那么 f 在穿过的该点上既不能达到最大值,也不能达到最小值.

12. 图 8.7 是一张地形图,图上给出一个峰点 (最高点) P 和一个路口 (或具有水平切面的鞍点) S. 当你徒步旅行在这样一个地区时,在你所走路径与一条等高线相切的切点上一定能够到达最高点吗?

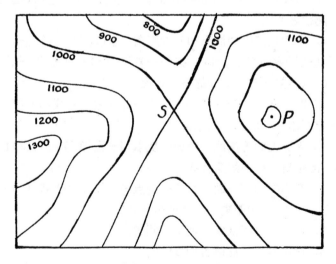

图 8.7　地形图上的等高线

13. 设 A 与 B 表示两个已知点，X 表示平面上的一个变点。在 X 点由线段 AB 所张成的角（$\angle AXB$）可以在 $0°$ 与 $180°$ 之间取任何值(包括界限值)，它是变点 X 的函数。

(1) 给出等高线的一个完整叙述。

(2) 两条不同的等高线中，哪一条对应于较大的角度值？

可以借助图 8.1 和图 8.3，不过现在你应该认识到是从两边去看线段 AB。

14. 考虑图 8.1, 8.2, 8.3，$\angle AXB$ 定义如例 13。求其沿 l 的最小角度值。该结果是否与例 11 的原则相一致？

15. 已知一个盒子(平行六面体)的容积，试用局部变动法求其表面面积的最小值。

16. 具有已知周长的所有三角形中，哪一个面积最大？[例 8.]

17. 在已知球内的所有内接四面体中，哪一个体积最大？[你知道与此有关的问题吗？]

18. 已知由四面体的同一顶点引出的三条棱的长度 a, b, c，求其最大体积。[你知道与此类似的问题吗？]

19. 求球与圆柱之间的最短距离。(圆柱是无限长的旋转圆柱体。)

20. 求具有斜轴的两个圆柱之间的最短距离。

21. 验证下面的话："两张已知曲面之间的最短距离与两张曲面垂直。"

22. 局部变动原则。如果多变量 $X, Y, Z, \cdots$ 的函数 $f(X, Y, Z, \cdots)$ 在 $X = A$, $Y = B$, $Z = C$, $\cdots$ 处达到最大值，那么单变量 X 的函数 $f(X, B, C, \cdots)$ 在 $X = A$ 处，二变量 X, Y 的函数 $f(X, Y, C, \cdots)$ 在 $X = A$, $Y = B$ 处，等等，也达到最大值。

一个多变量函数只有对任何部分变量都达到最大值时，才能对所有变量同时达到最大值。

23. 极值的存在性。等高线原则和局部变动原则它们通常只给出"否定的信息"。它们直接表明，在哪些点所讨论的函数 f 不能达到最大值，而我们必须由此推断 f 在哪里才能达到最大值。

f 究竟在哪里达到最大值不能仅从这两个原则推出. 可是最大值的存在性有时可用某些限定的理由推出. 例如, 最大值的存在性往往可以从多变量连续函数的一般性定理[1] 推出. 总之, 无论何时, 从直观的观点来看, 最大值的存在性都是不成问题的, 我们有充分理由能够想到会有某种特殊的方法或一般性定理用在存在性及其证明上.

24. 局部变动模式的一个变形: 无限过程.

已知 $x + y + z = l$, 求 xyz 的最大值.

我们认为 x, y, z 都是正的, l 是已知的. 现在的问题是 §5 中问题的特殊情形. 仿照该节中所用到的方法, 保持三个数 x, y, z 中的一个不变, 而变化另外两个并使其相等, 来增大它们的乘积. 假设我们从任意已知数组 (x, y, z) 开始; 履行上述手续, 变到另一数组 (x_1, y_1, z_1); 然后再变到另一数组 (x_2, y_2, z_2), 从而又变到 (x_3, y_3, z_3), 如此等等. 让我们依次保留不变的三项: 首先 x 项, 其次 y, 再次 z, 而后又 x, 其次 y, 再次 z, 然后再 x, 如此等等. 因此, 可设

$$x_1 = x, \qquad y_1 = z_1 = \frac{y + z}{2},$$

$$y_2 = y_1, \qquad z_2 = x_2 = \frac{z_1 + x_1}{2},$$

$$z_3 = z_2, \qquad x_3 = y_3 = \frac{x_2 + y_2}{2},$$

$$x_4 = x_3, \qquad y_4 = z_4 = \frac{y_3 + z_3}{2},$$

$$\cdots \qquad \cdots \qquad \cdots .$$

每一步都保持和不变, 而增大面积:

$$x + y + z = x_1 + y_1 + z_1 = x_2 + y_2 + z_2 = \cdots,$$

---

1) 如果一个多变量函数在一个闭集上连续, 那么它一定有上、下界并能达到. 这个定理为哈代所推广, 见《纯数学》(G. H. Hardy, *Pure Mathematics*), 第 194 页, 定理 2.

$$x\, y\, z < x_1\, y_1\, z_1 < x_2\, y_2\, z_2 < \cdots.$$

假设 $y \neq z$ 以及 $x_1 \neq z_1$.（这并非是特殊情形；在特殊情形下，我们比较容易得到结论.）自然我们希望，当 n 增大时，三个数 x_n, y_n, z_n 彼此之差越来越小. 如果我们最后能够证明

$$\lim_{n \to \infty} x_n = \lim_{n \to \infty} y_n = \lim_{n \to \infty} z_n,$$

那么可以立刻推出

$$x\, y\, z < \lim_{n \to \infty} x_n\, y_n\, z_n = (l/3)^3.$$

但是，开始并没有假设最大值的存在性，所以我们是以相当大的代价获得这个结果的.

试证

$$\lim_{n \to \infty} x_n = \lim_{n \to \infty} y_n = \lim_{n \to \infty} z_n.$$

25. 局部变动模式的另一个变形：有限过程. 还要涉及到例 24 的问题，然而我们现在利用到的是 §5 方法的一个较为复杂的变形.

设 $l = 3A$；因此，A 是 x, y, z 的算术平均，并且有

$$(x - A) + (y - A) + (z - A) = 0.$$

可能碰到 $x = y = z$. 若不然的话，上式左端差中的某一项必是负的，而另一项是正的. 不妨记作

$$y < A < z.$$

现在从数组 (x, y, z) 变到数组 (x', y', z')，令

$$x' = x, \quad y' = A, \quad z' = y + (z - A);$$

保留第一个量不变. 于是有

$$x + y + z = x' + y' + z'$$

以及

$$\begin{aligned}
y'z' - yz &= A(y + z - A) - yz \\
&= (A - y)(z - A) > 0,
\end{aligned}$$

因此

$$x\, y\, z < x'\, y'\, z'.$$

这就可能碰到 $x' = y' = z'$ 的情形. 若还不然, 则再从 (x', y', z') 变到 (x'', y'', z''), 令

$$y'' = y', \qquad z'' = x'' = \frac{z' + x'}{2},$$

便得到

$$x'' = y'' = z'' = A,$$

并且乘积再次增大(正像我们从 §5 中知道的), 于是乎

$$x\,y\,z < x'\,y'\,z' < x''\,y''\,z'' = A^3 = \left(\frac{x + y + z}{3}\right)^3.$$

这就证明了所要求的结果, 但是我们没有假设最大值的存在性, 也没有考虑极限.

适当地扩充这种方法, 对于 n 个量一般地证明平均定理 (§6).

26. 用图示比较. 设 P 是高为 l 的等边三角形内一点, x, y, z 是 P 到此三角形三边的距离; 参看图 8.8. 于是

$$x + y + z = l.$$

(为什么?)数 x, y, z 称作 P 点的三角形坐标. 具有和为 l 的三个正数 x, y, z 的任何数组 (x, y, z) 可以看成是三角形中唯一确定点的坐标.

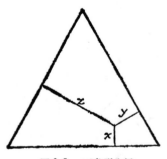

图 8.8. 三角形坐标

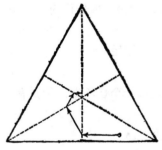

图 8.9. 逼近中心的连续步骤

例 24 中所考虑的点列

$$(x, y, z), \ (x_1, y_1, z_1), \ (x_2, y_2, z_2), \ \cdots$$

用图 8.9 中的点列表示. 连接一串点的线段依次平行于三角形的

各边,即依次平行于第一边、第二边和第三边,而后又第一边,如此等等;每一线段的端点都在三角形的高线上.(为什么?)试用三点和两线段来表示例 25 的过程.(如何表示?)

27. 重新考虑 例 4 (2)中的论证并改进它,先把例 24,然后把例 25 作为模型.

28. 函数 $f(x,y,z)$ 在 (a,b,c) 点具有极大值或极小值的必要条件是偏导数

$$\frac{\partial f}{\partial x}, \quad \frac{\partial f}{\partial y}, \quad \frac{\partial f}{\partial z}$$

对 $x=a, y=b, z=c$ 为 0.

该定理通常的证明方法可以作为我们所建立的模式中的一个范例. 它是哪一个?

29. (用偏导数)叙述函数 $f(x,y)$ 在边界条件(或辅助条件)下极大值或极小值的一个著名的必要条件[*], x, y 通过方程 $g(x,y)=0$ ——边界条件相联系. 说明它与切等高线模式的关系.

30. 按照例 29 中所述的条件,重新验证例 12 解中提到的情形. 有什么矛盾吗?

31. 叙述函数 $f(x,y,z)$ 在边界条件 $g(x,y,z)=0$ 下取极大值或极小值的一个著名的必要条件. 说明它与切等值面模式的关系.

32. 叙述函数 $f(x,y,z)$ 在两个联立的边界条件 $g(x,y,z)=0$ 和 $h(x,y,z)=0$ 下取极大值或极小值的一个著名的必要条件. 说明它与切等值面模式的关系.

第 二 部 分

例 33 用来说明下面所用到的术语和符号,因此首先应该阅悉此例.

---

[*] 此条件在微分法中称作拉格朗日 (Langrange) 条件;在现代最优化方法中 称 作库恩-塔克 (Kuhn-Tucker) 条件,下同. ——译者注

33. 多边形和多面体. 面积和周长. 体积和表面. 研究多边形我们时常用下面的符号:

A 表示面积,

L 表示周长.

研究多面体时:

V 表示体积,

S 表示表面面积.

我们将讨论与 A 和 L, 或 V 和 S 有关的最大和最小问题. 这样一些问题早在古希腊就为人们所知[1]. 我们将主要讨论吕依埃(Simon Lhuilier) 和斯坦纳 (Jacob Steiner)[2] 论述过的问题. 初等代数不等式, 特别是平均定理(§6)在解下列大多数问题中证明是有用的.

这些问题只不过时常用来处理最简单的多边形(三角形和四边形)以及最简单的多面体(棱柱和棱锥). 我们必须学习一点常用术语.

两个棱锥在公共底的两侧相对而立, 组合成一个对顶棱锥. 如果底有 n 条边, 那么对顶棱锥有 $2n$ 个面, $n+2$ 个顶点, $3n$ 条棱. 底不是对顶棱锥的面.

所有侧面都垂直于底的棱柱叫作正棱柱.

底面内接于圆,高过圆心的棱锥叫作正棱锥.

两个正棱锥形成对顶棱锥,并且关于公共底互相对称,这样的对顶棱锥叫作正对顶棱锥.

棱柱、棱锥或对顶棱锥不是"正的",就称它是"斜的". 在五种正的立体中; 刚好有一个棱柱, 刚好一个棱锥, 以及刚好一个对顶棱锥,后者又分: 三面对顶棱锥、四面对顶棱锥和八面对顶棱锥,其中每一类都有一种"正"立体.

我们也将考虑圆柱、圆锥和对顶圆锥; 如果不加说明, 总认为

---

1) 巴巴斯,《珍藏》(Pappus, *Collectiones*), 书V.

2) 西蒙·吕依埃,《多边形及初等等周问题概说》(Simon Lhuilier, *Polygonométrie et Alrégé d'Isopérimétrie élémentaire*), Genève, 1789. J. 斯坦纳, 《全集》(J. Steiner, *Gesammelte Werke*),第 2 卷, 177~308 页.

它们的底都是圆.

34. **具有正方形底的正棱柱.** 在已知体积且具有正方形底的所有正棱柱当中,以立方体的表面面积最小.

试用平均定理直接证明已经证明过的一个定理(参见§6,例15)的这种特殊情形.

你可以着手如下试验. 设 V,S,x 和 y 分别表示体积、表面面积、底边和棱柱的高. 于是

$$V = x^2 y, \quad S = 2x^2 + 4xy.$$

应用平均定理,得

$$(S/2)^2 = [(2x^2 + 4xy)/2]^2 \geqslant 2x^2 \cdot 4xy = 8x^3 y.$$

现在还没有用到它与 $V^2 = x^2 y$ 的关系——平均定理似乎用不上.

但是,这种说法欠考虑,说得过早,是不会应用平均定理的说法. 请再试验一下. [想要的结论是什么?]

35. **正圆柱.** 在例 34 中所考虑过的所有棱柱当中,只考察内接于球的立方体,进而证明:具有已知体积的所有正圆柱当中,内接于球的圆柱有最小的表面面积. [想要的结论是什么?]

36. **一般的正棱柱.** 已知一个正棱柱的体积和底的形状(但不知道大小). 试问它表面面积,包括底面积在内,何时最小? [你知道与此有关的问题吗?]

37. **具有正方形底的正对顶棱锥.** 试证:具有正方形底而有已知体积的所有正对顶棱锥当中,以正八面体的表面面积最小.

38. **正对顶锥.** 考虑正八面体的内切球,它与每一个侧面在侧面的中心相切,切点把侧面的高分成 1 与 2 之比,进而证明:具有已知体积的所有正对顶锥当中,内切球的切点把母线分成 1 与 2 之比的对顶锥有最小的表面面积.

39. **一般的正对顶棱锥.** 已知正对顶棱锥的体积和底的形状(但不知道大小),试问包括底面在内,什么情况下其表面面积为最小? 此时底面面积占几分之几?

40. 已知三角形面积,求其最小周长. [你能预言它的结果

吗? 若是你想试用平均定理,则需用边把面积表示出来.〕

41. 已知四边形的面积,求其最小周长. 〔你能预言它的结果吗? 设 a, b, c, d 是它的四边,ε 是两个对角之和,试用 a, b, c, d 和 ε 把面积 A 表示出来. 这是用海伦(Heron)公式所解问题的推广.〕

42. 如果一个正棱柱和一个斜棱柱有相同的 体积和 相同的底,那么以正棱柱的表面面积较小.

如果一个正棱锥和一个斜棱锥有相同的体积和相同的底,那么以正棱锥的表面面积较小.

如果一个正对顶棱锥和一个斜对顶棱锥有相同的体积和相同的底,那么以正对顶棱锥的表面面积较小.

在上面的三句话中,所比较的一对立体的底在形状和大小两方面是一样的. (当然,体积只有大小一样.)

从这三句话中选择对你来说是最容易的证明之.

43. 几何应用于代数. 试证:若 u_1, u_2, $\cdots$, u_n, v_1, v_2, $\cdots$, v_n 都是实数,则有

$$\sqrt{u_1^2 + v_1^2} + \sqrt{u_2^2 + v_2^2} + \cdots + \sqrt{u_n^2 + v_n^2}$$
$$\geqslant \sqrt{(u_1 + u_2 + \cdots + u_n)^2 + (v_1 + v_2 + \cdots + v_n)^2},$$

当且仅当

$$u_1 : v_1 = u_2 : v_2 = \cdots = u_n : v_n$$

时等式成立. 〔在直角坐标系中考虑 $n + 1$ 个点 P_0, P_1, P_2, $\cdots$, P_n 以及折线 $P_0 P_1 P_2 \cdots P_n$ 的长度.〕

44. 撇开几何考虑,证明例 43 的不等式.〔在该不等式的几何证明中,引出 $n = 2$ 的特殊情形.〕

45. 代数应用于几何. 试证:具有已知底边和面积的所有三角形当中,以等腰三角形的周长最小. 〔例 43.〕

46. 设 V, S, A 和 L 分别表示一个棱锥 P 的体积,全表面面积,底面积和底周长. 又设 V_0, S_0, A_0 和 L_0 代表另一个棱锥 P_0 相应的量. 假若

$$V = V_0, \quad A = A_0, \quad L \geqslant L_0$$

并且 P_0 是正棱锥,证明

$$S \geqslant S_0.$$

当且仅当 $L = L_0$,并且 P 也是正棱锥时,等式成立.【例43.】

47. 设 V, S, A 和 L 分别表示一个对顶棱锥 D 的体积,表面面积,底面积和底的周长. 又设 V_0, S_0, A_0 和 L_0 代表另一个对顶棱锥 D_0 相应的量. 假若

$$V = V_0, \quad A = A_0, \quad L \geqslant L_0,$$

并且 D_0 是正对顶棱锥,证明

$$S \geqslant S_0.$$

当且仅当 $L = L_0$,并且 D 也是正对顶棱锥时,等式成立.[例45,46.]

48. 试证: 具有已知体积的所有四棱柱当中,以立方体的表面面积最小. [与例34比较;哪种叙述更强?]

49. 试证: 具有已知体积的所有四面对顶棱锥当中,以正八面体的表面面积最小. [与例37比较;哪种叙述更强?]

50. 试证: 具有已知体积的所有三棱锥当中,以正四面体的表面面积最小.

51. 具有正方形底的正棱锥. 试证:具有正方形底且有已知体积的所有正棱锥当中,以底面积是全表面面积 1/4 的棱锥,其表面面积最小.

52. 正圆锥. 试证:具有已知体积的所有正圆锥当中,以底是全表面面积 1/4 的圆锥,其表面面积最小.

53. 一般的正棱锥. 已知一个正棱锥的体积和底的形状(但不知道大小),试问:包括底面积在内,何时表面面积最小?[你知道它的一个特殊情形吗?]

54. 回顾我们研究过的棱柱、棱锥、对顶棱锥的例题,考察它们的相互关系,并把它们排成一个表,使得类似的结果一目了然. 留出间隙,以便把更进一步的结果添上.

55. 开盖盒子. 已知一个盒子的五个面的面积之和为 S_5. 求

最大容积 V. [你知道与此有关的问题吗？ 你会用这个结果或方法吗？]

56. 槽. 已知一个正三棱柱的四个面的面积之和为 S_4；遗漏的面是一个侧面. 试求最大容积.

57. 片. 具有三角形底的正棱柱当中，已知互相连接的三个面 (即两个侧面和一个底) 的面积之和为 S_3，试证: 当体积 V 达到最大时，这三个面具有相等的面积，并且彼此垂直. [那么片是什么意思？]

58. 已知一个圆扇形的面积. 当周长最小时求其圆心角.

59. 在一个三角形中，已知面积和一个角. 试求 (1) 夹已知角的两边之和，(2) 已知角的对边，(3) 整个周长的最小值.

60. 已知适当位置上的一个角和一个点，点在角所在的平面上，且在角的内侧. 通过已知点的一条变直线与已知角割出一个三角形. 试求这个三角形面积的最小值.

61. 已知一个盒子的 12 条边的长度之和为 E，试求 (1) 它的容积 V，(2) 它的表面面积 S 的最大值.

62. 邮政局问题. 已知一个盒子的长度和周围尺寸都不超过 l，求其体积的最大值.

63. 开普勒问题. 已知一个正圆柱母线的中心到圆柱最远点的距离为 d，试求此圆柱体积的最大值.

第九章 物 理 数 学

物理科学不仅给我们(数学家)以解决问题的机会,而且也帮助我们发现解决问题的方法,它把这贯穿于两种途径之中:引导我们去预测问题的解,以及启示适当论证的线索.

——亨利·庞加莱[1] (Henri Poincaré)

§1. 光学解释

数学问题经常受到自然界的启发,更确切地说,是受到我们对自然界解释的启发. 也可以说,数学问题的解可以受到自然界的启发;不过,物理学给我们提供的线索,往往不被我们自己所理会. 如不讨论物理研究启发和借助物理解释,那我们对数学问题的观点就太狭隘了. 下面我们推导一个这类最重要的、但非常简单的问题.

(1) 自然界提出一个问题. 直线是二已知点间的最短路径. 通过空气,从一点到另一点传播的光线选择这个最短路径,至少我们日常经验表明似乎如此. 但当光线从一点到另一点不直接传播,而在插入的一面镜子上经过反射时将会怎样?光线还会选择最短路径吗?在这种情况下,最短路径是什么?根据关于光线传播的事实,引导我们去考虑如下的纯几何问题:

已知同一平面上的两点和一直线,两点在直线的同侧. 在已知直线上求一点,以使该点与两已知点的距离之和为最小.

设(参看图 9.1)

A 与 *B* 是两个已知点,

l 为已知直线,

X 表示直线 *l* 上的变点.

---

[1] 《科学的价值》 (*La valeur de la science*), 152 页.

考虑两距离之和 $AX + XB$，即从 A 到 X，再从 X 到 B 所引路径的长度。我们要求已知直线上 X 的位置，以使这个路径长度达到最小值。

以前，我们已经遇见过一个很类似的问题（§8.2，图 8.1，8.2，8.3）。实际上，两个问题正好有着同样的数据，连未知数也具有同样的性质：像那里一样，这里是寻求已知直线上的一点，使在此点达到某一极值。两个问题仅在极值性质上有所不同：这里最小化二线段之和；而那里是最大化这二线段所夹的角。

这两个问题有着如此密切的天然联系，以致于我们还想要用同一方法来求解。在求解 §8.2 中的问题时，我们曾用过等高线法；现在我们仍然使用这种方法。

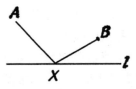

图 9.1　哪一条路径最短

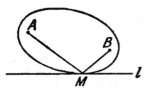

图 9.2　一条相切的等高线

考虑一点 X，假设它不限制在所规定的路径上，而可以在整个平面上自由移动。若是量 $AX + XB$（即我们希望最小化的量）为一常数值，那么 X 将怎样变动呢？当然是沿着以 A 与 B 为焦点的一个椭圆。因此，等高线应是"共焦点的"椭圆，即具有相同焦点（亦即已知点 A 与 B）的椭圆。要求的最小值应在所规定路径 l 与一椭圆的切点上达到，该椭圆以已知点 A 与 B 为焦点（参见图 9.2）。

（2）自然界给出一个解。的确，我们已经求到一个解。然而，除非我们熟悉椭圆的某些几何性质，否则这个解没有多大用处。让我们重新开始，来寻找一个比较有用的解吧！

让我们把所提出问题的物理背景具体化。点 A 是光源，点 B 是观察者的眼睛，而 l 标志反射平面的位置；可以设想为一个平静的水池表面（水池垂直于图 9.1 所在的平面，其交线就是 l）。如果恰当地选择 X 点，那么折线 AXB 就代表光线的路径。根据经验，我们知道图9.1中的路径相当好。当折线 AXB 代表反射光线的实际路径时，我们觉得它的长度就是最小值。

你的眼睛处在B的位置上，往下看能够反射光线的水池，直到看到A点的像。你会发觉光线不是从目标A直接射来，而好像是从水池表面里边的一点射来。那么是从哪一点呢？是从目标A的镜像 A^* 点，该点关于直线l与A对称。

根据你的物理实验，你可以把所得到的 A^* 点标进图中！这个 A^* 点改变了问题的面貌，我们可以看到许多新的关系(图9.3)，我们马上就来建立并且利用这些关系。显然

$$AX = A^*X.$$

(A^*X 是 AX 的镜像。你也可由两个三角形 $\triangle ACX$，$\triangle A^*XC$ 全等来证明；直线l是线段 AA^* 的垂直平分线。)因此

$$AX + XB = A^*X + XB.$$

以同一位置X来最小化这个等式的两端。而右端当 A^*，X 以及 B 在同一直线上时达到最小。因为直线是最短的。

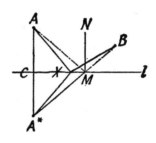

图9.3　一个较为有用的解

这就是问题的解(参看图9.3)。点 M 是使问题达到最小的 X 的位置，它是连接 A^* 与 B 的直线与l的交点。显然，AM 和 BM 与l夹有相同的角。做直线 MN 垂直于l(平行于 A^*A)，可见

$$\angle AMN = \angle BMN.$$

这两个角相等是表明最短路径的特征。正像我们根据实验所知道的，表明光线实际路径的特征，还可以写成完全相同的等式

入射角＝反射角。

而且，实际上在目标和眼睛之间反射光线确实走最短路线。这是由亚历山大 (Alexandria) 的海伦发现的。

(3) 比较两个解。回顾一下已求到的解往往是有益的。在目前情况下，因为有两个可以互相比较的解(在(1)和(2)中)，所以这

对我们应该更加有用. 用以解这个问题的两种方法（图9.2 和图9.3），应该得到同样的结果（我们可以设想成把这两个图重合）. 利用一个椭圆与 l 相切，或利用两条射线与 l 所夹的角相等，我们可以得到 M 点，即最小值问题的解. 但是不管数据（A 点，B 点和直线 l）的有关位置如何，这两种设想的结果应该完全一致. 两种设想一致性的论证涉及到椭圆的一个几何性质：椭圆周上任一点与焦点的两条连线，与在该处的切线所夹的角相等.

如果把椭圆想像成一面镜子，考虑到反射定律（刚才已经讨论过的），那么我们可以用直观的光学解释来重新叙述椭圆的几何性质：从椭圆镜的一个焦点射来的任何光线都反射到另一个焦点上去.

（4）一种应用. 虽然这个道理简单，但海伦的发现在科学史上却占有一定的地位. 这是利用最小原理来描述物理现象的一个最初的例子. 也是数学理论和物理理论之间相互关系的一个可供参考的例子. 在海伦之后，虽然已经发现很多比较一般的最小原理，并且数学理论和物理理论在一个比较重大的规模上已经建立了相互关系，但是这个最基本的、最简单的例子在某些方面来说，还是给人以最深刻的印象.

回顾一下（2）中那个给人以很深印象的成功的解，我们不禁要问：你会应用它吗？你会利用它的结论吗？你会使用它的方法吗？实际上，确实有好多用场. 比如可以用来检验光线在曲面镜中的反射，在几个平面镜中的接连反射，或者把这里的结论和我们以前所学到的方法结合起来使用，等等.

这里，我们仅讨论一个例子，就是所谓"交通中心"问题. 有三个城镇，想要建设三条公路通往一个公共的交通中心，选择这个中心应使得公路的总造价最小. 若要使整个问题极度简化，便得到下面的纯几何问题：已知三点，求第四点，使其与已知三点的距离之和最小.

设 A，B 和 C 表示已知的三个点（城镇），X 表示由 A，B 和 C 所确定的平面上的一个变点. 要求 $AX + BX + CX$ 的最小值.

这个问题看起来与海伦问题有关. 我们应该把这两个问题放在一起, 找出它们之间尽可能密切的关系. 如果一旦把距离 CX 当成是固定的(比如说为 r), 那么两者的关系的确显得很密切: 此处, 同前边一样, 要求一个变点与两个定点的距离之和 $AX+BX$ 的最小值. 这里所不同的是, X 被约束在一个(以 C 为圆心, r 为半径的)圆上变动, 而前边是沿着一条直线变动. 前一个问题是关于平面镜反射, 现在的问题是关于圆形镜反射.

假定我们相信光线有这样的本领: 它自己会巧妙地寻找从 A 到圆形镜然后再到 B 的最短路径. 然而光线运动要服从入射角等于反射角的定律. 因此, 在理想的最小位置上, $\angle AXB$ 必被 C 与 X 的连线所平分(参看图 9.4). 根据局部变动原则以及位置的对称性, 可知 $\angle AXC$ 与 $\angle BXC$ 也同样地必被平分. 连接 X 与 A, B 和 C 的三条直线把平面分割成六个角, 其公共角顶为 X. 现在我们把注意力转到图 9.5 中的几对对顶角上, 显而易见所有这六个角都相等, 从而, 其中每一个角都等于 60°. 从交通中心发出的三条公路彼此之间有相同的夹角; 即任意两条之间的夹角等于 120°.

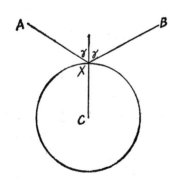

图 9.4 交通中心与圆镜

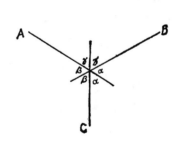

图 9.5 交通中心

(如果说我们前面曾经使用过的局部变动法尚有某些局限性的话, 那么我们可以做寻找合理解的更严格的验证.)

§2. 力学解释

数学问题和它们的解,可从客观世界中的任何方面提出来,如光学的、力学的或其它现象方面的实践中提出来. 下面将讨论一些简单的力学原理是如何帮助我们发现问题解的.

(1) 一条绳子穿一重环并固定其两端. 求其平衡位置.

可以认为绳子是完全挠性的,并且不能伸长,其自身重量可以忽略不计,重环可以沿着绳子无摩擦地滑动,而环的尺寸是如此之小,以致可以把它看作数学上的点.

设 A 和 B 表示绳子固定的两个端点, X 表示环的任意位置. 绳子形成如图 9.6 上的折线 AXB.

所提出的问题可以用两种不同的方法来求解.

第一种方法,环必定是悬挂在最低点上(实际上,环为一重物,它"想"尽量靠近地面,或者说尽可能地接近地球中心). 绳子的两部分 AX 和 BX 不能伸长,被拉紧,使得沿绳子滑动着的环画出一个以 A 与 B 为焦点的椭圆. 显然,平衡位置处在椭圆的最低点 M 上,在此点椭圆的切线是水平的.

第二种方法,绳子在 M 点的作用力必定处于平衡. 环的重力和绳子的张力都作用在 M 点上. 绳子两部分 MA 与 MB 上的张力相等,且沿绳子分别指向 A 与 B 的方向. 其合力平分 $\angle AMB$,且与环的重力大小相等方向相反,是铅直的.

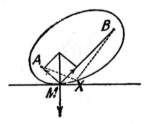

图 9.6. 平衡的两个条件

但是,这两个解必须一致. 因而, MA 与 MB 两条线对于椭圆的铅直法线有相等的倾斜度,对于椭圆的水平切线也有相等的倾斜度:椭圆的两个焦点与其周界上任一点 M 相连的两条直线,对于在 M 点的切线有相等的倾斜度. (保持 AB 的长度不变,只改变其对水平线的倾角,我们可以使 M 处在半个椭圆上任何所希望的位置.)

这样,就用新的方法推导出以前的结果(§1(3)),而这种方法可以有进一步的应用.

(2)我们似乎已有丰富的知识. 不用学习太多的力学,就能够充分了解它,看起来不仅是求到所提出的力学问题的一个解,而且还求到建立在不同原理基础上的两个解,经过比较,这两个解把我们引到一个有趣的几何事实. 我们能够打开力学有关这方面的知识闸门,把它引向另外的渠道吗?

值得庆幸的是,可以设想有一个机械装置,它能够解上面讨论过的交通中心问题(§1(4)):在铅直的墙上于 A,B,C 三点处固定(钉上)三个轴,有三个滑轮绕着这三个轴旋转;参看图 9.7,图中三条绳子分别经过 A,B,C 处的滑轮. 在其公共结点 X 处三条绳子系在一起,并在另一端分别系以重物 P,Q,R. 重物 P,Q,R 重量相等. 我们的问题是求它的平衡位置.

当然,必须用通常简化的方法来理解这个问题:绳子是完全挠性的,且不能伸长,摩擦、绳子的重量以及滑轮的大小都可忽略不计(把滑轮当成一个点). 如(1)中所述,我们仍能用两种不同的方法来解这个问题.

第一种方法,三个重物的悬挂位置,总起来说必须是尽

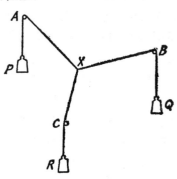

图 9.7   用力学装置模拟的
交通中心问题

可能地低. 也就是说,它们与已知的一条水平线(即地面)的距离之和必须最小. (亦即该系统的势能必须最小;要记住此三个重量是相等的.)因此 $AP + BQ + CR$ 必须最大. 因为每条绳子的长度是不变的,所以 $AX + BX + CX$ 必须最小,从而我们的问题转化为与§1(4)交通中心问题相等价的问题,参看图 9.4,9.5.

第二种方法,在 X 点处的作用力必须达到平衡. 三个相等的重物在自己所系的绳子上以相等的力各自拉紧,并通过无摩擦的

滑轮不衰减地传递这些力. 沿线 XA, XB, XC 在点 X 处分别作用的这三个相等的力必须处于平衡：显然，根据对称性原理，三条线必须互相等同地倾斜；这三条绳子中的任意两条之间在相交的 X 处夹角都等于 120°. （这三个力所构成的三角形是等边三角形,其外角都是 120°.）

这就证实了 §1（4）的解. （但是另一方面，这个力学解释可能强调了关于三点 A, B, C 相对位置的某些限制的必要性.）

§3. 反复解释

一根棒,一半浸入水中后,看起来好像明显地弯曲. 由此我们得出结论,光线在水中与在空气中一样,都是直线传播,但当光线从水中一旦进入空气中的时候,光线却经历了一个方向的突然改变. 这就是光的折射现象———一个显然比反射更复杂、更难以理解的现象. 继开普勒和其他人的努力失败后,最后由斯诺里乌斯(Snellius；约 1621 年)发现了折射定律,并由笛卡儿公诸于世. 后来费马(1601~1665)又继承了由海伦所从事研究的思路.

从水里的目标 A 到水上的眼睛 B,传播的光线描绘出一条折线,该折线是以空气与水的分界面上一点为拐角点的；参看图 9.8. 然而,在 A 与 B 之间以直线为最短路径,因此,从一种介质传到另一种介质里的光线不遵守海伦原理. 这确实使人失望；想不到在两种情形下(直射和反射)很好成立的简单法则,却在第三种情形下(折射)失效了. 费马想出一个解决矛盾的办法. 他说光线从一点传播到另一点要花费时间,也就是说光线传播有一定(有限的)速度,他以这样一种想法而闻名后世；实际上,伽利略提出一个测量光速的方法. 也就是以一定速度通过空气传播的光线,又以另一速度通过水传播；也许这样一个速度差能够用来解释光的折射现象. 只要光线以常速传播,它总是选择最短路线,也就是选择最快的路线. 然而光速依赖于所通过的介质,因此水中的最短路线就不再是空气中的最快路线. 但是光线从水中进到空气时,光线总是选择最快的线路. 因而在分界面处有光线速度的变化.

这一系列想法引出一个鲜明的最小值问题(参看图9.8):已知两点A与B,隔开A与B的直线l,以及两个速度u与v,求从A传播到B所需的最小时间;你可以假设以速度u从A传播到l,以速度v从l传播到B.

显然,按照直线从A到l上的某点X,再按照另一直线从X到B,这样是最快的. 因此问题在于求点X. 既然匀速运动的时间等于距离除以速度,于是从A到X,然后再到B所花的时间为

$$\frac{AX}{u} + \frac{XB}{v}.$$

根据适当选择l上的X点,可以使这个量达到最小值. 也就是在已知A,B,u,v和l的情况下要求X.

不用微分法来解这个问题是不太容易的. 费马创造了一种方法解决了这个问题,这种方法最终导致了微分法的出现. 这里,我们宁愿仿照由前节例子给出的引导. 值得庆幸的是,可以设想一个力学装置来帮助我们解所提出的最小值问题,我们能够成功;参看图9.9.

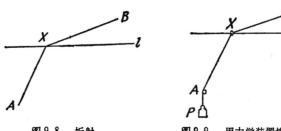

图9.8　折射　　　　　　图9.9　用力学装置模拟折射

一个环X沿着穿过它的一根固定的水平杆l滑动. 两条绳子XAP与XBQ系在环上,每条绳子都经过一个滑轮(分别于A与B处),并在其另一端系以重物(分别于P与Q处). 主要的一点是选择重物.这两个重物重量不能相等;若是相等的话,线AXB在平衡位置上将成为直线(至少从推理角度上说是这样),从而AXB将不与表示光线折射的路径相吻合. 让我们暂把选择重物放在次要地位,而先引进适当的符号. 设p是在第一条绳子端点P处的重物,

q 是在第二条绳子端点 Q 处的重物. 现在我们来求平衡位置. (假设沿用习惯的简化法：杆完全不可挠, 绳子完全可挠但不能伸长; 不计摩擦、绳子的重量和刚性、滑轮的大小, 以及环的诸如此类假定, 等等.) 同 §2 中一样, 我们仍用两种不同的方法来解这个问题.

第一种方法, 两个重物总起来说必须尽可能低地悬挂着(也就是说, 系统的势能必须最小). 这意味着

$$AP \cdot p + BQ \cdot q$$

必须最大. 因为每条绳子的长度不可能改变, 所以

$$AX \cdot p + XB \cdot q$$

必须最小.

这个问题与费马问题非常接近, 但不完全相同. 如果我们选取

$$p = 1/u, \qquad q = 1/v,$$

那么这两个问题, 一个光学问题, 一个力学问题, 在数学上是一致的. 因此, 这个平衡问题 (图 9.9), 正如费马最快传播问题一样, 需要

$$\frac{AX}{u} + \frac{XB}{v}$$

为最小值. 在图 9.9 中, 我们从第一种观点来看力学系统的平衡, 从而建立了这个方法.

第二种方法, 作用在 X 点的力必须处于平衡. 重物的拉力通过无摩擦的滑轮不衰减地传递. 大小分别为 $1/u$ 与 $1/v$ 的两个力作用在环上, 并且在各自绳子的方向上互相拉紧, 因为穿过环的杆 l 是完全刚性的, 所以绳子在垂直方向上不能使环移动(由于杆的原因, 有一个不限量的垂直反作用力.)而且两个拉力的水平分力必定方向相反, 大小相等, 因而互相抵消. 为了表示这种关系, 我们在通过 X 点的垂线与两条绳子之间引出两个角 α 与 β; 参看图 9.10. 水平分力相等用

$$\frac{1}{u}\sin\alpha = \frac{1}{v}\sin\beta$$

或

$$\frac{\sin\alpha}{\sin\beta} = \frac{u}{v}$$

来表示. 这便是最小值的条件.

现在, 回到光学解释. 射进的光线与折射面法线之间的夹角

α称作入射角, 射出的光线与法
线之间的夹角β称作折射角. 速
度比 u/v 依赖于两种介质, 即水
和空气, 但不依赖于几何状态, 例
如点A与B的位置. 因此, 最小
值条件要求入射角与折射角的正
弦为一常数比, 此常数比只与两

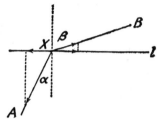

图9.10. 折射定律

种介质有关(现今称之为折射率). 从费马"最小时间原理"可以引
出被无数观察所确认的斯诺里乌斯折射定律.

上面, 我们把一项重要发现的产生过程, 尽可能地用另一种方
式阐述一遍. 这个解的过程(我们用费马方法代之)也是值得简要
介绍的. 我们的问题从一个物理(光学)解释开始. 尔后, 为了解
这个问题, 我们又发现了另一个物理(力学)解释. 我们的解是一
个反复说明的解. 这样的一些解可以在不同的物理现象之间揭示
新的类似问题, 并且具备一种特有的艺术风格.

§4. 吉恩·伯努利关于捷线的发现

一个重质点在A点由静止开始, 沿着一个斜面无摩擦地下滑
到较低的B点. 但静止的质点也可以像摆锤一样沿着一段圆弧从
A摆动到B. 沿着直线运动, 或沿着圆弧运动, 哪一种运动花费的
时间较少? 伽利略认为沿着圆弧下降得较快. 吉恩·伯努利想象
在通过A与B所在的铅直平面上连接此两点的一条任意曲线. 这
样的曲线有无数条, 他想求使得下降时间最快的曲线; 这种曲线称
之为"最速下降曲线"或"捷线". 我们希望了解他对这个问题的富
于奇妙想象力的解法.

在坐标系中，我们设有从 A 下降到 B 的任意一条曲线；参看图 9.11. 选取 A 为原点，x 轴是水平的，y 轴垂直向下. 当质点以某一速度 v 滑下经过曲线某一点 (x,y) 时，我们选取这一瞬间. 于是有关系

$$v^2/2 = gy,$$

过去伯努利很熟识这个关系式；今天我们从能量守恒定律来推导它. 上面的关系式说明，不管下降的路径如何，下降所获得的速度 v 只依赖于下降的高度 y，即有

(1) $$v = (2gy)^{1/2}.$$

这意味着什么呢？让我们来直观地看一下这个基本事实的含意.

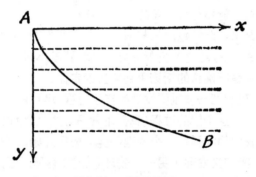

图 9.11　质点的路径

我们画一些分隔这平面的水平线(参看图 9.11)，质点在平面上顺着被划分成薄薄的水平层下降. 正在下降的质点穿过一层又一层，其速度与所选取的路径无关，只与它此刻正在穿过的层有关；这个速度层层改变. 哪里有我们所见到的这样一种情况呢？当阳光射向地面的时候，它穿过层层空气，而每层空气都具有不同的浓度；因此阳光的速度层层改变. 这就对所提出的力学问题给出一个光学再解释.

现在我们以新的观点来看图 9.11. 把这个图看成是描述一个光学上的非均匀介质. 这个介质是有层次的，是具有不同性质的平流层；在高度为 y 的水平层，光的速度为 $(2gy)^{1/2}$. 从 A 到 B (即从一个已知点到另一个已知点)穿过这种介质的光线可能沿着不

同的曲线传播．但是光线选择最快的线路；实际上沿着使得传播时间最短的曲线传播．因而，穿过所描述的非均匀、有层次的介质，从 A 到 B 光线的实际路径是一条捷线！然而光线的实际路径是由斯诺里乌斯关系定律所决定的：问题的解又豁然开朗．伯努利设想的重新解释使近乎高深莫测的问题变得可以问津．

这里还剩下一些工作要做，但是只要求较少一些独立发挥．为了能使斯诺里乌斯定律应用于人们所熟悉的形式（这种形式我们已在前面§3 中讨论过），再稍许改变一下我们对图 9.11 的解释：速度 v 应当不随 y 以无穷小的步长进行连续变化，而是间断变化．可以想像为透明物质的几个水平层（例如几块玻璃板），每一层都与它所邻近的层在光学上稍微有点不同．设 $v, v', v'', v''', \cdots$ 是光线在依次的层中的速度，又设光线依次穿过各层与铅直线的夹角分别为 $\alpha, \alpha', \alpha'', \alpha''', \cdots$；参看图 9.12．根据斯诺里乌斯定律（参看§3），可有

$$\frac{\sin \alpha}{v} = \frac{\sin \alpha'}{v'} = \frac{\sin \alpha''}{v''} = \frac{\sin \alpha'''}{v'''} = \cdots.$$

现在，我们可以从由薄板组成的介质回到有层次的介质，在这种介质里 v 随高度连续变化（假设板变得无限薄）．易见沿光线的路径

$$(2) \qquad \frac{\sin \alpha}{v} = 常数.$$

设 β 为曲线的切线与水平线的夹角．则有

$$\alpha + \beta = 90°, \quad \tan \beta = dy/dx = y',$$

从而

$$(3) \qquad \sin \alpha = \cos \beta = (1 + y'^2)^{-1/2}.$$

结合方程(1),(2)和(3)式（分别由力学，光学和微积分推出的），根据(2)中出现的常数，引出一个适当的表示法，即

$$y(1 + y'^2) = c;$$

其中 c 是一个正常数．关于捷线我们得出一个一阶微分方程．求满足这样一个微分方程的曲线是为伯努力所熟识的．这里不拟详细地叙述（但可参看例31）：由微分方程所确定的捷线原来是旋

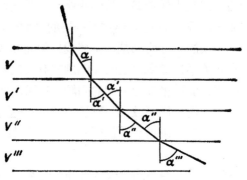

图 9.12　光线的路径

轮线. (旋轮线是由圆在直线上滚动, 圆周上一点所描出的轨迹; 在我们所讨论的情形下, 直线为 x 轴, 圆在 x 轴上倒着滚动.)

　　可是, 让我们来观察一下, 不借助公式可以直观地看出, 斯诺里乌斯定律本身就隐含了一个微分方程. 实际上, 这个定律能够确定图·9.12 中所示各连续单元构成的路径方向, 而这也正是微分方程的精确含意.

　　上面我们已经讨论过的伯努利关于捷线问题的解, 具有特殊的艺术性质. 考察图 9.11 或 9.12 可以直观地看出关于解的关键思想. 如果我们可以不费力地明了这个主要思想, 能够预料到这意味着什么, 那么可以发现确实有一个处理技巧问题摆在我们面前.

　　当然, 伯努利解的主要思想在于重新解释. 几何图示(图 9.11 或 9.12)已用两种不同的解释相继陈述过, 而两种解释是通过两种不同的"方式": 前者是用力学的例示, 后者是用光学的例示. 那么能说任何发现都在于预想不到的信息以及随后而来的两种方式上的解释吗?

§5. 阿基米德关于积分法的发现

　　巧得很, 历史上一项伟大的数学发现却是由物理直观作前导的, 我想说的是阿基米德 (Archimede) 关于今天称之为积分法这个科学分支的发现. 阿基米德求过抛物线段的面积、球的体积以及许多有关类似的结果,他所用的方法是"一致法",而在这种方法中,平衡思想起着重要的作用. 正像他自己所说,他"借助于力学证明了某些数学问题"[1].

如果要了解阿基米德的工作,最好从知道一些关于他所由之开始的知识水平的状态开始.

在阿基米德时代,希腊的几何学达到其顶峰;尤德库斯(Eudoxus)和欧几里德是他的先驱者,阿波罗纽斯(Apollonius)是他的同时代人. 我们还必须提到几个特点,这些特点可能对阿基米德的发现具有影响.

正像阿基米德自己叙述的,德莫克立图(Democritus)求出了圆锥的体积;他指出,圆锥体积等于具有同底和同高的圆柱体积的三分之一. 关于德莫克立图的方法,我们毫无所知,但似乎有某种理由猜到他是怎样考虑的,这就是我们今天称之为平行于底的可变圆锥截面[2]*).

尤德库斯首先证明了德莫克立图的断言. 在证明这个断言及类似结果时,尤德库斯发明了他的"穷举法",并且对希腊数学规定了一个严格标准.

还必须认识到,在某种意义上说,希腊人已经懂得"坐标几何",已会用来处理平面上的轨迹问题,其根据就是考虑一动点与两个固定参考轴的距离. 如果两个参考轴是彼此垂直的,而上述两个距离的平方和为一常数,那么这个轨迹就是一个圆——这是属于坐标几何的命题,但还不属于解析几何. 解析几何开始于使用代数符号,例如

$$x^2 + y^2 = a^2$$

---

1) 阿基米德的《方法》(*Method*) 托马斯 (Thomas L. Heath) 发行,剑桥,1912. 参见第 13 页. 这本小册子简称《方法》将被引用在后面的脚注中,也可参看《阿基米德全集》(*Oeuvres Complètes d'Archimède*),埃克 (P. Ver Eecke)译, 474~519 页.

2) 参见《方法》(*Method*) 第 10~11 页.

*) 我国古代 (南北朝) 伟大数学家祖冲之的儿子祖暅也解决了相应的问题. ——译者注

来表示所叙述关系的时候.

古希腊的力学远没有达到它的几何学那样卓越的成就,而且开始得也很晚,如果我们弄不清阿里斯多德和其他一些人的含混的讨论有什么价值的话,那么可以说力学作为一门科学是从阿基米德开始的. 众所周知,他发现了浮体定律. 他还发现了杠杆原理以及马上就要讲到的关于重心的一些性质.

现在,我们准备讨论阿基米德工作中的一个最杰出的例子,我们希望用他的方法求球的体积. 阿基米德认为球是由一个旋转的圆形成的,而他又把圆看成是,由一变点与两个固定成直角的参考轴的距离之间的一个关系所描写的轨迹. 用现代的表示法来写,这个关系就是

$$x^2 + y^2 = 2ax,$$

这是一个以 a 为半径,在原点与 y 轴相切的圆. 参看图 9.13,它与阿基米德原来的图示只稍稍有些不同;这是围绕 x 轴旋转的圆而形成的一个球. 我想,用现代的表示方法将无损于阿基米德的思想. 相反,在我看来这是自然可以联想到的表示方法. 这点启示我们,今天引导我们去分析阿基米德想法的动机,也许与阿基米德本人当时发现此想法的动机相差并不远.

在上述圆的方程中有一项 y^2. 显然 πy^2 是球的一个可变截面的面积. 而德莫克立图依据考察这个截面面积求出了圆锥的体积. 这使我们想到把圆的方程改写成如下的形式:

$$\pi x^2 + \pi y^2 = \pi 2ax.$$

现在,我们可以把 πx^2 解释成直线 $y = x$ 围绕 x 轴旋转所形成的圆锥的可变截面面积,参看图 9.13. 这又启发我们去寻找关于剩下的一项 $\pi 2ax$ 的一个类似解释. 如果看不出这样的解释,那么可以用另外的方式来改写圆的方程,这样又有可能使我们想到如下的形式:

(A) $$2a(\pi y^2 + \pi x^2) = x\pi(2a)^2.$$

有许多东西集中在上述方程(A)里. 现在来看方程(A),注意到其中出现各种长度和面积,现在用图示来适当地处理它们,我们可以

亲自体会到一个重大想法的产生；有了图9.13，它将产生于公式
(A) 的内在联系之中。

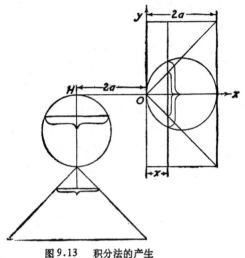

图 9.13　积分法的产生

　　注意到三个圆盘各自的面积分别为 πy^2，πx^2 和 $\pi (2a)^2$。这三
个圆是三个旋转体在同一平面上的交线。此平面垂直于 x 轴，位
于与原点的距离为 x 处。三个旋转体一个是球，一个是圆锥，一个
是圆柱。当图 9.13 的右侧部分围绕 x 轴旋转时，分别用三条线：
(A)，$y = x$，$y = 2a$ 来描写它们的方程。圆锥与圆柱具有相同的
底与相同的高。公共底的半径与公共高具有相同的长度 $2a$。圆
锥的顶点位于原点 O。

　　阿基米德以不同的方式处理出在方程 (A) 两端的圆盘面积。
他把以 $2a$ 为半径的那个圆盘，即圆柱的一个截面放置在原来的位
置上，亦即与原点距离为 x 处。而分别移动以 y 和 x 为半径的两
个圆盘，也就是从原来的位置移动到 x 轴上具有横坐标为 $-2a$ 的
H 点处，再把以 y 和 x 为半径的这两个圆盘悬垂在它们的圆心 H
上，以一条不计重量的细绳把它们串挂起来，参看图 9.13。(对阿
基米德原来的图示来说，这条细绳是一个不计重量的附加物。)

　　可以把 x 轴看成是一个杠杆，即一根不计重量的刚性细杆，

而把原点 O 当作支点或悬挂点. 方程 (A) 与力矩有关. (力矩等于重量与力臂的乘积.) 方程(A)表示其左端两个圆盘的力矩等于右端一个圆盘的力矩, 因此杠杆处于平衡状态, 这是阿基米德根据力学定律发现的.

当 x 从 0 变到 $2a$ 时, 可以得到圆柱的所有截面; 这些截面充满圆柱. 对于圆柱的每一个截面, 它都对应于悬挂在 H 点的两个截面; 后两个截面分别充满一个球和一个圆锥. 因为悬挂在 H 的球和圆锥相应的两个截面与圆柱的截面处于平衡. 因此, 根据阿基米德的力学定律, 力矩必须相等. 设 V 是球的体积, 回忆圆锥的体积表达式(属于德莫克立图的结果)以及圆柱的体积表达式, 并且观察它们重心的位置. 把截面的力矩变成相应立体的力矩, 由方程(A)导出

(B) $$2a(V + \frac{\pi(2a)^2 2a}{3}) = a\pi(2a)^2 2a,$$

易得[1]

$$V = \frac{4\pi a^3}{3}.$$

回顾上面所述, 我们看出决定性的步骤是从(A)到(B), 即从充满着的截面到完全的实体. 而这个步骤只不过是启发性的假设, 而不是逻辑性的证明. 但却是合乎情理的, 甚至是很合乎情理的, 可毕竟不是论证. 它只是个推测, 而不是证明. 阿基米德是希腊数学严格性的优良传统的杰出代表, 他充分了解这样的话是完全正确的: "我们所获得的事实, 实际上不是以通常的论据论证方法演证出来的, 但是结论的正确性指明有这种论据."[2]然而这种猜测却是一种有希望的猜测. 这种思想大大超出所探讨的问题的需要, 而且具有非常大的用处. 从 (A) 变到 (B), 即从上述截面变到

---

1) 在我的班级, 我曾多次提出这种推导方法, 一旦受到恭维, 我便自鸣得意. 在一次推导结束之后, 我依照习惯地问"有什么问题吗?"一个学生问道: "是谁把这种研究方法交给阿基米德的?"我迟疑地回答: "在今天看来, 只有科学之神缪斯(Muse)才能创造出这样的研究方法."

2) 《方法》(Method), 第 17 页.

整个实体,用较现代化的语言来说,就是从无穷小量转化成整体量,即从微分转化成积分. 这个飞跃是一项伟大的开端,阿基米德这个相当伟大的人物预见到他的历史贡献,他意味深长地说:"我深信这种方法对于数学是有很大用处的. 为此我预言,这种方法一旦被理解,将会被现在或未来的数学家,用以发现我还未曾想到过的其他一些定理."[1]

第九章的例题和注释

1. 已知平面上的一个点 P 和两条都不通过 P 的相交直线 l 与 m,又设 Y 是 l 上的一个变点,Z 是 m 上的一个变点. 确定 Y 与 Z 使得 $\triangle PYZ$ 的周长为最小.

给出两种解,用物理方法给出一个,用几何方法给出另一个.

2. 已知平面上互不相交的三个圆的位置. 一个三角形在每一圆上都有一顶点,求这三角形的最小周长.

给出两种不同的物理解释.

3. 内接于已知三角形中具有最小周长的三角形.已知 $\triangle ABC$. 在此三角形的各边 BC,CA,AB 上各求一点 X,Y,Z,使 $\triangle XYZ$ 的周长最小.

给出两种不同的物理解释.

4. 推广例 3.

5. 鉴定例 1 的解. 它在所有的情形下都适用吗?

6. 鉴定例 3 的解,它在所有的情形下都适用吗?

7. 对于锐角三角形,给出例 3 的一个严格解. [用局部变动法,例 1,例 5.]

8. 对于交通中心问题,鉴定 §1 (4) 与 §2 (2) 的解. 它们在所有的情形下都适用吗?

9. 空间中四点交通中心. 已知一个以 A,B,C,D 为顶点的四面形. 假设其中有一点 X,使得它与四个顶点距离之和

$$AX + BX + CX + DX$$

---

1) 《方法》,第 14 页.

为一最小值. 证明 $\angle AXB = \angle CXD$,并且此二角被同一条直线所平分;同时指出另一对角也有类似的关系. [你知道一个有关问题吗?还知道一个类似问题吗?你会利用其结果或解的方法吗?]

10. 平面上四点交通中心. 考虑例 9 的极端情形,其中点 A, B, C, D 在同一平面上,它们是一个凸四边形的四个顶点. 在这种极端情形下,例 9 的断言还能成立吗?

11. 四点交通网. 设 A, B, C, D 是四个定点,X, Y 是两个变点,它们都在同一平面上. 如果五个距离之和 $AX + BX + XY + YC + YD$ 达到最小,那么所有这六点 A, B, C, D, X, Y 应具有不同的性质,三条线 XA, XB, XY 彼此等倾斜,三条线 YC, YD, YX 也应如此.

12. 打开和拉直. 图 9.3 还有另外一种常用的解释方法. 在一片透明的纸上画出线 l, A^*X, XB,然后沿线 l 折迭起来:得到图 9.1(A^* 代替 A). 设想图 9.1 原先就用这种特有的方式画在一片折迭过的透明纸上. 为了求出使得 $AX + XB$ 成为最小的 X 点的位置,把折迭的纸打开,从 A(确切地说是图 9.3 中的 A^*)到 B 画一直线,然后再重新把纸折迭起来.

13. 弹子. 在一张矩形的弹子台上于 P 点处有一个球,需要把球打在这样一个方向上:在矩形四边上经过连续反弹之后,球又回到它原来所在的位置 P 点处. [图 9.14.]

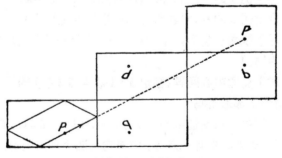

图 9.14   反弹的弹子台

14. 地球物理勘查. 在地球水平表面的 E 点处发生一次爆

炸. 这次爆炸的声音被传播到地球的内部, 并且被一个斜平面层 OR 反射回来, OR 与地球水平表面的夹角为 α. 从 E 传来的声音可以有 n 种不同的途径到达地球表面的另一点处的监听站 L. (n 条路径之一用例 12 的方法画在图 9.15 中.) 现在已知 n 条途径 (用适当的仪器观测出来的), 给出中间夹角 α 的界限.

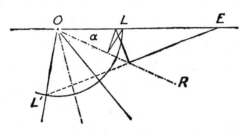

图 9.15　地下反射

15. 已知空间中一条直线 l 以及不在 l 上的两点 A 与 B. 在直线 l 上求一点 X, 使其与两已知点的距离之和 $AX + XB$ 为最小.

你知道一个与此有关的问题吗? 你还知道一个比较专门的问题吗? 你会应用它的结果或解的方法吗?

16. 试用切等值面的方法解例 15.

17. 试用折纸的办法解例 15.

18. 试用力学解释的方法解例 15. 这个解与例 16, 17 的解一致吗?

19. 已知三条空间直线 a, b, c. 证明以每条已知直线上一点为顶点且具有最小周长的三角形有如下性质: 三角形在直线 a 上的顶点与该三角形内切圆中心的连线垂直于 a.

20. 考虑例 19 的特殊情形, 即三条空间直线为一立方体的三条棱, 所求三角形的顶点应在何处? 三角形内切圆的中心应在何处? 如果该立方体的体积为 $8a^3$, 那么三角形的周长应为多少?

21. 已知三条空间直线 a, b, c. 设点 X 沿 a, 点 Y 沿 b, 点 Z 沿 c 变动, 点 T 在空间自由变动, 求 $XT + YT + ZT$ 的最小值.

22. 像把例 20 作为例 19 的特例那样，把例 21 也作为特例来处理.

23. 多面体表面上的最短线. 一间矩形房间，其所有竖墙都是正方形的；房间长 20 英尺，宽 8 英尺，高 8 英尺. 在一面竖墙上有一个蜘蛛，离地板高 7 英尺，在墙壁的中间. 蜘蛛发觉对面墙壁中间离地板高 1 英尺处有一飞虫. 证明，蜘蛛沿墙壁或天花板或地板要爬到飞虫处，距离不超过 28 英尺. [例 17.]

24. 曲面上的最短线(测地线). 我们把曲面看成是一个多面体表面的极限. 当多面体表面逼近曲面时，其面数趋向于∞，其任何面对角线的最大长度趋于 0，原来的面最终成为曲面的切面.

在多面体表面上，两点之间的最短线构成一个多边形. 它可以是平面多边形，即所有点都位于同一平面上，也可以是空间多边形，亦即所有点不都包含在一平面内. (这两种情形都可以用例 23 的解来说明，第一种情形用(1)，第二种情形用(2)和(3).)

曲面上的最短线叫作"测地线"，因为这种最短线在研究地球表面测量时起着重要作用. 一条测地线可以完全包含在一个平面上，是平面曲线，也可以不包含在一个平面上，是"空间曲线"("弯扭"曲线). 不管怎样，测地线对于曲面来说，它是曲面上的最短线，应该满足某些内在的几何关系，那么是什么样的关系呢？

(1) 考虑一条多边形的边线 $ABC\cdots L$，即便是一个空间多边形，其相邻的两条边线，例如 HI 与 IJ，也位于同一平面上. 如果 $ABC\cdots L$，是多面体表面上二端点 A 与 L 之间的最短线，而且每一中间点 $B, C, D, \cdots, H, I, J, \cdots, K$ 都位于多面体的边上，那么包含线段 HJ 与 IJ 的平面也必包含 $\angle HIJ$ 的平分线，并且此平分线必垂直于多面体过 I 点的棱；参看例 16 或例 18.

考虑一条曲线，即便曲线是弯扭的，我们也可以把其上一段无穷小(很小)的弧看成是一段平面(几乎是平面)弧. 无穷小弧所在的平面是其中点的密切平面. 密切平面类似于空间多边形两条相邻边线所在的平面. 如果曲线为测地线，也就是曲面上的最短线，可类似地推出测地线在一点的密切平面必通过曲面在该点的法线.

（2）在物理上可以把测地线解释成一条沿光滑（无摩擦）曲面拉紧的橡皮带．我们来考察一小段橡皮带的平衡位置．在这一小段上的作用力有两个大小相等、作用在这小段二端点切向上的张力，以及在法向上无摩擦表面的反作用力．合成为一个合力的曲面反作用力与在端点的两个张力处于平衡．因此，这三个力都平行于同一平面．而两条"邻近的切线"确定一张密切平面，所以密切平面包含曲面的法线．

（3）测地线的每一段弧仍是测地线．事实上，如果在一条曲线上有一段，这一段不是该段二端点之间的最短线，那么就可以用这二端点间的一段较短的弧取而代之，因此原来的整条就不可能是最短线．所以自然想到测地线在其每一点都具有某种特殊的性质．用两种决然不同的启发所考虑到的性质（1）与（2），就是属于这种性质．

（4）举几个例子来检验由启发所得到的结果对不对．球上的最短线是什么？它有上面所指出的性质吗？球面上其他线也有同样的性质吗？

25．一个质点在一个光滑的刚性表面上无摩擦地移动，质点上无外力（如引力等）作用（当然，曲面的反作用力除外）．指出质点为什么总要沿着测地线运动的理由．

26．折纸法的一个设计．已知边的大小和次序，求圆的一个内接多边形．

设 $a_1, a_2, a_3, \cdots, a_n$ 表示边的长度，长度为 a_2 的边继长度为 a_1 的边之后，长度为 a_3 的边又继长度为 a_2 的边之后，如此等等；最后，长度为 a_1 的边继长度为 a_n 的边之后．并且认为长度 $a_1, a_2, a_3, \cdots, a_n$ 中的任何一边都小于其余 $n-1$ 边长度之和．

用折纸法可以设计一个漂亮的解．在一块硬纸片上作一个足够大圆内的互相连接的弦 $a_1, a_2, \cdots, a_n$，并且使得相邻的弦有公共的端点，从这些端点到圆心作半径．再以这 n 条弦与首末端点的半径为界剪开，并沿其余 $n-1$ 条半径折迭硬纸片，最后把所沿之剪开的两条半径放在一起粘上．从而得到这样一个开多面体表面；它由 n 个刚性的等腰三角形构成，以 n 条悬空的棱为界，棱的长度分别为 $a_1, a_2, \cdots, a_n$，并且具有 n 个仍可变化的二面角.（我们假设 $n > 3$.）

你会做出这个多面体表面来解所提出的问题吗？

27. 掷骰子. 一个有重量的刚性凸多面体，其内部物质不一定是均匀分布的. 实际上，可以认为物质是一种适当的非均匀分布，物质的重心就在任意赋与多面体内部的点上. 把这个多面体掷在水平地板上，必将某一面朝下停稳. 这便得出一个用下面几何叙述的力学理论.

已知任一凸多面体 P，以及 P 内任一点 C，我们可以求出 P 的一个具有下述性质的面 F：从 C 向 F 平面所引垂线的垂足是 F 的一个内点.

给出上述命题的一个几何证明.（显然，面 F 可以由但不一定由上述性质所唯一确定.）

28. 洪水. 在等高线地图上有三种点值得注意：最高点，路口（或具有水平切面的鞍点）和"最低点".（在图 8.7 上 P 是最高点，S 是路口.）"最低点"是最深的山谷底部，洪水从这里无法排出. 最低点也是"倒过来的"最高点：在等高线地图上，可以把具有任意高度 h 的等高线，如果有的话，当成是它具有高度 $-h$. 这样，等高线地图是"倒过来的"；它成为海下地图，最高点变成最低点，最低点变成最高点，而路口仍是路口. 在这三种点之间有一个引人注意的关系.

假设在一个岛上有 P 个最高点，D 个最低点，S 个路口，则有

$$P + D = S + 1.$$

为了直观地导出这个定理，可以设想，由于长期下雨，岛屿上遍地成湖，直到最终把整个岛屿淹没为止. 还认为所有的 P 个最高点都是等高的，而所有的最低点都在湖的水面之上，或者都在湖的水面之下. 事实上，还可以认为最高点和最低点在数目不变的情形下，其高度可以升降. 因为开始下雨不久，水聚集在最低处，把湖计算在内，这时有

$$D + 1 \text{片水} \quad \text{和} \quad 1 \text{个岛}.$$

而在整个岛屿被卷入洪水之前不久,只有最高点在水面上看得见,因此在雨后则有

$$1 \text{片水} \quad \text{和} \quad P \text{个岛}.$$

这个跃变是如何发生的呢?

让我们设想,在任何时候几片水都处在同样的高度上. 准确地说,在这一高度上如果没有路口,那么水面升高一点而不会改变有几片水,或有几个岛的数目. 但是,一旦水面刚好达到一个路口的时候,稍后再升高一点点水面,那将不是把以前分离的两片水汇合在一起,就是把原来联在一起的一块陆地相分离. 因此,每个路口不是将两片水合二而一从而将水的片数减一,就是将一块陆地一分为二从而将陆地的块数加一. 考察总的变化过程,得到

$$(D + 1 - 1) + (P - 1) = S,$$

这就是所要证明的定理.

(a) 现在假设在整个地球上有 P 个最高点,D 个最低点,S 个路口(其中某些在水下),证明

$$P + D = S + 2.$$

(b) 后一关系使我们想起欧拉定理(参看 §3.1~3.7 以及例 3.1~3.9). 你会用欧拉定理对刚刚用直观论证得出的结果做出一个几何证明吗?〔图 9.16 和 9.17 表明两张重要的比较完整的地

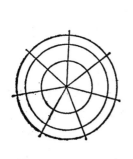

图 9.16　最高点附近

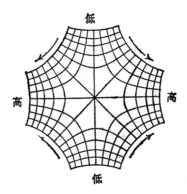

图 9.17　路口附近

图,其中不仅标明了一些等高线,而且还标明了一些"最陡峭的下降线";它们都垂直于等高线. 这两种线又把地球表面分成许多三角形和四边形. 参考例 3.2.]

(c) 关于上述方法还有什么要说的吗?

29. 井有多么深. 为了求井深 d,你投石下井,测量投石时刻与听到石击水声时刻之间的时差 t.

(a) 已知重力加速度 g,声速 c,试用 g,c 和 t 表示 d(不计空气阻力.)

(b) 如果井不太深,以至于石子的末速与声速相比很小,因此我们几乎可以认为所测量的时差 t,其绝大部分是石子下落的时间. 所以将希望

$$d = gt^2/2 - 修正量,$$

这里的修正量与 t 有关,当 t 很小时它也很小.

为了检验这个猜想,可以按 t 的幂次展开为解答(a)所得到的表达式,保留前两个非 0 项.

(c) 在这个例子中,你认为具有典型意义的是什么?

30. 一种常用的极端情形. 一个椭圆围绕它的长轴旋转,描绘出一个所谓扁球体,或卵形的旋转椭球体. 旋转椭圆时其焦点不动;它在旋转轴上,也称为扁球体的焦点. 现做一面椭圆形的镜子覆盖在扁球体的内部,镜子的凹面上涂有光泽的金属;用这样的椭圆镜把从一个焦点射出的光线反射到另一个焦点上去;参考§1 (3). 虽然椭圆镜在实际中很少用,但是它有一种极限情形在天文学中非常有用. 如果扁球体的一个焦点是固定的,而另一个焦点趋向无穷远,那将会怎样?

31. 试解§4中所得出的捷线的微分方程.

32. 变分法与某些量的最大和最小问题有关,这些量依赖于一条变曲线的形状和大小. §4中用光学解释所得到的捷线就是这样的问题. 例24中所讨论的一个曲面上的最短线即测地线问题,也属于变分法的范畴,而在下一章将要研究的"等周问题"更属于变分法的内容,正像我们所看到的那样,物理考虑可以解各式各

样的最大最小问题，同样它也可用来解某些变分问题．下面略举一例．

　　在给定长度和端点的条件下，求一条其重心处高度最低的曲线．假设曲线物质的重量密度是不变的，而又把曲线看成是一条均匀的弦或链．当链的重心达到其最低位置的时候，此链处于平衡状态．现在来研究链的这个平衡状态，考察其上的作用力，即重力与张力．经此研究可以导出一个微分方程，此微分方程确定所要求的曲线，即悬链线．我们不进行详细推导，只想说明其概略的解像§2中所考虑的力学上的解一样，也有着同一的基本思想．

　　33. 从截面平衡到立体平衡．阿基米德没有明确地叙述他的方法的一般定义，但是他却把这样方法应用到数个例子，如计算体积、面积、重心等．通过各种各样的例题使这个原理变得清楚明了．我们在§5中已经介绍过阿基米德方法，让我们应用这个方法中的一种形式来处理几个他所叙述过的例子．

　　证明方法之命题7：　任一球缺都与具有同底同高的圆锥成确定的比，即等于球半径与余球缺高之和与余球缺高之比．

　　34. 证明方法之命题6：　半球的重心在其对称轴上，并分此轴靠近半球顶点的部分与剩下的部分之比为5:3.

　　35. 证明方法之命题9：　任一球缺的重心在其对称轴上，并分此轴为靠近球缺顶点与剩下的两部分，这两部分之比等于球缺对称轴与其余缺对称轴四倍之和比上球缺对称轴与其余缺对称轴二倍之和．

　　36. 证明方法之命题4：　用一平面垂直于轴切割旋转抛物面所得的任一部分都与同底同高的圆锥成3与2之比．

　　37. 证明方法之命题5. 用一平面垂直于轴切割旋转抛物面所得的部分，其重心在轴上，并将此轴分为两段，靠近顶点的一段是其余一段的两倍．

　　38. 阿基米德方法的回顾．在阿基米德发现其方法的时候，他是怎样想的，我们永远也无法知道，只能含糊地猜测．但是，如果我们用现代方法来解，原来阿基米德曾用他的方法解过的这样

一类问题，则可列出一个简明的数学规则表（今天已为众所周知，但在阿基米德时代却尚未形成公式）. 这需要有

(1) 积分法的两个一般规则：

$$\int cf(x)dx = c\int f(x)dx,$$

$$\int [f(x) + g(x)]dx = \int f(x)dx + \int g(x)dx;$$

其中 c 是常数，$f(x)$ 与 $g(x)$ 都是函数.

(2) 四个积分值：

$$\int x^n dx = x^{n+1}/(n+1), \quad n = 0,1,2,3.$$

(3) 两个积分的几何解释：

$$\int Q(x)dx, \qquad \int xQ(x)dx.$$

其中 $Q(x)$ 表示平面几何中的长度，或者立体几何中的面积；在上面两个积分中它表示用垂直于 x-轴的平面所确定的图形的可变截面. 第一个积分表示一个面积，或体积，第二个积分表示一个均匀充满的面积力矩，或体积力矩，以上随我们考虑的是平面几何问题还是立体几何问题而定.

阿基米德没有系统地形成这些规则，尽管我们不得不认为他以这样或那样的形式掌握了它. 他甚至避开用一般术语来叙述下述过程，即从可变截面到面积或体积，从我们今天所说的被积函数到积分的过程. 他以多个特例来描述这个过程，并且他所应用的特例种类之多简直令我们赞叹不已. 毫无疑问，他对此了解得异常透彻，可是他仅把它作为一种启发式来叙述，并且认为，这是他避开一般性叙述的一个非常充分的理由.

试引证，可以直观地得到列于(2)中的四个积分值的简单几何事实[1].

---

1) 关于阿基米德的发现还有另外的注释，请参考范·德·瓦尔登，《数学概要》(B. L. van der Waerden, *Elemente der Mathematik*)，第 8 卷，1953，第 121—129 页以及第 9 卷，1954，第 1～9 页.

第十章 等周问题

圆是第一个最简单最完美的图形.

——普洛克鲁斯[1] (Proclus)

圆是最完美的图形.

——但丁[2] (Dante)

§1. 笛卡儿的归纳理由

在笛卡儿未完成的著作《思想的法则》(*Regulae ad Directionem Ingenii*，顺便提一下，这本书应该当成关于发现的逻辑方法方面的经典著作之一)中，我们看到下面一段不寻常的话[3]. "为了用列举法证明圆的周长比任何具有相同面积的其他图形的周长都小，我们不必全部考察所有可能的图形，只需对几个特殊的图形进行证明，结合运用归纳法，就可以得到与对所有其他图形都进行证明得出的同样结论."

为了说明这段话的意思，我们来实际看一下笛卡儿究竟提出了什么. 现在拿一个圆来和其他几个图形，如三角形、矩形、或者圆扇形比较. 我们拿两个三角形，一个等边三角形和一个等腰直角三角形(前者具有角度 $60°$, $60°$, $60°$, 后者具有角度 $90°$, $45°$, $45°$). 一个矩形，其形状的特征是由其宽与高之比来表示的，我们选取比为 1:1 (正方形)，2:1，3:1 与 3:2 的几个矩形. 一个圆扇形，其大小是由圆心角的大小确定的，我们挑出圆心角为 $180°$, $90°$ 与 $60°$ 的几个扇形(即半圆、四分之一圆与六分之一圆). 现在假

---

1) 关于欧几里德的第一本书《几何原本》(*Elements*) 的注释；定义 XV 和 XVI.
2) 《宴席》(*Convivio*) II, XIII, 26.
3) 《笛卡儿全集》(*Qeuvres de Descartes*), Adam 和 Tannery 出版，第 10 卷，1908, 390 页. 无需改变书的一节；所研究的圆的性质在这里以一种不同的方式来叙述.

设所有这些图形都具有相同的面积,比如说 1 平方英寸,然后我以英寸为单位来计算每个图形的周长. 把所得到的周长数值列于下表;图形的次序是这样排列的,越往下周长越增加.

表 I　　具有相等面积图形的周长

圆	3.55
正方形	4.00
四分之一圆	4.03
矩形 3:2	4.08
半圆	4.10
六分之一圆	4.21
矩形 2:1	4.24
等边三角形	4.56
矩形 3:1	4.64
等腰直角三角形	4.84

所列的十个图形,都具有相同的面积,而列于表头的图形,具有最短的周长. 由此可以归纳出笛卡儿曾经提出的,圆不仅是所列的十个图形中,而且是所有可能的图形中,周长最短的结论吗? 当然不可能. 但是不可否认,这个相当简短的表,强有力地暗示出一个一般性定理. 之所以强有力,是因为如果再增加一个或两个以上的图形于表中,这种启发也强不了多少.

我倾向于相信所引笛卡儿写的那样一段话,他所说的最后一点,才是精华所在. 我认为,他有意在说,再延长这个表对我们的信念也不会产生多大的影响.

§2. 潜在的理由

"具有相等面积的所有平面图形中,圆具有最小的周长."根据表 I 所证实的这样一句话,我们把它叫做等周定理[1]. 按照笛卡儿暗示的表 I,得到一个十分令人信服的有利于等周定理的归纳论据. 那么为什么这个论据是令人信服的呢?

───────────

1) 稍后(§8)将给出名称的解释以及等价的形式.

我们可以设想一种稍微有点类似的情形．选择我们所熟悉的十种不同种类的十棵树．那么有什么理由仅仅根据这十棵树的观测结果就能认为，所考察过的十种树之中最轻的一种，也是所有各种树木当中最轻的呢？当然没有理由令人相信，否则就太傻了．

这与圆的情形有什么差别吗？我们对圆有所偏爱．因为圆是最完美的图形；除圆的其它完美性外，我们还欣然认为，对于给定的面积，圆具有最短的周长．由笛卡儿所提出的这个归纳论据显得是如此令人信服，因为从一开始它就使人坚信这个猜想是合情的．

"圆是最完美的图形"是一句传统用语．在但丁(1265～1321)，普洛克鲁斯(410～485)以及更早作者的著作中就发现了这句话．虽然这句话的意思不那么清楚，但是在这句话的后面却包含着比仅仅作为传统用语更多的东西．

§3. 物理原因

"具有相等体积的所有立体当中，球具有最小的表面面积."我们把这个命题称作"空间等周定理."

像在平面上的情形一样，不进行任何数学上的论证，我们就倾向于承认空间中的等周定理．我们偏爱球甚至超过圆．实际上，自然界本身就似乎是偏爱球．雨点、肥皂泡、太阳、月亮、我们的地球、行星等都是球形的，或者接近球形的．稍许具有一点关于表面张力的物理知识，就能从肥皂泡中学到等周定理．

即使我们对严肃的物理学是外行，我们也能依据十分朴素的经验得出等周定理．我们可以向一只猫来学习这种经验．我想你曾见过，当一只猫在寒冷的夜晚睡觉的时候怎样对待自己；它抱紧自己的腿，卷起身躯，总之使自己的身体尽量成为一个球形．显然它这样做是为了暖和，使整个身体表面散失的热量最小．猫没有减少自己身体体积的意图，只能用来减少自己身体的表面面积.它用使自己身体尽量成为一个球形的办法，来解决这个有既定体积且有最小表面面积的问题.它仿佛已经了解等周定理的一些知识．

基于这种想法的物理学是非常粗糙的[1]。然而，作为等周定理的一种一般性支持，这种例子还是令人信服的，甚至是有价值的。如上（§2）所述，强调有利于球或圆的这类不太突出的理由，现在开始越来越多。可称这些为物理比喻法吗？

§4. 瑞利的归纳理由

笛卡儿死后大约二百多年的时间，物理学家瑞利（Lord Rayleigh）研究了膜片的音调。倘若把一张羊皮很精心地绷在鼓上，并且使得整个鼓面是均匀的，这就是一片"膜"（或者，倒不如说是对一片膜的数学概念的一种合理近似）。鼓面通常是圆形的，可是，我们还能做成椭圆形，多角形，或其他任何形状的鼓面。不同形状的鼓面产生不同的音调，音调中最深沉的是所谓主音，主音又是最强的。瑞利比较了不同形状膜片的主音，这些膜片都有相等的面积，并且都是在相同的物理条件下，他造了下面的表 II，它很类似于 §1 中的表 I。表 II 的列法与表 I 相同，只是在次序上有点差

表 II 相等面积膜片的主频率

圆	4.261
正方形	4.443
四分之一圆	4.551
六分之一圆	4.616
矩形 3:2	4.624
等边三角形	4.774
半圆	4.803
矩形 2:1	4.967
等腰直角三角形	4.967
矩形 3:1	5.736

---

1) 如果猫能更聪明一点的话，它将不使自己的身体表面最小，而使自己的热传导率最小，热传导率相当于同样的静电容量。但是，根据庞加莱定理，这个不同的最小值问题有相同的解，还是球。参见波利亚，《美国数学月刊》（*American Mathematical Monthly*），第 54 卷，1947，第 201～206 页。

别,它对每一种形状的鼓面都给出主音的音调(频率)[1].

所列的十种膜片有完全相同的面积,其中圆形膜片列在表头,它有最深沉的主音. 由此,用归纳的方法我们能够得出,在所有不同形状中,圆具有最低的主音这一结论吗?

当然不能;因为归纳法毕竟不是能起决定性作用的证据确切的论证方法. 但是却有一个强有力的启发,甚至比上述的结论还要强. 我们知道(而瑞利和他的同时代人也知道),具有给定面积的所有图形当中,圆具有最小的周长,并且知道在数学上可以论证这个定理. 根据我们想法中圆的这个几何最小性质,我们倾向于承认,圆也具有由表Ⅱ所启示的物理最小性质. 根据类比强化了我们的断言,而类比法有着深远的影响. 比较表Ⅰ和表Ⅱ有更高度的启发性,可以得出各种不同的其他启示,而这些启示现在我们不想讨论它.

§5. 导出结论

我们已经观察到支持等周定理成立的各种场合,当然,说已经证明了等周定理那还不够. 但是说它是个合理猜想却是充分的. 一个物理学家是用他自己的学问来检验猜想的,他从中导出结论. 这些结论可能符合实际,也可能不符合实际,而物理学家可以通过设计实验来找出它是属于哪一种情形. 一个数学家也是用他自己的学问来检验猜想的,他可以遵循一个类似的过程. 他根据自己的猜想得出结论. 这些猜想可能正确,也可能不正确,而数学家也想判断出它是属于哪一种情形.

让我们来模仿这个检验等周定理的过程,现在我们把这个定理叙述为下面的形式: 在所有具有相等周长的图形中,圆具有最大的面积. 这种说法与上面(§2)给出的不同,不仅仅是用语上的不同,但是可以证明这两种说法是等价的. 关于这一点我们留待以后证明(参看§8),现在赶快来检验结论.

---

1) 瑞利, 《声学理论》(Lord Rayleigh, *The Theory of Sound*) 第二版, 第1卷, 第345页.

（1）泰都（Dido），一个泰雅*）国王的逃亡女儿，经过许多冒险之后到达非洲海岸，在那里她成为迦太基创立者的继承人，是迦太基传说中的第一个女王，泰都被允许从当地取得"不许比一张牛皮包得起来再大"的那么一块海岸．于是她把牛皮割成细窄的长条，做成一条很长的绳子．然而却面临了一个几何问题：为了得到最大的面积，泰都用她的已知长度的绳子应该把陆地围成什么样子？

当然，就内陆来说，答案应是一圆，但是，在海滨则问题就不同．现在让我们来解这后一问题，假设海岸是一条直线．图 10.1 中弧 XYZ 具有已知长度．我们要在这条弧与直线 XZ（位于一条已知的无穷直线上，但其本身长度却可以随意伸长或缩短）之间围成一块最大的面积．

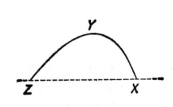
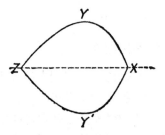

图 10.1　泰都问题　　　　　　图 10.2　用镜像法求解

为了解决这个问题，我们把已知的无穷直线（海岸线）看成是一面镜子；参看图 10.2．弧线 XYZ 及其镜像 $XY'Z$ 共同形成一条具有已知长度的闭曲线 $XYZY'$，该闭曲线所围成的面积刚好是所要最大化的面积的二倍．当闭曲线是一个以无穷直线（海岸线）为对称轴的圆时，所求的面积为最大，因此，泰都问题的解是一个圆心在海岸线上的半圆．

（2）斯坦纳（Jakob Steiner）从等周定理推导出许多有趣的结论.让我们来讨论他的论证当中特别突出的一个.在已知圆内作一内接多边形(图 10.3).现在把顺着内接多边形的边割下来的圆片

———————

*) *Tyre*——地中海沿岸一古老民族．——译者注

部分(即图 10.3 中的阴影部分)看成是刚性的(从硬纸片剪下来的).
可以认为圆的这些刚性部分是可以活动地在内接多边形的顶点处
相连在一起. 在连接点上改变角度来使这个有节的系统变形. 变
形后(参看图 10.4)你便得到一条新的曲线,它不是圆,而是依次相
连的圆弧,它有与已知圆相同的周长. 因此,根据等周定理,新曲
线所围成的面积必定比已知圆的面积小. 然而圆的这些部分是刚
性的(硬纸片),其面积不能改变,因此只有经过变形后的多边形来
承受减少面积的非难:一个圆的内接多边形的面积比任何其他具
有相同边的多边形的面积都大. (边的长度和各边的连接次序是
相同的.)

　　这个结论是漂亮的,可是还没有证明,到目前为止,我们甚至
还没有证明等周定理本身.

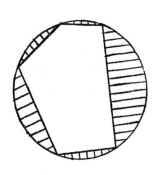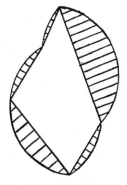

图 10.3　一个内接多边形　　　图 10.4　活动连接与硬纸片部分

　　(3)让我们把泰都问题与斯坦纳方法结合起来. 在已知半圆
内作一条内接的封闭折线;参看图 10.5. 把从半圆割去的封闭折
线之外的部分(即图 10.5 中的阴影部分)看成是刚性的(硬纸片).
但在它们之间的连接点则是可以灵活转动的交链连接,如果改变
角度,并且假设两个端点能沿半圆直径的延长线移动. 你就得到
这样一条由几段圆弧(在本例中是三段圆弧)组成的新曲线,这些
圆弧的总长度与半圆的周长相同,但是根据我们在(1)中已经讨论
过的定理,在已知无穷直线的条件下,这些圆弧包括的面积总比半

圆的面积小．然而圆的部分是刚性的(硬纸片)．因此只能由经过变形的多边形来承担面积变小的责任．从而有定理： 除一边外，已知多边形的边长及其次序，当它为一半圆的内接多边形时，其面积成为最大，这里半圆的直径应是原来未知的那条边．

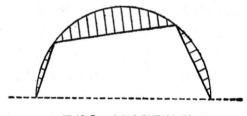

图 10.5　　泰都和斯坦纳问题

§6. 证明结论

一个物理学家，凭他的猜想就已经推出各种结论，但他希望找出一个根据实验方法能够很方便地进行检验的结论．如果这些实验明显地与所推出的结论相矛盾，那么这种猜想本身就是靠不住的．如果实验证实了猜想的结论，那么这种猜想便获得了依据，而变得更加可信．

数学家可以仿效类似的过程．寻找能够证明或推翻他的猜想所得的结论．一个反面的结论即可推翻猜想本身．一个证实了的结论表明这种猜想比较可信，并能顺着猜想找到一种证明的方法．

那么关于我们这里的情形如何呢？我们已经推出等周定理的若干结论；那么哪一个又是最容易证明的呢？

(1) 实事上，由前节等周定理所推出的某些结论都与关于"极大"的某些基本问题有关．那么哪一个结论是我们能够证明的呢？让我们来观察一下由图 10.3—10.6 所示的各种情形．哪一种情形最简单呢？一个多边形的复杂性随着它的边数增加而增加．因此，所有的多边形中最简单的是三角形；当然，我们对三角形了解的多，所以也就喜欢三角形．现在，图 10.3 和图 10.4 对三角形来说没有意义，或者说它们与三角形无关；一个具有已知边的三角形是确定的, 亦即固定的. 就一个三角形而言, 不能像由图 10.3 变到图 10.4 那样而发生变化. 但是, 对三角形来说, 由图 10.5 变到图 10.6 却是完全可能的. 这可以说是迄今由等周定理已经推出的最简单的结论. 现在我们来检验它.

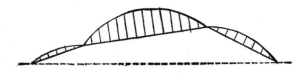

图 10.6　几部分具有硬纸片

由 §5(3) 中推出这个结果的最简单的特殊情形, 它解决了下列问题: 已知三角形的两边, 求其最大面积. 该节给出的答案是: 当这个三角形内接于以原来未知边为直径的半圆时, 其面积最大. 而这就是说, 当二已知边夹一直角时其面积最大, 这是显然的 (例 8.7).

我们在证明等周定理的第一个结论时已获得成功. 自然, 这样的成功使我们受到鼓舞. 那么刚才证明过的背后事实又是什么呢? 我们能够推广它吗? 还能证明其它的结论吗?

(2) 在推广 (1) 所讨论的问题过程中, 曾遇到下面的问题: 一个多边形, 除一边外, 已知其相邻的各边长度, 求其最大面积.

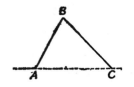

图 10.7　具有一个连接点的指状物

图 10.8　超指状物

我们引进相应的记号并作图 10.8. 已知长度 AB, BC, $\cdots$, KL; 长度 LA 是未知的. 我们可以把折线 $ABC\cdots F\cdots KL$ 想像成一种 "超指状物"; "骨架" AB, BC, $\cdots$, KL 的长度是不变的, 而在连接点 B, C, $\cdots$, F, $\cdots$, K 处的角度却是可以变化的. 我们要求作一多边形 $ABC\cdots KLA$ 使得面积最大.

如同以前所讨论过的某些问题一样（§8.4，8.5），其特有的困难似乎是存在许多变量（于 B，C，$\cdots$，F，$\cdots$ 以及 K 处的角度）。在（1）里，我们刚刚讨论过问题的极端特殊情形，即只有一个角度变量（恰好是一个连接点；图 10.7）。自然，我们希望能够像利用台阶一样，通过应用这种特殊情形来解一般问题。

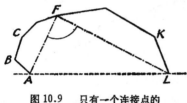

图 10.9　只有一个连接点的
角度是可变的

实际上，我们可以假设这个问题差不多已经解决。让我们来设想，除一个角度以外，已经得到所要求的全部角度值。在图 10.9 中，我们把 F 处的角度看成是可变的，而在 B，C，$\cdots$，K 处的所有其余角度都看成是固定的；连接点 B，C，$\cdots$，K 都是固定不变的，只有 F 是可变的。我们将点 A 与 L 和 F 相连。长度 AF 和 LF 是不变的。现在把整个多边形 $ABC\cdots F\cdots KLA$ 分解成三部分，其中两部分是刚性的（硬纸片），而只有第三部分是可变的。具体地说，两个多边形 $ABC\cdots FA$ 和 $LK\cdots FL$ 都是刚性的。而三角形 AFL 有两个已知边 FA 和 FL，但在 F 点的角度是可变的。正如片刻之前在（1）里如图 10.7 所指出的那样，当 $\angle AFL$ 为一直角时，三角形和包含它在内的整个多边形 $ABC\cdots F\cdots KLA$ 的面积都最大。

这种推理显然也同样适用于其他的连接点，即也适用于 B，C，$\cdots$ 和 D 处的角（图 10.8），于是得出：只有初始未知边 AL 所对应的、不属于其端点的每一顶点 B，C，$\cdots$，F，$\cdots$，K 处都张成直角，才能使得多边形 $ABC\cdots KLA$ 的面积最大。如果存在最大面积，那么它必定在上述场合达到。我们认为存在一个最大面积是当然的，这只要回忆一下初等几何就够了。换句话说，用下列方法来叙述这种情形：当且仅当多边形内接于半圆，而该半圆之直径为初始未知边时，其面积才达到最大。

于此我们恰好又得到了如 §5（3）中同样的结果，但这里却完全没有应用等周定理，而 §5（3）中用到了。

〔3〕起初我们在 (1) 里已经证明了等周定理的一个非常特殊情形的结论，而后，又在(2)里证明了许多较为概括的结论。现在，也许我们应该集中主要精力，来着手解决上述 §5 (2) 的另一种扩充的结论。

比较两个多边形 $ABC\cdots KL$ 与 $A'B'C'\cdots K'L'$；参看图 10.10。对应边相等，$AB = A'B'$，$BC = B'C'$，$\cdots$，$KL = K'L'$，$LA = L'A'$，而某些对应角却不相同；$ABC\cdots KL$ 内接于圆，而 $A'B'C'\cdots K'L'$ 却不然。

连接多边形 $ABC\cdots KL$ 的一个顶点 J 与其外接圆的圆心，并作直径 JM. 如果点 M 刚好与 $ABC\cdots KL$ 的一个顶点重合，那么问题大大简化(从而可直接引用 (2) 中的结论)。如果 M 不是一个顶点，而位于内接多边形两个相邻顶点，例如 A 与 B 之间的圆周上，那么连接 MA 与 MB，考虑 $\triangle AMB$ (图 10.10 中阴影部分)，并在底边 $A'B'$ 上构造一个与 $\triangle AMB$ 全等的 $\triangle A'M'B'$ (亦为阴影部分)。最后，连接 $J'M'$.

以直线 JM 将多边形 $AMBC\cdots KL$ 分为两部分 (参看图 10.10；$J'M'$ 也相应地分对应的多边形为两部分)。把 (2) 中证明过的定理应用于这两部分。可知内接于半圆的多边形 $MBC\cdots J$ 的面积不小于 $M'B'C'\cdots J'$ 的面积；事实上，除构成半圆直径的边 MJ 可能与 $M'J'$ 不同以外，两个多边形的对应边全都相等。根据同样理由，$MALK\cdots J$ 的面积也不小于 $M'A'L'K'\cdots J'$ 的面积。合在一起，得到

面积 $AMBC\cdots KL >$ 面积 $A'M'B'C'\cdots K'L'$.

而

$$\triangle AMB \cong \triangle A'M'B'.$$

前后两式相减，就得到

面积 $ABC\cdots KL >$ 面积 $A'B'C'\cdots K'L'$.

内接于圆的多边形之面积比具有相同边的任何多边形之面积都大。

于此已精确地得到 §5 (2) 中同样的结果，但这里却没有用到

等周定理,而在 §5 (2) 中用到了.

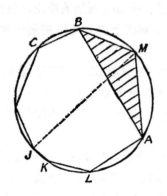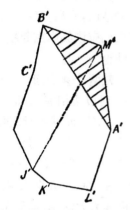

图 10.10   一个是内接多边形,另一个不是

（扩充后两个多边形面积之间的头一个不等式包含符号>,虽然认真的读者会想到应是符号≥. 让我们附带讨论一下这个有点比较微妙的地方. 我说的是,多边形 $A'M'B'C'\cdots K'L'$ 不是圆的内接多边形；按另一种说法, $A'B'C'\cdots K'L'$ 也可以是内接多边形,也可以不是. 我说多边形 $M'B'C'\cdots J'$ 与多边形 $M'A'L'K'\cdots J'$ 二者都不是以 $M'J'$ 为直径的一个半圆的内接多边形；按另一种说法,整个多边形 $A'M'B'C'\cdots K'L'$ 也可以是圆的内接多边形,也可以不是. 因此,在推导问题中的不等式时,两次用到的"不小于"一词,至少可以用一次"大于"来代替.) [1]

§ 7. 非常密切的关系

已经证明成功的许多结论,使得等周定理变得更加合乎推理逻辑. 还不止于此,我们可能还感到,对于等周定理的完整证明来说,这些结论已经"包含很多"等周定理的因素,就是说,与它的最后解决有"非常密切"的关系.

（1）求具有已知边数和周长的最大面积多边形.

---

1) 本节这些定理和证明是由吕依埃给出的；参见第八章例题 33 的脚注 2).

如果存在有这样多边形的话,那它必定是圆的内接多边形.这就是我们可以从§6(3)最后的论述中立刻得出的一个结论.

另一方面,还可以认为上述问题已近乎解决.假设除一点,例如 X 外,你已经知道所有顶点的确切位置.比如说,其余 $n-1$ 个顶点 $U, \cdots, W, Y$ 和 Z 已经固定.于是整个多边形 $U \cdots WXYZ$ 由两部分组成:一部分是具有已经固定的 $n-1$ 个顶点的多边形 $U \cdots WYZ$,它不依赖于顶点 X,另一部分是 $\triangle WXY$,它依赖于顶点 X.你已知此 $\triangle WXY$ 的底边 WY 以及其余两边之和 $WX + XY$;事实上,即是假设多边形的 $n-2$ 条边是已知的,并且实际上你还知道所有 n 条边之和. $\triangle WXY$ 的面积必须为最大.然而,具有已知底和周长的 $\triangle WXY$,当其为等腰三角形时,面积才达到最大(例8.8),这几乎是显然的.也就是说,应有 $WX = XY$,即所求的多边形其二邻边应该相等.因此(根据条件的对称性以及局部变动模式),任何两个邻边相等.进而所有的边都相等:所要求的多边形必是等边多边形.

所要求的多边形内接于圆且等边,即必需是正的:具有已知边数和已知周长的所有多边形当中,以正多边形的面积最大.

(2) 两个正多边形,一个有 n 条边,另一个有 $n+1$ 条边,且有相同的周长,问哪一个面积较大?

像在(1)中刚刚看到过的,正 $n+1$ 边形的面积比任何有相同周长的非正 $n+1$ 边形的面积都大,而正 n 边形,比如说它的每条边都等于 a,可以认为它是一个非正 $n+1$ 边形:其 $n-1$ 条边的长度都等于 a,而另外两条边的长度各等于 $a/2$,并且有一个等于 $180°$ 的内角.(按通常的方法来表达,就是把多边形一条边的中点认为是一个顶点,从而你就得到现在不寻常的概念.)因此,正 $n+1$ 边形的面积比具有相同周长的正 n 边形的面积大.

(3) 一个圆与一个正多边形有相同的周长,问哪一个面积较大?

让我们理解一下前述结果(2)中的意义.取 $n = 3, 4, \cdots$ 来重述一下各种特殊情形下的结果.在从正三角形过渡到具有相同周长的正方形过程中．我们发现后者的面积增加了．再从正方形过渡到具有相同周长的正五边形的过程中，面积也增加了．如此等等，从一个正多边形过渡到下一个正多边形，比如，从正五边形过渡到正六边形，从正六边形过渡到正七边形，一般地，从正 n 边形过渡到正 $n+1$ 边形，我们看到在保持周长不变的情况下，每一步的面积都在增加．在极限情形下，最后得到圆．其周长仍然相同，但是面积却显然大于无穷多边形序列中的任何一个正多边形的面积，而圆是该序列的极限．从而圆的面积大于任何具有相同周长的正多边形的面积．

（4）一个圆和一个具有相同周长的任意多边形，哪一个面积较大？

当然是圆的面积大，这从上述的（1）与（3）立刻推得．

（5）一个圆和一条具有相同周长的任意曲线所围成的面积，哪个面积较大？

也是圆．这可从上述的（4）推出，因为任何曲线都是多边形的极限．至此，我们已经证明了等周定理！

§8. 等周定理的三种形式

在上文中（§6 与 §7），我们已经证明了等周定理的下述断言：

I. 所有等周长的平面图形中，以圆的面积最大．

可是，在 §2 中，我们曾用另一种叙述方法讨论过．

II. 所有等面积的平面图形中，以圆的周长最小．

这两个命题有区别，区别不仅仅在于措词不同．关于它们还需要某些进一步的阐明．

（1）两条曲线所谓"等周"，是指它们的周长相等．"所有等周的平面曲线中，以圆的面积最大"——这是命题 I 的传统用语，它也说明"等周定理"名称的由来．

（2）我们可以称等周定理的两个命题（I 与 II）是"共轭命题"（参看 §8.6）．下面我们要指出，由于这两个命题都等价于同一第三者，所以这两个共轭命题是彼此等价的．

（3）设已知曲线所围成的面积为 A，周长为 L，还假设该曲线与以 r 为半径的圆等周：即 $L = 2\pi r$．那么等周定理的第一种形式（命题 I）断言

$$A \leqslant \pi r^2.$$

用 r 替换 L 的表达式有 $r = L/2\pi$，很容易把不等式变形为

$$\frac{4\pi A}{L^2} \leqslant 1.$$

我们称这个不等式为等周不等式，并称左端的商为等周商．等周商只依赖于曲线的形状，而不依赖于它的长度．事实上，如果不改变曲线的形状，而只按 1 与 2 之比来扩大曲线的尺寸，那么周长变为 $2L$，面积变为 $4A$，但是商 A/L^2 保持不变，因此 $4\pi A/L^2$ 同样成立，按任何比例扩大也都如此．有些作者把 A/L^2 称作等周商；而我们已经引进了一个因子 4π 作为这里的等周商，在圆的情形下，它等于 1．用这个术语，可以说：

III．所有的平面曲线中，以圆的等周商最大[1]．

这就是等周定理的第三种形式．

（4）我们已经得到具有相同周长的平面图形等周定理的第三种形式．现在让我们从命题 III 出发，过渡到具有相同面积的图形．假设一条曲线具有面积为 A，周长为 L，它与以 r 为半径的一个圆有相同的面积，也就是说 $A = \pi r^2$．用 A 来替换这个表示式，

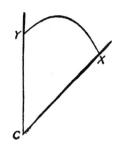

图 10.11　泰都问题，只用一个角比较麻烦

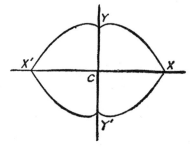

图 10.12　有时用反射原理来解它

1) 如果把"等周商"简写为英语的简称 I.Q.，则应该说圆有最大的 I.Q.．

很容易把等周不等式变形为 $L \geqslant 2\pi r$，这就是说，该图形的周长比具有相同面积的圆的周长大．于是得到等周定理的第二种共轭形式，即得到命题 II．

(5) 当然，我们也可以沿着命题的相同路线按相反的方向进行，通过 III，从 II 导出 I．于是我们满意地看到，所有的三种形式都是等价的．

§9. 应用与问题

如果泰都与海角邻近的土著达成友好协议，那么与 §5 (1) 中所讨论的问题相比，也许她的问题更类似于下述情形：

已知一个角（从同一始点所引两条射线间的平面无限部分）用一条已知长度的线切割它，求其最大面积．

在图 10.11 中，已知角（海角）的顶点，命之为 C．假设连接两点 X 与 Y 的任意一条线有已知长度 l．在这条曲线和海岸之间我们要求使得三隅角的面积最大．我们可以移动曲线的两个端点 X 与 Y，也可以改变曲线的形状，但不能变更曲线的长度 l．

这个问题不是那么容易解答的，但它是一个选择特殊数据的问题，如果选择适当，就会使这个问题变得比较容易一些．如果 C 处的角度为一直角，那么就角的一边而言，首先我们可以取第一边的镜像，其次取另一边的镜像．于是我们得到这样一个新的图形，即图 10.12，以及一个新问题．线 XY 反射四次，产生一条具有已知长度为 $4l$ 的封闭曲线．原来的面积最大化问题，经反射四次后，产生一个新的面积最大化问题，后者的面积是用新的已知曲线完全包围起来的．根据等周定理，新问题的解应是一圆．这个圆有两条已知的对称轴，即 XX' 和 YY'，因此，圆心应是两条对称轴的交点，即在 C 点处．从而，原来问题（泰都问题）的解应是一个象限：圆心在已知角顶点处的四分之一圆．

这里，我们自然想到以图 10.2 为背景的 §5 (1) 的解，易见那个解非常类似于现在的解．容易看出，属于这类解的情形可以有无穷多个．如果在 C 处的已知角为 $360°/(2n) = 180°/n$，用反复反射的方法，具有已知长度为 l 的曲线 XY 可以变成一条具有长度为 $2nl$ 的封闭曲线，从而使所提出的问题变成一个新问题，而根据等周定理，新问题的解应是一圆. 在 §5(1) 中所讨论的情形与本节讨论过的情形刚好是这个无穷序列中对应于 $n=1$ 和 $n=2$ 的头两种情形.

也就是说，如果在 C 处的角度属于特殊的一类 $(180°/n,n$ 为整数)，那么问题(图 10.11)的解应是以 C 为心的圆弧. 自然，我们希望这种形式的解不依赖于角度的大小(至少只要此角度不超过 $180°$). 就是说，不管 C 处的角是否是属于 $180°/n$ 的特殊类，我们猜想图 10.11 问题的解仍是以 C 为心的圆弧. 这个猜想是一个由 $n=1,2,3,\cdots$ 无穷多的特殊情形为依据所证明了的归纳猜想. 那么这个猜想总是对的吗？

关于等周定理的上述应用和所附的问题，能够帮助我们预料其他的许多类似应用和问题. 关于定理的推导又引起了进一步的新问题；在立体几何和数学物理中还类比地启示其他的问题. 深刻立足于我们的生活经验和直观地观察中的等周定理，是如此容易猜到，但却不容易证明，它是诱发我们灵感的一个取之不尽的源泉.

第十章的例题和注释
第 一 部 分

1. 回顾. 在上面 (§6~§8) 我们已经证明了等周定理——是这样吗？让我们一步一步地来检验其论证.

对 §6(1) 的结果似乎是没有反对的. 而在解 §6(2) 的问题时，我们曾不加证明地假设了最大值的存在性；在 §7(1) 中我们也这样做了. 这些未加证明的假设是否会使结论失效呢？

2. 你能用不同的方法推出某些部分的结果吗？直接证明 §5(2) 中所求得结果的最简单的不寻常的特殊情形. 即不依赖于 §6(3) 来证明，圆内接四边形的面积比任何其他具有相同边长的四边形的面积都大. [例 8.41.]

3. 比较详细地重新叙述 §7（2）的论证：构造一个 $n+1$ 边形，它与一个正 n 边形有相同的周长，但面积却比正 n 边形的大。

4. 不依赖于 §7（3），用别的方法来证明，圆比具有相同周长的任何正多边形的面积都大。

5. 一般性地证明，圆比具有相同周长的任何圆内接多边形的面积都大。

6. 比较详细地重新叙述 §7（5）的论证：它能证明 §8 的命题 I 吗？有什么异议吗？

7. 你能将此方法用于其他某些问题吗？试用 §8 的方法来证明下面两个命题是等价的：

"所有具有一定表面面积的盒子当中，以立方体的体积最大。"

"所有具有一定体积的盒子当中，以立方体的表面面积最小。"

8. 等周定理的更清晰的形式。把下述命题同 §8 的命题 I,II,III 作比较。

I′. 圆的面积比具有相同周长的任何其他平面封闭曲线的面积都大。

II′. 圆的周长比具有相同面积的任何其他平面封闭曲线的周长都小。

III′. 如果 A 是一条平面封闭曲线的面积，L 是它的周长，则

$$\frac{4\pi A}{L^2} \leqslant 1,$$

当且仅当曲线为一圆时，等式成立。

9. 已知一条周长为 L、面积为 A 的封闭曲线 C；C 不是圆。构造一条具有相同周长 L 而面积为 A' 的封闭曲线 C'，但 A' 大于 A。

这个问题很重要（为什么？），但却不那么容易做。如果你不能完全一般性地证明它，你可以就有意义的特殊情形来证明它；提出一个适当的问题，使之将你引向一般解；试重述这个问题；尝试以各种方法解决的途径。

10. 已知一个周长为 L、面积为 A 的凹四边形 C，构造一个具有相同周长 L、面积为 A' 的三角形 C'，但 A' 比 A 大。

11. 推广例 10.

12. 如果定义信息"C 不是圆"为"纯负的". 那么你能用像处理例 9 那样的某种方法来描述 C，使它更加为"正的"吗？

[任何曲线上的任意三点不是共圆，就是共直线. 如果是四点应该如何？]

13. 已知一条周长为 L、面积为 A 的封闭曲线 C；C 上存在四点 P,Q,R 和 S 既不共圆，也不共直线. 试构造一条具有相同周长 L，面积为 A'，A' 比 A 大的封闭曲线 C'. [例 2.]

14. 试比较下面两个问题

考虑具有已知周长的不同封闭曲线. 如果 C 是具有这种周长的一条曲线，但不是圆，那么我们可以构造另一条具有相同周长的曲线 C'，其面积更大. （事实上，这在例 10～13 中已经完成了. C 不为圆的条件是必不可少的；对于曲线为圆，增加它的面积，我们的构造法就会失败.）由此我们能得出圆有最大面积的结论吗？

考虑正整数. 如果 n 是这样一个整数，但不等于 1，那么我们可以构造另一个正整数 n' 比 n 大. （事实上，令 $n' = n^2$. 条件 $n > 1$ 是必不可少的；对于 $n = 1$，由于 $1^2 = 1$，我们的构造法就会失败.）由此我们能得出 1 是最大整数的结论吗？

若是有什么差别的话，请指出这种不同.

15. 证明例 8 的命题 I'.

第 二 部 分

16. 杆和绳. 已知一根杆和一条绳，把杆的各端与绳的相应各端系在一起（当然，绳应该比杆长）. 以这种新奇设计围绕尽可能大的面积.

放弃杆. 杆的端点 A 和 B 完全确定它的位置，而绳可以取无穷多种形状，形成一条以 A 为起点，B 为终点，具有已知长度的任意曲线；参看图 10.13. 绳的一种可能形状是一段圆弧，这段圆弧包有一个以杆为弦的弓形. 加上另一个弓形（图 10.14，I 的阴影部分）就成为一个完整的圆，而把同一弓形加到由杆和绳的任意位置所包含的图形上，就成为另一种样子（图 10.14，Ⅱ）．显然，图 10.14，Ⅰ的圆面积大于具有相同周长的任何其他曲线的面积，图 10.14，Ⅱ就是后一种曲线．从 Ⅰ 与 Ⅱ 中各减去相同的弓形（即阴影部分），即求得结果：当绳构成一段圆弧时，由杆和绳所围成的面积最大．

如果我们把任何不变的面积沿着它的不变的直线边界加到图 10.13 的可变面积上，其结果仍然是正确的．这点很有用．

叙述它的共轭结果．也就是，阐述这样的事实：像上述求得的与§8 定理 Ⅰ 有关系的事实一样，它与§8 定理 Ⅱ 有关系．

17. 已知一角（即由同一点所引两条射线之间的平面无限区域）以及两

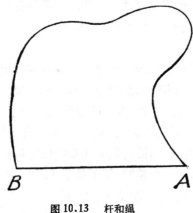

图 10.13 杆和绳

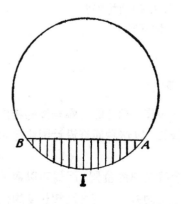

Ⅰ

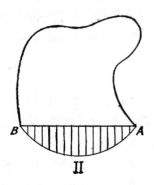

Ⅱ

图 10.14 圆弧原理

边上各一点．用具有已知长度的线连接这两已知点，求从角截下的最大面积．（在图 10.11 中，两点 X 和 Y 是已知的，）

18. 已知一张开小于 $180°$ 的角及其一边上的一点. 从这已知点为起点作有已知长度的线, 求从角截下的最大面积. (在图 10.11 中, 点 X 是已知的, 而点 Y 是可变的.)

19. 已知一张开小于 $180°$ 的角. 用一已知长度的线截此角, 求截下的最大面积. (在图 10.11 中, 两点 X 和 Y 都是可变的. 这是 §9 中已叙述过的一个猜想.)

20. 已知一张开小于 $180°$ 的角. 用一已知长度的直线截此角, 求截下的最大面积.

21. 两根杆和两条绳. 设有两根杆 AB 和 CD. 把第一条绳的一端与第一根杆的末端 B 系起来, 而把此绳的另一端与第二根杆的首端 C 系起来. 第二条绳类似地连接 D 和 A. 试用这种奇妙的设计围成尽可能大的面积.

22. 将上述例 21 进行推广证明.

23. 列举特殊情形, 并通过列举特例的方法来得出在本书中起着重要作用的一条基本定理.

24. 已知空间一圆. 求具有已知面积的曲面, 使其包有以已知圆为缘的圆盘有最大的体积. [你知道类似的问题吗?]

25. 立体几何中的泰都问题. 已知一个三面角 (交于一点的三张平面把空间所分成的八个无限部分之一). 求以一已知面积的曲面从此三面角截下的最大体积.

这也是个很难的问题. 你只就一种比较容易解决的特殊情形来回答.

26. 发现一个与你能预见结果的例 25 相类似的问题. [进行推广, 特殊化, 推出极限, ….]

27. 平面区域的等分线. 考虑由一条曲线所围成的平面区域. 连接围线上两点的一段弧, 如果把这区域分成面积相等的两部分, 就把它称作这区域的一条等分线.

证明, 同一区域的任何两条等分线至少有一个公共点.

28. 比较一正方形的两条等分线. 一条是通过正方形中心且平行于一边的直线. 另一条是圆心在一个顶点的四分之一圆弧.

试问,这两条中哪条较短?

29. 求一等边三角形的最短直等分线.

30. 求一等边三角形的最短等分线.

31. 证明,一圆的最短等分线是它的直径.

32. 求一椭圆的最短等分线.

33. 试述包括例 28—32 的一般性定理.

34. **封闭曲面的等分线[1].** 封闭曲面上一条非自交的封闭曲线,如果将曲面分成面积相等的两部分(开曲面),就把它称作此曲面的等分线.

证明,同一曲面的任何两条等分线至少有一个公共点.

35. 多面体表面的最短等分线由若干段直线或圆弧组成.

36. 正立体表面的最短等分线为一正多边形.就五种正立体的每一种求最短等分线的形状、位置和解的个数.(你可用一个正立体的模型和一条橡皮带做实验.)

37. 证明,球面的最短等分线为大圆.

38. 试求例 37,也包括例 36 本质部分的一种推广.[例 9.23,9.24.]

39. 已知一具有半径为 a 的球 S. 我们把一球面交 S 于内部的部分称作隔. 证明:

(1) 所有通过 S 中心的隔都有相同的面积.

(2) 没有等分 S 体积的隔,其面积小于 πa^2 者.

后一命题类似于讨论过的情形,它暗示一个猜想. 试述这个猜想. [例 31, 37.]

40. **具有许多完美性的图形.** 现在考虑一个由一条曲线所围成的平面区域.我们希望考查一些类似于等周定理的许多定理:所有具有已知面积的平面区域当中,以圆的周长为最小.

我们已经遇到过这一类定理. 在 §4 中,曾考虑过这个命题的某些归纳依据:所有具有已知面积的膜片当中,以圆形膜片发出

---

1) 这里我们只考虑球形"拓扑类"的封闭曲面,例如排除(轮胎形状的)一类环面.

的主音最深沉.

现在让我们把上述的区域看成是一块等厚度的均匀金属板,来考虑这块金属板对于垂直于通过它重心轴的惯性矩,这个惯性矩称作"极惯性矩",在其他条件都相同时,它依赖于板的大小和形状. 具有已知面积的所有板当中,以圆形板的极惯性矩为最小.

这块板如果是个电导体,那么它所吸收的电荷是与其静电容量成比例的. 而此容量也依赖于板的大小和形状. 具有已知面积的所有板当中,以圆形板的电容量为最小.

现在设上述区域是一根均匀弹性梁的横截面. 如果我们围绕其轴扭转这样一根梁,可以观察得到梁会抵抗这种扭转. 梁的这种阻力或"扭转刚度",在其他条件都相同时,依赖于横截面的大小和形状. 具有已知面积的所有横截面当中,以圆形横截面的扭转刚度最大[1].

为什么如此许多不同的最大、最小问题的解都是圆?其理由是什么?圆的"完美的对称性"是"真实的理由"吗?只要你不仅仅满足于含糊的谈论和思考,而是严肃地,更精确、更具体地认真对待各种事情,那么你就能从这种含糊的问题中受到启发,并且得到成果.

41. 一种类似的情形. 你发现了等周定理与平均定理(参见§8.6)之间的相似之处吗?

一条封闭曲线的长度完全以相同的方式依赖于曲线上的每一点或每一元素. 用这种曲线所围成区域的面积,也同样地依赖于曲线上的每一点或每一元素. 当曲线的长度为已知时,我们来寻求最大的面积. 因为有关的两类量具有这样一种性质,在定义曲线时,该曲线上没有起特殊作用的点,所以我们并不感到惊奇,它的解应该是这样一条封闭曲线,它以同样的方式包含其上的每一点,并且它的任意两个元素都可以迭合: 这只有圆.

---

1) 对于所指出定理的证明以及其他类似的定理,可参见波利亚与蔡可合著的《数学物理中的等周不等式》(G. Pólya and Szegö, *Isoperimetric Inequalities in Mathematical Physics*), Princeton University Press, 1951.

和式 $x_1 + x_2 + \cdots + x_n$ 是变量 $x_1, x_2, \cdots, x_n$ 的对称函数；即它以同等的方式依赖于每一个变量. 积式 $x_1 x_2 \cdots x_n$ 也以同等的方式依赖于每一个变量. 当上述和式为已知时，我们寻求积式最大. 因为在 n 个变量中有关的两个量都是对称的，所以我们也不感到惊奇，其解应是 $x_1 = x_2 = \cdots = x_n$.

除了面积和长度之外，还有其他的量依赖于封闭曲线的长短和形状，而这种封闭曲线"以同等的方式依赖于曲线上的每一元素"；在例 40 中，我们曾罗列了几个这样的量. 当同一类另外的量为已知时，我们寻求这类量的最大值. 如果解存在的话，那么它必定是圆吗？

为了能合理地回答这个问题，让我们转而来处理一种比较简单的类似情形. 我们来考虑 n 个变量的两个对称函数 $f(x_1, x_2, \cdots, x_n)$ 和 $g(x_1, x_2, \cdots, x_n)$，并设在已知条件 $g(x_1, x_2, \cdots, x_n) = 1$ 下，求 $f(x_1, x_2, \cdots, x_n)$ 的极值. 有这样几种情形，在某些情形下它没有最大值，而在另一些情形下它没有最小值，或者既不存在最大值也不存在最小值. 条件 $x_1 = x_2 = \cdots = x_n$ 起着重要的作用[1]，虽然在达到最大值或最小值时这个条件不一定满足. 然而却存在着下述事实. 根据函数 f 和 g 的对称性，如果

$$x_1 = a_1, \quad x_2 = a_2, \quad x_3 = a_3, \quad \cdots, \quad x_n = a_n$$

是一个解，那么

$$x_1 = a_2, \quad x_2 = a_1, \quad x_3 = a_3, \quad \cdots, \quad x_n = a_n$$

也是一个解. 因此，若 $a_1 \neq a_2$，那就至少有两个不同的解. 如果有唯一解（即如果有极值，并且恰为 $x_1, x_2, \cdots, x_n$ 的一组值所达到），那么这个解必定满足 $x_1 = x_2 = \cdots = x_n$.

用法语说，"Comparaison n'est pas raison（比较不能成为理由）"，当然，作为上述的这种比较，不可能产生强有力的理由，而只能得出一种启发式的引导. 然而，有时我们却十分喜欢接受这样一种启示. 作为一种解释，可取

1) G. H. 哈代，J. E. 利特伍德和 G. 波利亚，《不等式》，参见第 109～110 页，及所引用的定理.

$$f(x_1, x_2, \cdots, x_n) = (x_1 + x_2 + \cdots + x_n)^2,$$
$$g(x_1, x_2, \cdots, x_n) = (x_1^2 + x_2^2 + \cdots + x_n^2)/n,$$

(1) 考虑所有实值变量 $x_1, x_2, \cdots, x_n$ 以及 (2) 仅考虑非负实值变量 $x_1, x_2, \cdots, x_n$,在条件 $g = 1$ 下,求 f 的极值.

42. 正立体. 求具有一定面数 n 且有已知表面面积的多面体,使其有最大的体积.

根据 §7 (1) 的类似问题可知,所提出的是个很难解的问题,同时它也启示一种猜想:如果有一个 n 面正立体,那么它会具有最大体积. 这个猜想看起来似乎是合乎情理的,然而在五种情形当中有两种却产生错误. 事实上,这个猜想

对 $n = 4, 6, 12$ 是正确的,

对 $n = 8, 20$ 是错误的.

这里的差别是什么?试述一些简单的几何性质,以在两类正立体之间进行区别.

43. 归纳理由. 设 V 表示一个立体的体积,S 表示它的表面面积. 对照 §8 (3),我们定义

$$\frac{36\pi V^2}{S^3}$$

作为立体几何中的等周比. 同样地,我们可以猜想,球具有最大的

表 III   等周比 $36\pi V^2/S^3$

球	1.0000
二十面体	0.8288
最佳对顶锥	0.7698
十二面体	0.7547
最佳棱柱	0.6667
八面体	0.6045
立方体	0.5236
最佳锥	0.5000
四面体	0.3023

表注:"最佳"对顶锥、棱柱和锥,分别参见例 8.38, 8.35 和 8.52.

等周比. 表 Ⅲ 用归纳证实这个猜想.

　　要比较的一些图形已在表 Ⅲ 中给出，并且附上了一些新的资料. 特别是想发现一个比正十二面体等周比大的立体.

第十一章　更多种类的合情推理

　　最简单的关系是最具有普遍性的关系，而这正是归纳法的依据基础.　　　　　　　　　　　　——拉普拉斯[1]

§1. 猜一猜

　　前面的所有讨论都涉及到猜想在数学研究中的作用问题. 那些例题提供了使我们熟悉对所提猜想做出肯定或否定的两种推理论证的机会：即从证明结果出发我们讨论了归纳论证法，从类比出发讨论了推理论证法. 那么还有其他种有用的合情论证或用来推翻猜想的方法吗？本章的一些例题，目的就在于弄清这个问题.

　　我们将了解到，有各种不同的猜想：大的和小的，原始的和习惯的. 有些猜想在科学史上起过惊人的作用. 而大多数最新数学问题的解也需要相应的某些最高级的猜想或推测. 我们就以课堂例题作为开始，然后着手讨论其他一些具有历史意义的问题.

§2. 根据有关情形判定

　　当研究一个问题时，我们经常想试着猜测一下. 当然，我们总是想推测一下整个问题的解. 但是，如果做不到这样，即使只能推测到解的这样或那样的一些特征，那我们也就十分满足了. 至少，我们应当想知道我们的问题是不是"合理的". 我们问自己：我们的问题是合理的吗? 有可能满足条件吗? 条件足以确定未知量吗? 是条件不足呢? 还是多余呢? 还是矛盾呢[2]?

---

　　1) "概率论的哲学尝试"(Essai philosophique sur les probabilités); 见《拉普拉斯全集》(Oeuvres Completes de Laplace)，第7卷，第 CXXXIX 部分.

　　2)《怎样解题》(How to Solve It)，第 111 页.

在我们的工作中,在研究的初期阶段,我们并不需要最终的答案,这时提出上述那些问题是很自然的,并且是特别有用的,常有这样的情形,我们可以推测到十分合理的答案,而且不很麻烦.

作为一个例子,我们来考虑一个立体几何中的初等问题. 一个圆柱体的轴线通过一个球的球心. 圆柱体的表面与球面相交,并把整个球分成两部分:"穿了孔的球"和"塞子". 第一部分在圆柱体之外,第二部分在圆柱体之内. 参看图 11.1,它是围绕轴线 AB 的旋转体. 已知球的半径 r,圆柱形的孔高 h,求已被穿了孔的球的体积.

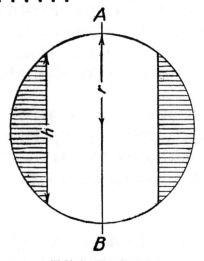

图 11.1 穿了孔的球

在熟悉所提问题的过程中,十分自然地要问:为了确定未知数,所给数据是充分的吗? 或者它是不充分的吗? 或者它是多余的吗? 数据 r 和 h 看来是恰好足够了. 事实上, r 确定球的大小, h 确定圆柱形孔的大小. 知道 r 和 h,就能够确定穿了孔的球的形状和大小,而且也需要 r 和 h 来如此确定它.

然而,在计算所要求的体积时,我们发现它等于 $\pi h^3/6$;参见例 5. 这个结果像是非常不合道理的. 我们已经承认了需要 r 和 h 两者才能确定穿了孔的球的大小和形状,而现在却产生了不需要 r 就能确定它的体积;这听起来令人十分难以置信.

但是,这里没有矛盾. 如果 h 保持不变而 r 增大,那么穿了孔的球大大地改变形状:它变得比较宽(这将增加体积),而它的外表面却变得比较平(这将减少体积). 但是我们未预见到,(这很不像是必然的)这两种倾向刚好平衡,从而体积保持不变.

为了解释现在的特殊情形和作为基础的一般概念这两件事情,我们需要加以某种区别. 我们应该在这两个有关但却不同的问题之间清楚地区别开来. 现在已知 r 和 h,我们也许是需要确定穿了孔的球的

(a) 体积,

(b) 形状和大小.

我们原来的问题是(a). 同时,我们还直观地看出,数据 r 和 h 对于解问题(b)既是必要的,也是充分的,但却推不出它对解问题(a)是必要的;事实上,它是不必要的.

在回答"这些数据是必要的吗?"这个问题时,我们根据有关情形,也就是用(b)代替(a)来作判定,这就忽略了原来的问题(a)和修改后的问题(b)之间的区别. 根据这种启发性的观点,这样的忽略是可以允许的. 我们所需要的只是一种暂时的,然而却是迅速的回答. 而且,这样一种不同常常被忽略:对于确定形状和大小是必要的这些数据,对于确定体积通常也是必要的. 如果忘记了我们的结论只是一种试探性的,或者相信了从来不可能发生的被混淆的关系,那么我们就会陷入一种荒谬矛盾之中. 然而,在上例中,这种不寻常的情形却发生了.

根据做过修改后的问题来判定所提出的原问题,这是一种允许的、合理的推理方法. 但是,我们不应当忘记,根据这种方法所得到的结果只是暂时的,不是最终的;只是合情的,但不一定是正确的.

§3. 根据一般情形判定

对于初学者来说,可以用一种代数学的观点来讨论下面的问题.

一个有三个儿子的父亲,留有下面的遗言:"我的大儿子所得的部分将是另外两个儿子所得的平均数再加上三千美元. 我的二儿子所得的部分将恰好是另外两个儿子所得的平均数. 我的小儿

子所得的部分将是另外两个儿子所得的平均数再减去三千美元."
问这三部分财产各是多少?

要确定这些未知数条件是充分的吗?可以说,有十分充分的
理由,回答说"是".事实上,有三个未知数,可设为 x, y 和 z,它
们分别表示大儿子,二儿子和小儿子所得的财产.援引遗嘱中三
句话中的每一句话,都可以把它翻译成一个数学方程.现在,一般
地说,具有三个未知数的方程组中有三个方程,这便能够确定三个
未知数.因此,有足够的理由引导我们去想,对于确定未知数来
说,所提问题的条件是充分的.

然而,写出来三个方程,我们得到如下的方程组:

$$x = \frac{y+z}{2} + 3000$$

$$y = \frac{x+z}{2}$$

$$z = \frac{x+y}{2} - 3000.$$

将这三个方程相加,便得

$$x + y + z = x + y + z$$

或

$$0 = 0$$

因此,方程组中的任意一个方程都是其余两个方程的必然结果.我
们的方程组只包含两个独立的方程,所以事实上,对于确定未知数
来说,条件是不充分的.如果遗嘱中还包含下面一句话:"我把我
15000 美元的全部财产在我的三个儿子中间进行分配."那么问题
就得到了本质上的修正.对于上面的方程组来说,这个方程组又
添上一个方程

$$x + y + z = 15000.$$

于是得到一个较综合的有四个方程的方程组.然而,一般说来,具
有三个未知数的四个方程的方程组是矛盾的.但事实上,现在的
方程组并非是矛盾的,而对于确定未知数来说,刚好是充分的,并
且得到

$$x = 7000, \quad y = 5000, \quad z = 3000.$$

这个不太深奥的例子表面上的矛盾也并不难解决，可是做一些仔细的解释也许是有用的. "具有 n 个未知数的 n 个方程的方程组能确定这 n 个未知数"，这句话并非总是对的. 事实上，我们刚才已经看到一个 $n = 3$ 的反例. 然而，这里要紧的不是什么数学定理,而是一种启发性的叙述,事实上,应是下面这句话: "具有 n 个未知数的 n 个方程的方程组，一般地，能确定这些未知数." "一般地"这个词可以有各种解释. 这里，给出一种稍微含糊和粗糙的"实际"解释很重要: 一个命题"一般地"成立,是指"在大多数这样的情形下,命题成立是很有可能出现的必然事件."

在用代数方法处理几何或物理问题时，我们总想用几个方程来表示一个明显理想化了的不同条款,进而概括整个条件. 如果我们建立的方程与未知数一样多，那便获得成功，就有希望使确定未知数成为可能. 这样的希望是合理的. 我们的方程"必然存在解";我们只能期望是"在一般情形下". 然而本节的例子并非必然存在;通过这个例子就暴露了直观推理方法缺乏绝对的必然性. 所以在完全以直观推理方法来确定时,这个例子是无效的.

在日常生活中，我们也相信某种类似的情形. 比如我们并不那么害怕总不经常发生的事件,这就是很有道理的. 信件会丢失,火车会出事,可我们还是毫不踌躇地寄信和乘车. 毕竟丢失信件和火车失事是极不经常发生的;信件或火车发生这样的事故只占很小的百分比. 那么为什么刚好它现在发生了呢? 或者说,很自然地得到的具有 n 个未知数的 n 个方程，对于确定这些未知数来说可能是不充分的. 但是，一般地，这是不会发生的;为什么刚好现在发生了呢?

没有一点乐观主义，我们就不能生活，也不能解决这些问题.

§4. 提出一个比较简单的猜想

古代哲学家们说: "简洁是真理的标记."今天,由于人类已经具有了几个世纪的悠久而丰富的大量科学经验，所以现在表达起来就应该更慎重一些；我们知道，真理可能是非常复杂的．也许古代哲学家们不是指简单性是真理的必要属性；或许他们是想要指出一条启发性的原理："简单的道理有可能就是真理．"也许，说得再简单点，并且把它化为一个我们遵循的座右铭："先从最简单的试起"，这样更好．

这种常识性的座右铭包含（有点含糊不清，但却是对的）上述所讨论的启发式步骤．当一个物体的形状变化时，它的体积也变化，这不仅是常见的情形，而且也是最简单的情形．那么具有 n 个未知数的 n 个方程的方程组确定所有的未知数，不仅是一般情形，而且也是最简单的情形．首先尝试最简单的情形是有道理的．即使我们被迫最后返回到一种比较周密的较为复杂性研究，那以前最简单情形的研究也可以当作一种有用的准备．

在大大小小的问题面前，首先尝试最简单东西的研究是采取有利姿态的一个组成部分．让我们努力去想（根据大大的简化，无疑地，由于简化也会使原问题受到歪曲）伽利略研究落体定律时的情形，假如我们想要从一定年代来划分现代科学，那就应当认为是伽利略从事这项研究的年代，这是最适当的．

我们应该认识一下伽利略当时所处的地位．在他之前，有几位先驱者，在当时他也曾得到几位朋友的支持，但却遭到占统治地位的哲学学派、阿里斯多德学派的强列反对．这些学派的学者也曾提出，"物体为什么下落？"但他们只满足于几乎纯粹字面上的一些浅薄解释．而伽利略问，"物体如何下落？"时，是试图通过实验来寻求解答，还能够用数字和数学概念来精确表示解答．这种用"如何"代替"为什么"，用实验来探索解答，以及提炼实验事实把它归结为数学法则，这些都是现代科学中的常事，但在伽利略那个时代，却是革命性的变革．

一块石头从高处落下，很厉害地打击地面．一把锤子从高处落下，把木桩钉入地下．这些下落的物体从它们的起点开始，获得一种较快的运动——快到单凭观察就能看清．那么它们当中最简单的事情是什么？这似乎是够简单了，即假设从静止点开始下落的物体其速度与运动的距离成比例."这个原则好像很自然",伽利略说,"并且符合我们做的机械碰撞实验."可是,伽利略最终还是排斥了这种速度与距离的比例关系,因为这"不仅是错误的,而且是不可能的."[1]

伽利略的异议是反对那种最初对他是那么自然的假设,而他的假设却能比较清楚而惊人地用微积分表述出来. 当然,这是年代的误会;实际上,微积分是在伽利略的这些发现的影响下,在其后若干年代才发明的,至少部分是这样. 让我们仍然用微积分来讨论这些问题. 设 t 表示从开始下落时起所经过的时间, x 表示运动的距离,则其速度为 dx/dt(伽利略的成就之一就是系统地阐述了清晰的速度概念). 又设 g 为某个适当的正常数. 于是,速度与所经过距离的比例关系这一"最简单的假设",可以用微分方程表示为

$$(1) \qquad \frac{dx}{dt} = gx.$$

还需加上初始条件

(2) 当 $t = 0$ 时, $x = 0$.

根据方程(1)与(2)推出

(3) 当 $t = 0$ 时, $\dfrac{dx}{dt} = 0$;

这表示下落的物体开始是静止的.

但积分微分方程(1),可得

$$\int \frac{dx}{x} = \int g\,dt,$$

即有

$$\log x = gt + \log c,$$

其中 c 是某一正常数. 这就得到

---

1) 伽利略,《伽利略全集》(*Le Opere di Galileo Galilei*),国家出版社,(*editione nazionale*),第 8 卷,203,373,383 页.

$$x = ce^{gt}, \quad \frac{dx}{dt} = gce^{gt}.$$

然而，由此可得出

$$当 \ t = 0 \ 时，\ x = c > 0, \ \frac{dx}{dt} = gc > 0,$$

此与(2)和(3)矛盾：满足微分方程(1)的运动，不可能从静止状态开始。因此，这种假设看起来是那么"自然"，正像是"最简单的事情"，但事实上却是自相矛盾的：用伽利略自己的话来说，就是，这"不仅是错误的，而且是不可能的."

那么，"下一件最简单的事情"是什么呢？这可能是下面的假设，即开始时静止的下落物体，其速度与所经过的时间成正比例。这就是最终为伽利略所得到的著名定律. 用现代符号以微分方程表出，即

$$\frac{dx}{dt} = gt,$$

并且满足这个方程的运动一定可以从静止状态开始.

§5. 背景

一方面我们不能不佩服伽利略的智慧和胆量，他没有物理学上的偏见和神秘性. 另一方面我们也得佩服开普勒的成就；而开普勒是伽利略的同时代人，他却深深地陷入了那个时代的神秘主义和物理学上的偏见.

对于我们来说，要认识开普勒的态度是困难的. 现代读者一看题目就会感到惊讶，"包有宇宙奥秘的天体学说论文的序篇，用五种正几何体来论证关于天体轨道惊人的协调，以及关于天体的数量、大小和周期性运动的几个真正正确的原因."其内容也是较为使人吃惊的：天文学与神学相混杂，几何学与占星术相拼凑. 然而一些无稽的内容却显示出开普勒的这一重要著作标志着他的伟大天文学发现的起点，此外还给出了一副描写他个性的生动活泼的图画. 虽然他对神奇的热衷几乎等同于对知识的渴望，但还

是令人钦佩的.

正像上述论文的题目所确切地说出的那样，开普勒着手探索行星数目、它们与太阳的距离、它们运转周期的原因或理由. 实际上，他问道：为什么刚好有六颗行星？为什么它们的轨道是这样安排？这些问题在我们听起来是离奇的，但对他同时代的人来说却并不如此[1]. 有一天他想到，他已经找到了这个奥秘，并在他的笔记本上记下："地球的轨道或球体是测量一切的标准. 对它进行限定的，是一个内接十二面体；围绕它的球体是火星. 对火星进行限定的是一个内接四面体；围绕它的球体是木星. 对木星限定的是一个内接立方体；围绕它的球体是土星. 现在，再看地球轨道内的情况，地球轨道内接二十面体；而它包含的球体是金星. 金星内接一个八面体；而它包含的球体是水星. 这样，你便有了对行星数目进行解释的理由."

这就是说，开普勒设想了 11 个同心面，6 个可以用 5 个正立体代替的球. 重要的，也就是最外层的面为一球面，而这 11 个同心面的每一面都为这一球面所包围. 联系每一行星有一个球：球的半径为该行星与太阳的距离(平均距离). 每一个正立体内接于上述所围绕的球，即对正立体所规定的围之转动的球.

开普勒还追述道："我将无法用语言来表达对这个发现的喜悦心情."

开普勒把他的猜想与实际进行了仔细的比较(在这方面他可以算作一个现代科学家). 他计算出一张表，这里我们用稍微现代化一点的形式把它列成表 I .

表中第(1)列是按与太阳距离减小的次序列出的行星；这一列包有六项，前一项比后一项大. 第(2)列列出相邻两颗行星与太阳距离之比，与哥白尼的观测一致；每项比写在标明各行星名称的两行之间；较远的行星距离作分母. 第(4)列是按刻卜勒所选定次序列出的五种正立体. 第(3)列列出的是与相应正立体内接或外接

---

1) 开普勒反对赫梯克 (Rhaeticu) 的解释，这种解释说，之所以有六颗行星，是因为 6 是头一个"完美的数字".

表 I   开普勒的理论与观测的比较

(1)	(2)	(3)	(4)
行星	哥白尼的观测	开普勒理论	正立体
土星	0.635	0.577	立方体
木星	0.333	0.333	四面体
火星	0.757	0.795	十二面体
地球			
金星	0.794	0.795	二十面体
水星	0.723	0.577	八面体

限定的球半径比. 同一行上的数字本应该是相等的. 但事实上是,有两项吻合得好,而有三项吻合得很不好.

于是,开普勒(使我们想到他缺乏现代科学家常用的极好方法)开始改变自己的观点,并修正他原来的猜想.(修正的主要点是,在他看来,好像水星与太阳的距离与正八面体的内切球半径不相符,而只与相交八面体某对称平面上正方形内切球的半径相符.)但是,他却没有取得猜想和观测之间惊人的一致.仍然固执己见:球是"最完美的图形",其次,据普拉托(Plato)所说,五种正立体是"最高雅的图形."开普勒曾一度想到,数不尽的不变星群可能与分辨不清的大量不规则立体有关.在他看来,像太阳和行星这些被创造得最完美的东西,一定以某种关系与欧几里德最杰出的图形有关,这是很"自然的". 这应当是天地万物的秘密,"宇宙的奥妙".

用现代的眼光来看,开普勒的猜想可以说是荒谬的. 我们知道,在观测事实与数学概念之间有许多关系,但这些关系却具有完全不同的特性. 今天我们知道,开普勒在作猜想时所用的关系都是不存在的. 我们发现最离奇的是,开普勒相信在行星数目的背后深深隐藏有什么东西,而且总想问这样一个问题:为什么刚好有六颗行星?

我们可能总想说开普勒猜想是一种荒诞谬论. 然而我们还应当想到会有这样的可能,今天正在有礼貌地互相争论的某些理论,如果不被忘记的话,在不久的将来也可能被认为是一些奇谈怪论.

我认为开普勒猜想是有高度教益的．这个例子特别透彻地表明了一点，应该记住：对一个猜想的相信与否是与整个历史背景有关的，也就是受整个时代的科学环境局限的．

§6. 无穷尽的过程

上述例子显示出合情推理的一个重要特征．让我们试从比较一般的角度来叙述它．

我们有某个猜想，比如 A，就是说 A 是一种清楚的有系统的陈述，但未被证明．我们觉得 A 是对的，但实际上不知道 A 是对的还是不对的．然而我们对猜想 A 有一定的把握．这种把握可以有，但不一定有明确的基础．长期研究某个问题并遭到明显失败之后，会忽然产生一个猜想 A．这个猜想可以作为摆脱困境的唯一可能而出现；虽然我们说不出为什么，但是这个猜想却可以作为几乎是必然的产物出现．

然而不久，有一些比较明显的理由．虽然这些理由不能证明 A，但可以明白地说它有利于 A，会使我们想起：用类比推理、归纳推理和相关事件推理，用一般经验推理，或用 A 本身固有的简单性推理．这样的推理没有提供严密的论证，但可以认为 A 是很合情的．

然而应当提醒自己，我们所相信的那个猜想是未经过步骤清晰的进一步用公式化论证证明过的．

我们发现上述这些论证是经过一个不断的过程的．摆脱一种模糊的背景以后，先产生一个非常重要的清楚论点．但在这一论点之后，在背景中还有更多的东西，因为后来我们又成功地抽出另一清楚的论证．以此类推，有可能在每一种已经清楚的论点背后都有更多的东西．也许那些背后的东西是取之不尽的．也许我们对猜想的信任从来都不只是根据单一的已被弄清了的根据；这类信任也许需要的是以某种整个背景的东西作为基础．

合情的理由是重要的，可是弄清楚了的合情理由更显得重要．在对待可观察到的客观现实时，我们从来不能得到任何被证明了的真理,而总是不得不依靠某些合情的推理根据. 但在处理纯数学问题时,我们却能获得一种严密的证明. 然而临时性的论据、合情推理论据的想法却能给我们以临时的帮助,并且可以把我们最终引向决定性的确切论证.

启发性的理由也是很重要的,尽管它证明不了什么东西. 也许弄清这些启发性的理由也是重要的. 尽管在被弄清的每种理由背后可能还隐藏着更多的东西——一些仍然含糊的、然而更加重要的前提[1].

这就提出另一种意见:如果在每种具体情形下,我们只能弄清有限几个合情推理的理由,那么在不具体的情形下要彻底研究它,我们如何希望能用抽象的方法来详尽地论述这类合情推理的根据呢?

§7. 常用的启发性假设

上述两个例子(§2 和 §3)提出另一种论点. 让我们简要地回顾一下其中的一个例子,然后谈一谈一种相似的情形.

在解某个问题的研究过程中,由表面上看来不同的几个来源,你得到与未知数个数同样多的方程. 但是你应该知道,这 n 个方程并不总是足以确定 n 个未知数的: n 个方程可能相互不独立,或者相互是矛盾的. 然而,有这样一种特殊情形,致使你有理由希望所列的方程将能确定这些未知数. 例如,你往下做,着手去解这些方程,并且你应当看根据它能得出什么. 如果有相矛盾的地方或不确定的地方,那它本身就会以某种方式表现出来. 反之,如果你得到一个适切的结果,那么你就可以认为有必要花费时间,然后在严密论证上下功夫.

在求解另一个问题的过程中,可能要逐项积分某个无穷级数. 那你应当知道,这样一种运算不总是容许的,有可能产生错误的结果. 然而,有这样一种特殊情形,致使你可以有理由希望这个级数对运算有效. 因此,在去解这个问题之前,你看一看从那个没有完

---

1) 《怎样解题》(*How to Solve It*),第 224 页

全证明的公式能够得出什么,这是一条权宜之计,可以暂缓对完全证明的担心.

这里我们提到了两种常用的启发性假设,一种是关于方程组的,另一种是关于无穷级数的. 在数学的每个分支里都有这种假设,而一个好的数学家的重要才能之一,就是在那个分支中他知道有哪些现行的假设,并且还知道他可以如何使用它们,更知道他应该对这些假设可以相信到什么程度.

当然,你不能太过份依靠任何推测,不管是常用的启发性假设,还是你自己特有的猜想. 如果你相信你自己的未加证明的假设是对的,那也将是愚蠢的. 然而怀有希望你的推测应当是对的去从事某项工作,那可能也是合理的. 谨慎的乐观主义是应有的态度.

第十一章的例题和注释

1. 一个三角形中,已知其底边为 a. 垂直于 a 的高为 h 以及 a 所对的角为 α. 在这些条件下,试(a)构造三角形,(b)计算其面积. 这些数据都是必要的吗?

2. 一个梯形中,已知其垂直于两平行边的高为 h,平行于此两边且与两边隔成相等距离的中线为 m,又两平行边中之一边与其余两边(即两斜边)之间的夹角为 α 与 β. 在这些条件下,试 (a) 构造梯形,(b) 计算其面积. 这些数据都是必要的吗?

3. 两平行平面之间所夹球面的一部分称为球带. 两平行平面的距离称为球带的高. 已知 r 为球的半径,h 为球带的高,d 为靠近球心那个作为边界的平面与球心的距离,试求这一球带曲面面积.你注意到些什么?

4. 第一个球的半径为 a;第二个球的半径为 b,它与第一个球相交并且通过第一个球的球心. 试计算第二个球位于第一个球之内那一部分球面的面积. 你注意到些什么? 检验极端情形.

5. 试重新考虑 §2 的例子,并证明其解.

6. 两平行平面之间所夹球的一部分称为球截形. 球截形的

表面由三部分组成：一个球带和两个圆，一个圆称为球截形的底，一个圆称为球截形的顶．我们用下面的记号：

  a 是底的半径，

  b 是顶的半径，

  h 是高（底与顶之间的距离），

  M 是中截面的面积（中截面平行于底与顶且与两者隔成等距离），

  V 是球截形的体积．

若已知 a, b 和 h，试求 $Mh - V$．

你注意到些什么？检验极端情形．

7. 一圆锥的轴线通过一球的球心．锥面与球面交成两个圆，并把球体分成两部分："穿了锥形孔的球"和"塞子"（参看图 11.2，该图是围绕轴线 AB 旋转的）；塞子在锥内．设 r 表示球的半径，c 表示旋转时形成锥孔的弦长．而 h 表示（穿了孔的球高）向锥的轴线上的投影长．已知 r, c 和 h，试求穿了锥形孔的球的体积．你注意到些什么？

8. 旋转抛物面的轴线通过一球的球心，并且两曲面交成两圆．若已知 r 为球的半径，h 为两曲面之间的环状立体（即球内与抛物面外的部分）在抛物面轴线上的投影长，而 d 为球心与抛物面顶点的距离．试计算此环状立体（关于 OX 轴旋转的图 11.3）的体积．你注意到些什么？

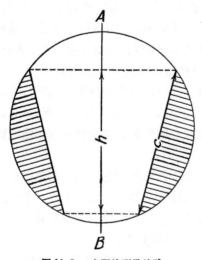

图 11.2 穿了锥形孔的球

9. 一个梯形中，已知其下底为 a，上底为 b，垂直于两底的高为 h；$a >b$，围绕其下底旋转此梯

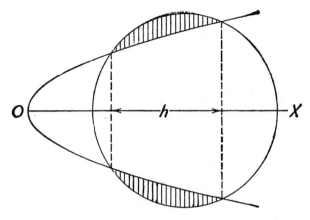

图 11.3 穿了抛物形孔的球

形得一旋转体(以两个圆锥为顶的柱体),试求(a)它的体积,(b)表面面积. 对于确定未知数这些数据是充分的吗?

10. 按一定次序取定十个数, u_1, u_2, u_3, $\cdots$, u_{10}, 它们有这样的关系,从前面的第三个数起,每一个数都是前两个数之和:

$$u_n = u_{n-1} + u_{n-2}, \quad n = 3, 4, \cdots, 10.$$

若已知 u_7,试求所有这十个数之和 $u_1 + u_2 + u_3 + \cdots + u_{10}$.

对于确定未知数这些数据是充分的吗?

11. 试计算

$$\int_0^\infty \frac{dx}{(1 + x^2)(1 + x^\alpha)}.$$

你注意到些什么? 检验 $\alpha = 0$, $\alpha \to \infty$, $\alpha \to -\infty$ 的情形.

12. 推广例 11. [首先试验最简单的情形.]

13. 试用一个未知数建立一个方程,使得它不能确定未知数.

14. 如果用一个适当的附加条件来限定一些未知数,那么就能用一个方程确定 n 个未知数. 例如,若 x, y, z 都是实数,则它们完全可由方程

$$x^2 + y^2 + z^2 = 0$$

来确定.

试求满足方程

$$x^2 + y^2 = 128$$

的所有正整数数组 (x, y).

15．试求满足方程

$$x^2 + y^2 + z^2 + \omega^2 = 64$$

的所有正整数数组 (x, y, z, ω).

16．一般情形．考虑具有三个未知数、三个线性方程的方程组

$$a_1 x + b_1 y + c_1 z = d_1,$$
$$a_2 x + b_2 y + c_2 z = d_2,$$
$$a_3 x + b_3 y + c_3 z = d_3.$$

假设 12 个已知数 $a_1, b_1, c_1, d_1, a_2, \cdots, d_3$ 都是实数．如果方程组恰有一解（即刚好有一组三个数 x, y, z 满足方程组），那么就称这个方程组是确定的；如果有无穷多组解，则称其是不确定的；如果无解，则称其是不相容的．从各种观点来看，方程组是确定的这种情形是作为一般的、通常的、正常的、正规的情形出现的；而其他两种情形是作为特殊的、不经常的、非正常的、不正规的情形出现的．

（a）在几何上，我们把一组三个数 x, y, z 解释成直角坐标系中的一个点，而每个方程解释成满足它的点的集合，即平面．（事实上，根据这种解释，我们应该假设每个方程左端至少有一个非零系数，现在就让我们作这种假设．）如果三个平面恰有一个公共点，那么三个方程的方程组就是确定的．当这三个平面有两个公共点时，它们就有一条公共直线，因而方程组是不确定的．当这三个平面都平行于同一条直线，而没有点为全体三个平面所共有时，那么方程组就是不相容的．如果三个平面处在"一般的位置"上，也就是它们"按任意选择"位置，那么就恰有一个公共点，从而方程组是确定的．

（b）在代数上，三个线性方程的方程组是确定的，当且仅当其左端 9 个系数的行列式不为零．因而，除非以一个方程的形式对系数加以特殊条件或限制，方程组才能是确定的．

(c) 我们可以把一组九个(实)系数 $(a_1, a_2, a_3, b_1, \cdots, c_3)$ 解释成 9 维空间中的一个点. 对应于不是确定的 (不确定的或不相容的)方程的点满足一个方程(行列式等于 0), 从而这些点形成一个低维流形(一个 8 维的"超平面").

(d) 按任意给定的三个未知数的三个线性方程的方程组不是确定的, 这不像是会发生的. 参考例 14.23.

17. 对于五个正立体, 考虑其中每一个的内切球与外接球, 并计算这两个球的半径之比.

18. 在表 I 中, 如果互换立方体与八面体, 或十二面体与二十面体的位置, 那么第(3)列将保持不变. 这将使得刻卜勒理论令人难以确定. 然而刻卜勒却发挥了奇异才能, 他发现了为什么能够如此的理由, 这五个"高贵"的立体中有一个具有更高贵的地位, 它凌架于其他之上, 成为王中之王.

试发现一些简单的几何性质, 用这些性质来把开普勒放置在地球轨道周围的三个立体, 与放置在这个轨道之上的两个立体区别开来.

19. 没有主意是最不好的. "许多猜测后来被证明是错误的, 但这对于引导出一个比较好的办法来还是有用的." "除非我们不加可否, 否则应该说没有主意是最不好的. 全然没有主意, 那才真正是坏的."[1] 我几乎每天都用这样的话来安慰怀有一些诚实和天真想法而力求进取的学生. 这些话对于日常生活和科学研究都适用. 尤其对上述开普勒所研究的情形更适用.

就开普勒本人来说, 他以自己的聪明才智把六颗行星与五个正立体结合起来, 从而实现了从中世纪到现代观点的独一无二的转变. 但是, 我不能认为与开普勒同时代的伽利略可以想得出来这样的主意. 用现代观点看来, 这个主意好像当初就是不适当的见解, 因为它与自然科学以外的东西有那么一点联系. 即使它与观测符合得相当好, 开普勒猜想也只是受到很脆弱的支持, 因为

1) 《怎样解题》 (*How to Solve It*), 第 207—208 页.

它缺乏为大家所熟知的按其他方式可类比的支持.

然而本来是错误的开普勒猜测，对于能够引导出一个好的办法来，无疑还是非常有用的．它促使开普勒去比较精密地研究行星之间的平均距离、它们的轨道、运转周期，为此，他对发现某种相宜的"解释"抱有希望，从而它最终导致关于行星运动的著名开普勒定律，影响了牛顿，也影响到我们现代的整个科学观点．

20．一些常用的启发性假设．这个题目应该值得比较全面地论述，但是，由于限于篇幅，我们不得不粗略地加以解释．我们必须弄清在一个实际问题中"一般地"这个必然有点含糊的词的意义，下面让我们来作解释．

"如果在一个方程组中，方程的个数等于未知数的个数，那么'一般地'可以确定未知数."

在某个问题中，如果"条件"与现有的参数同样多，那么从问题是有解的临时性假设出发是合理的，例如，n 个变量的二次型有 $n(n+1)/2$ 个系数，而 n 个变量的正交代换依赖于 $n(n-1)/2$ 个参数．因此，用一个适当的正交代换，开头就假设任何 n 个变量的二次型都可以化简为表达式

$$\lambda_1 y_1^2 + \lambda_2 y_2^2 + \cdots + \lambda_n y_n^2;$$

其中 $y_1, y_2, \cdots, y_n$ 是由代换所引进的新变量，$\lambda_1, \lambda_2, \cdots, \lambda_n$ 是适当的参数．实际上，上述表达式依赖于 n 个参数，并且有

$$n(n+1)/2 = n(n-1)/2 + n.$$

在 $n=2$ 和 $n=3$ 的特殊情形下，证明这个命题，并解释在这些情形下的几何意义，继此而后，根据上述意见就可以建立起有利于一般情形下的强有力推断．

"两个极限运算，一般地是可以交换的."

如果一个极限运算是无穷级数求和，另一个极限运算是求积分，那么可参见 §7 中所提到的情形[1]．

---

1) 参见哈代，《纯数学教程》(G. H. Hardy, *A Course of Pure Mathematics*)，第七版，第 493~496 页.

"极限以前什么是对的，一般地在极限状态也是对的."[1]

若已知 $a_n > 0$ 以及 $\lim_{n \to \infty} a_n = a$，则我们不能由此断定 $a > 0$；而只能有 $a \geqslant 0$ 才是对的. 若把一条曲线看成是一个内接多边形的极限，把一张曲面看成是一个内接多面体的极限. 那么把这条曲线的长度当作内接多边形周长的极限来计算，这是对的，而把那张曲面的面积当成内接多面体的表面面积来计算，则是错的[2]. 虽然它容易使人误解，但是所叙述的启发性原则还是大大可供参考的. 例如，参看例 9.24.

"一开始就可以把一个单元函数看成是单调的."

当我们假设，在改变物体形状的条件下，其体积也发生变化的时候，可以推出与 §2 中意见相仿的结果，但容易使人产生误解. 尽管如此，所叙述的原则通常还是有用的. 我们应会证明

$$\int_a^b f(x)dx < \int_a^b g(x)dx$$

这种形式的不等式，其中 $a < b$. 开始我们可以尝试更多的证明，也就是

$$f(x) < g(x).$$

这归结为初始假设，变形为 $g(x) - f(x)$ 的函数是单调的. （问题化为比较这个函数在 $x = a$ 与 $x = b$ 处的值.）所叙述的原则包含在更一般的启发性原则之中. "首先尝试最简单的情形."

"一般地，一个函数可以展成幂级数，第一项能给出可以接受的近似值，如果我们取其更多的后继项，则其近似程度就更好."

如果未能很好地理解"一般地"这个词的限定意义，那将是很大的失败. 尽管如此，物理学家、工程师以及其他科学家，在他们对自己的科学领域似乎是特别喜欢应用微积分. 微积分包括另一种原则，其范围甚至比我们前面所叙述过的那个原则还广泛："一

---

1) 参考威廉·赫威尔《归纳科学的基本原理》(Willian Whewell, *The Philosophy of the Inductive Science*)，新版，第 1 卷，第 146 页.
2) 见 H. A. 许瓦兹《数学论文全集》(H. A. Schwarz, *Gesammelte Mathematische Abhandlungen*)，第 2 卷，309～311 页.

开始就可以把一个未知函数看成是线性的."事实上,如果已有展开式

$$f(x) = a_0 + a_1x + a_2x^2 + a_3x^3 + \cdots,$$

那么可以近似地取

$$f(x) \sim a_0 + a_1x.$$

(显然,不知道微积分的伽利略,更加喜爱线性函数;参看§4.)这个原则的重要性通常在于有关误差的初始项;参看§5.2. 它经常用于启示同精确性有密切关系的概念上,然而它所能启示的结果往往与精确性相差甚远.

在实际问题中,一个物理学家(或工程师,或生物学家)常常认为,一个物理量 y 依赖于另一个物理量 x,即有微分方程

$$\frac{dy}{dx} = f(y).$$

现在,假设依这个方程所涉及到的积分也是很难的,或函数 $f(y)$ 的形式可以是未知的. 在这两种情形下,那个物理学家便把函数 $f(y)$ 展成 y 的幂级数,并且可以把下列各式看成是上述的微分方程的一系列逐次逼近

$$\frac{dy}{dx} = a_0,$$

$$\frac{dy}{dx} = a_0 + a_1y,$$

$$\frac{dy}{dx} = a_0 + a_1y + a_2y^2.$$

但是满足这三个方程的曲线具有完全不同的性质,并且所用的近似表达式还可能完全引向错误的方向. 幸运的是,物理学家们更多的是依据仔细的判断而较少地依靠数学家计算的结果,因此,即使在数学谬误暴露的不太明显,风险比上述例子还大的情况下,他也能根据主要依靠仔细判断的类似过程得出好的结果.

21. 乐观的报酬. 已知若干量 a, b, c, d, e, f, g 和 h. 我们来研究一下对于四个未知数 x, y, u 和 v 具有四个方程的方程组

$$ax + by + cv + du = 0,$$
$$ex + fy + gv + hu = 0,$$
$$hx + gy + fv + eu = 0,$$
$$dx + cy + bv + au = 0$$

(S)

是否有异于平凡解即 $x = y = u = v = 0$ 的解的可能性. 正如所知, 方程组 (S) 有一组非平凡解, 当且仅当其系数行列式等于零, 但是, 现在我们希望避免直接计算这个具有四行的行列式. 根据方程组 (S) 所特有的对称性, 暗示我们可以假设

$$u = x, \quad v = y.$$

而后, 由于方程组 (S) 的第一个方程与第四个方程完全一致, 而第二个方程与第三个方程完全一致, 于是具有四个方程的方程组化简为一个只具有两个不同方程的方程组:

$$(a + d)x + (b + c)y = 0,$$
$$(e + h)x + (f + g)y = 0.$$

要这个方程组有非平凡解, 当且仅当它的行列式等于零.

然而, 我们还可以根据令

$$u = -x, \quad v = -y$$

来化简方程组 (S). 又得到一个只具有两个不同方程的方程组:

$$(a - d)x + (b - c)y = 0,$$
$$(e - h)x + (f - g)y = 0.$$

上述两个方程组中的随便哪一个的系数行列式等于零, 都涉及到方程组 (S) 的系数行列式等于零. 因此, 我们可以觉得 (如果我们充分乐观的话), 后者具有四行的行列式是其它两个、每个都具有两行的行列式的乘积.

(a) 试证这一点, 并把结果推广到具有 n 行的行列式上去.

(b) 在这方面, 我们已经乐观了吗?

22. 取如 §9.4 中的坐标系. x 轴是水平的, y 轴指向下方. 用下面两种方式连接原点与 (a, b) 点:

(1) 以一直线,

(2) 以圆心在 x 轴上的一段圆弧.

在原点由静止出发的一个质点，以时间 T_1 或 T_2 到达 (a, b) 点，究竟是 T_1 还是 T_2 随质点下滑（无摩擦）遵循路径是（1）还是（2）而定．伽利略提出过（如§9.4中所述），$T_1 > T_2$．若设

$$a^2(a^2 + b^2)^{-1} = h,$$

经过某些运算，则上述不等式原来等价于下面的不等式

$$\int_0^h [x(1 - x)]^{-3/4}dx < 4h^{1/4}(1 - h)^{-1/4}.$$

把两端都展成 h 的幂级数，设法证明这个不等式．什么将是最简单的（或"最乐观"的）可能性？

23．**数值计算与工程师**．外行人总是倾向于认为科学家的数值计算是不会错的，但是，是呆板枯燥的．实际上，科学家的数值计算可能是饶有余味的，但是，却是不可靠的．古代天文学家曾经尝试过，现代工程师也在尝试，他们都是用不完全通晓的数学工具对一些不完全理解的现象进行数值计算，并希望得到结果．这样的一些努力可能失败，这不足为奇；而他们常常成功，这倒是比较令人惊讶的．这里有一个典型的例子．（此处被删去的技术细节将在另一处发表．）

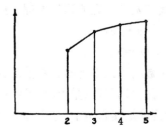
图 11.4　一个试验：坐标为 n

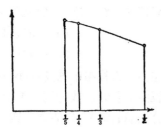
图 11.5　另一个试验：坐标为 $\frac{1}{n}$

一个工程师想要计算某个与边长为 1 的正方形有关的物理量 Q（实际上，Q 是具有正方形截面横梁的扭转刚度，事实上读者并不需要知道这一点，甚至也不需要知道什么是刚度），于是，若想进行非常精确的计算，便要陷入数学的冗繁中去．所以工程师们有工程师们的一套习惯作法，他把已知的正方形分成相等的"元素"，也

就是每个面积为 $1/n^2$ 的 n^2 个较小的正方形．（若用二重积分的近似方法，也可以把已知面积按这种方法分成若干元素．）有理由希望，当 n 趋向于无穷时，近似值趋于真值．但实际上，当 n 增加时，计算的难度也增加，其增加之**快**，以致于很难处理．这个工程师只考虑 $n = 2, 3, 4, 5$ 的情形，并得到 Q 的相应近似值：

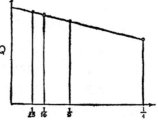

图 11.6　坐标为 $1/n^2$：成功了！

　　0.0937　0.1185　0.1279　0.1324
不要忘记，这些数字分别对应于用来进行计算的小正方形的面积值：

　　1/4　　1/9　　1/16　　1/25

　　工程师绘制这些结果．他决定把所得到的 Q 的近似值作为纵坐标来绘制曲线，而对横坐标的选取他犹豫不决．他首先试验把 n 作为横坐标，然后是 $1/n$，最后是 $1/n^2$（即在近似中所用到的小正方形面积数值）：分别参看图 11.4，11.5 和 11.6．最后的选取最好；图 11.6 中的四点几乎是在同一条直线上．工程师看到这一点，他画线直到它相交所需的立轴为止，并且把交点的纵坐标看成是对 Q 的一个"好的"近似．

　　(a) 为什么？基本想法是什么？

　　(b) 用数值检验图 11.6：以直线把每一点与附近的点连起来，并计算出三个斜率．

　　(c) 在图 11.6 中选取两个最可靠的点，按工程师的作图法，用通过此两点的直线计算对 Q 得出的近似值，并把结果与 Q 的真值 0.1406 进行比较．

后　记

　　看完前面几章并做了一些习题的读者，已有机会使自己了解了合情推理的某些方面．本书其余五章的目的是为形成合情推理一般的基本概念，这五章已编辑在第二卷中．我相信，这个目的会受到相当大的理论上的重视，但是也有一定的实际意义：如果我们更多地了解了作为基础的抽象概念，就能更好地完成具体工作．

　　第二卷的主要宗旨是系统地阐述合情推理的某些确定模式．但是这些模式都是从具体例子提炼出来的，并且在讨论中也都紧密结合具体例子．因此，在第二卷中，除了在第一卷中已讨论过的例题之外，还要增加几个数学例题，并且将用同样的方法来进行处理．

问 题 的 解 答

第一章 解 答

1. 末位数为 1 的素数.

2. [斯坦福 (Stanford), 1948.]

$$(n^2 + 1) + (n^2 + 2) + \cdots + (n + 1)^2 = n^3 + (n + 1)^3$$

左边是算术级数.

3. $1 + 3 + \cdots + (2n - 1) = n^2$.

4. $1, 9, 36, 100, \cdots$ 都是平方数. 参看《怎样解题》(*How to Solve It*), p. 104.

5. [斯坦福, 1949.] 当 n 是奇数时为 $\left(\dfrac{n+1}{2}\right)^2$, 当 n 为偶数时为 $\left(\dfrac{n+1}{2}\right)^2 - \dfrac{1}{4}$. 对于两种情形有一个同一的规律: 其整数部分最接近于 $\dfrac{(n+1)^2}{4}$.

6. 第一个问题: 是的. 第二个问题: 不是; 33 就不是素数.

7. 如果你有些关于素数知识的话, 你是不会完全同意的 [例 1, 6, 9]. 事实上, (1) 是可以给予证明的 (是 Kaluza 定理的一种特例, *Methématische Zeitschrift*, Vol. 28, 1928 p. 160~170), 而 (2) 是不正确的, 因为 (x^7 的) 下一个系数是 $-3447 = -3 \times 3 \times 383$. 这种"形式上的计算"意思是很清楚的.

令

$$\left(\sum_0^\infty n! x^n\right)^{-1} = \sum_0^\infty u_n x^n,$$

我们令 $u_0 = 1$, 而 $u_1, u_2, u_3, \cdots$ 由递推关系式

$$0! u_n + 1! u_{n-1} + 2! u_{n-2} + \cdots + (n-1)! u_1 + n! u_0 = 0$$

$$(n = 1, 2, 3, \cdots)$$

来确定.

8. 根据观察到的数据很可能会认为 A_n 是正的且随 n 增加的. 但是这个猜想是完全错误的. 用更高深的方法(积分运算或复变函数的理论) 我们可以证明: 对于大的 n, A_n 的值近似地等于 $(-1)^{n-1}(n-1)!(\log n)^{-2}$.

10. 对于 $2n = 60$ 的情况, 采用第一种方法或第二种方法分别要作 9 次或 7 次试验 ($p = 3, 5, 7, 11, 13, 17, 19, 23, 29$ 或 $p' = 31, 37, 41, 43, 47, 53, 59$). 当 n 更大时, 第一种方法和第二种方法所需的试验次数差别将更大, 因此第二种方法更有利些.

9, 11, 12, 13, 14 没有解答.

第二章 解　答

1. 我认为 C 或 D 是"正确的推广"而 B 是"超出了范围"的. B 太一般化了以致不能给出任何具体的意见. 可能你选 C 或 D, 这种选择依赖于你的基础. 但是 C 和 D 都要从线性方程出发,并最后导致下述的方案: 从头两个线性方程中解出两个未知数并要求用第三个未知数来表示,然后代入最后一个方程,这样就得到关于第三个未知数的一个二次方程(在情形 A 中,你能否从前两个方程解出任何两个未知数呢?)有两组解:

$$(x, y, z) = (1, -2, 2), \left(\frac{29}{13}, \frac{-2}{13}, 2\right).$$

2. 绕其轴旋转 $180°$,棱锥将和自己重合. 这棱锥的正确推广是这样一个立体,它有上述类型的对称轴,而最简单的解是一张通过此轴与给定点的平面.(有无穷多个别的解,利用连续性,我们可以规定一条直线,而平面是通过这条直线的.)注意,一个以正五边形为底的棱锥不含有一个比较简单的解. 参看《怎样解题》一书 p.98~99.

3. 如果允许在 B 中的点 P 可以和点 O 重合,那么 A 是 B 的一种特殊情形，不过这两个问题是等价的：在 A 和 B 中的平面要求相互平行，所以其中一个问题的解包含了另一个问题的解.

如果 $P \neq O$，B 是更一般问题且更容易处理：在两条另外的直线上，选择 Q 和 R 使得 $OP = OQ = OR$，通过 P，Q，R 的平面可满足问题的条件. 因此，如果研究 A 的话，把它转到研究 B 是有利的.

4. A 是 B 的一种特殊情形（当 $p = 1$ 时），不过两个问题是等价的，只要用代换 $x = y p^{\frac{1}{2}}$，就可将 B 化为 A. B 更接近于更一般问题且更容易处理：将积分

$$\int_{-\infty}^{\infty} (p + x^2)^{-1} dx$$

对参量 p 微分两次. 因此，如果研究 A 的话，把它转到研究 B 是有利的.

参看例 3 中相应的叙述.

6. 圆的极端特殊情形可以退化为一个点，而这是比较容易做的，现在我们就利用把一般情形化为这种特殊情形的方法来解决这个问题. 事实上，当两个圆的半径以同样数量减少时，新的外公切线仍与原来的外公切线平行，当一个半径增加而另一个半径以同样数量减少时，新的内公切线仍与原来的内公切线平行. 对于这两种情形，我们可以将其中一个圆化为一个点，而不致改变公切线的方向.

8. 取这个圆周角的一条边过圆心，这样的特殊情形是最优的. 我们可以通过两个这样的特殊角相加或相减得出一般的圆周角（这是经典证明方法的要点，见 Euclid, III, 20），关于最优的特殊情形的另一个著名的例子可参看《怎样解题》，p. 166~170.

12. 假如平面二直线为三平行线所截，对应的截段成比例. 这对证明立体几何中更困难的类似定理是有帮助的. 参看 Euclid, XI, 17.

13. 平行四边形的对角线在彼此的中点相交.

14. 三角形任意两边的和大于第三边. 可用这类似的定理中

较简单的一个(Euclid, I, 20)来证明另一个较困难的定理(Euclid, XI, 20).

15. 平行六面体，长方体(盒子)，立方体，二面角的平分面. 四面体的六个二面角的平分面交于一点，这个点是其内切球的球心.

16. 棱柱，正棱柱，球. 球的体积等于以球面积为底以球的半径为高的棱锥的体积.

17. 如果从一个棱锥的顶点出发的所有棱是相等的，这种棱锥叫做等腰棱锥. 一个等腰棱锥的所有侧面都是等腰三角形.等腰棱锥的高是通过等腰棱锥的底的外接圆的圆心. (参看例9.26.)

22. 是. 把 x 换为 $-x$，x^2 的值不变，此外在 E 中用来表示 $\dfrac{\sin x}{x}$ 的乘积也不变.

23. 预测: 由 E 可得

$$\left(1-\frac{x^2}{4\pi^2}\right)\left(1-\frac{x^2}{9\pi^2}\right)\left(1-\frac{x^2}{16\pi^2}\right)\cdots = -\frac{\pi^2}{x(x+\pi)}\frac{\sin x - \sin \pi}{x - \pi},$$

所以，当 $x \to \pi$ 时，由导数的定义可得

$$\left(1-\frac{1}{4}\right)\left(1-\frac{1}{9}\right)\left(1-\frac{1}{16}\right)\cdots = -\frac{\pi^2}{\pi \cdot 2\pi}\cos\pi = \frac{1}{2}.$$

检验

$$\left(1-\frac{1}{4}\right)\left(1-\frac{1}{9}\right)\cdots\left(1-\frac{1}{n^2}\right) = \frac{1 \cdot 3}{2 \cdot 2} \cdot \frac{2 \cdot 4}{3 \cdot 3} \cdot \frac{3 \cdot 5}{4 \cdot 4}\cdots$$

$$\times\ \frac{(n-1)(n+1)}{n \cdot n} = \frac{1}{2}\frac{n+1}{n} \to \frac{1}{2}.$$

24. $\dfrac{1}{6}$. 用例23或例25的特殊情形($k = 2$)可得.

25. 预测: 如果 k 是一个正整数

$$\prod_{n=1}^{k-1}\left(1-\frac{k^2}{n^2}\right)\prod_{n=k+1}^{\infty}\left(1-\frac{k^2}{n^2}\right) = \lim_{x \to k\pi}\frac{k^2\pi^2}{x(x+k\pi)}\frac{\sin x}{k\pi - x}$$

$$= \left(\frac{1}{2}\right)(-\cos k\pi) = (-1)^{k-1}/2.$$

检验: 当 $N \geqslant k+1$ 时

$$\prod_{n=1}^{k-1} \frac{(n-k)(n+k)}{nn} \prod_{n=k+1}^{N} \frac{(n-k)(n+k)}{nn}$$

$$= \frac{(-1)^{k-1}(k-1)!(N-k)! \cdot (N+k)!/(k!2k)}{(N!/k)^2}$$

$$= \frac{(-1)^{k-1}}{2} \frac{(N-k)!(N+k)!}{N!N!}$$

$$= \frac{(-1)^{k-1}}{2} \frac{(N+1)(N+2)\cdots(N+k)}{N \quad (N-1)\cdots(N-k+1)} \to \frac{(-1)^{k-1}}{2},$$

因为 N 趋向 ∞.

26. $\dfrac{\pi}{4}$, 这是直径为 1 的圆的面积. 由 E, 对于 $x = \dfrac{\pi}{2}$ 可得

$$\frac{2}{\pi} = \left(1 - \frac{1}{4}\right)\left(1 - \frac{1}{16}\right)\left(1 - \frac{1}{36}\right)\left(1 - \frac{1}{64}\right)\left(1 - \frac{1}{100}\right)\cdots$$

$$= \frac{1 \cdot 3}{2 \cdot 2} \cdot \frac{3 \cdot 5}{4 \cdot 4} \cdot \frac{5 \cdot 7}{6 \cdot 6} \cdot \frac{7 \cdot 9}{8 \cdot 8} \cdot \frac{9 \cdot 11}{10 \cdot 10} \cdots$$

这个公式是沃里斯(Wallis, 1616~1703)得出的,但一般人称它为欧拉公式. 有另一种表示沃里斯公式的方法

$$\frac{1}{\pi} = \lim_{n\to\infty}\left(\frac{1 \cdot 3 \cdot 5 \cdots (2n-1)}{2 \cdot 4 \cdot 6 \cdots 2n}\right)^2 n.$$

27. 在例 21 中取 $x = \alpha z$ 并根据无穷乘积的定义.

28. 对的. 由例 27 可得

$$\frac{\sin \pi(z+1)}{\pi} = \lim_{n\to\infty} \frac{z+n+1}{z-n} \cdot \frac{(z+n)\cdots(z+1)z(z-1)\cdots(z-n)}{(-1)^n(n!)^2}.$$

29. 由例 27 和 28 可得

$$\cos \alpha z = \sin \pi\left(-z + \frac{1}{2}\right)$$

$$= \alpha \lim \left[\left(-z+n+\frac{1}{2}\right)\cdots\left(-z+\frac{3}{2}\right)\left(-z+\frac{1}{2}\right)\right.$$

$$\left. \cdot \left(-z-\frac{1}{2}\right)\cdots\left(-z+\frac{1}{2}-n\right)\right]/\left[(-1)^n(n!)^2\right]$$

$$= \lim[(2n-1-2z)\cdots(3-2z)(1-2z)(1+2z)$$
$$\cdot(3+2z)\cdots(2n-1+2z)]/[(2n-1)\cdots3\cdot1\cdot1$$
$$\cdot3\cdots(2n-1)]$$
$$\cdot\lim\frac{-z+n+\dfrac{1}{2}}{n}\cdot\pi\lim\left(\frac{1\cdot3\cdot5\cdots(2n-1)}{2\cdot4\cdot6\cdots2n}\right)^2 n$$
$$=\left(1-\frac{4z^2}{1}\right)\left(1-\frac{4z^2}{9}\right)\left(1-\frac{4z^2}{25}\right)\cdots.$$

30. 对的. 由 E 和例 29 可得

$$\frac{2\sin\pi z/2}{\pi z}\cdot\cos\pi z/2=\left(1-\frac{z^2}{4}\right)\left(1-\frac{z^2}{16}\right)\left(1-\frac{z^2}{36}\right)\cdots$$
$$\cdot\left(1-\frac{z^2}{1}\right)\left(1-\frac{z^2}{9}\right)\left(1-\frac{z^2}{25}\right)\cdots$$
$$=\left(1-\frac{z^2}{1}\right)\left(1-\frac{z^2}{4}\right)\left(1-\frac{z^2}{9}\right)\left(1-\frac{z^2}{16}\right)\cdots$$
$$=\frac{\sin\pi z}{\pi z}.$$

31. 预测：当 $x=\pi$ 时，由例 29 得出 $\cos\pi=-1$.

检验：前 n 个因子的乘积

$$\frac{-1\cdot3}{1\cdot1}\cdot\frac{1\cdot5}{3\cdot3}\cdot\frac{3\cdot7}{5\cdot5}\cdot\frac{5\cdot9}{7\cdot7}\cdots\frac{(2n-3)(2n+1)}{(2n-1)(2n-1)}$$
$$=-\frac{2n+1}{2n-1}\to-1.$$

32. 预测：由第 29 题得出 $\cos2\pi=1$.

检验：如同例 31 或 31 及例 35.

33. 预测：当 $x=n\pi$ ($n=1,2,3,\cdots$) 时，由例 29 得出

$$\left(1-\frac{4n^2}{1}\right)\left(1-\frac{4n^2}{9}\right)\left(1-\frac{4n^2}{25}\right)\cdots=\cos\pi n=(-1)^n.$$

检验：由 $\cos0=1$ 和例 35 或直接按例 31.

34. 对的. 如同例 22.

35. 对的. 按例 28 的结果或方法。

36.
$$1 - \sin x = 1 - \cos\left(\frac{\pi}{2} - x\right) = 2\sin^2\left(\frac{\pi}{4} - \frac{x}{2}\right)$$
$$= \left(\frac{\sin \pi(1 - 2z)/4}{\sin \pi/4}\right)^2;$$

我们令 $x = \pi z$. 由例 27 可得

$$\frac{\sin \pi(1 - 2z)/4}{\sin \pi/4}$$

$$= \lim \frac{n + (1 - 2z)/4}{n + 1/4} \cdots \frac{1 + (1 - 2z)/4}{1 + 1/4} \frac{(1 - 2z)/4}{1/4}$$

$$\times \frac{-1 + (1 - 2z)/4}{-1 + 1/4} \cdots \frac{-n + (1 - 2z)/4}{-n + 1/4}$$

$$= \lim \frac{4n + 1 - 2z}{4n + 1} \cdots \frac{5 - 2z}{5} \frac{1 - 2z}{1} \frac{3 + 2z}{3} \cdots \frac{4n - 1 + 2z}{4n - 1}$$

$$= \left(1 - \frac{2z}{1}\right)\left(1 + \frac{2z}{3}\right)\left(1 - \frac{2z}{5}\right)\cdots\left(1 + \frac{2z}{4n - 1}\right)\left(1 - \frac{2z}{4n + 1}\right)\cdots.$$

37. 在例 21 或 27 中取对数微分. 右边的正确的意思是

$$\lim_{n \to \infty}\left(\frac{1}{x + n\pi} + \cdots + \frac{1}{x + \pi} + \frac{1}{x} + \frac{1}{x - \pi} + \cdots + \frac{1}{x - n\pi}\right).$$

38. 由例 37

$$\cot x = \frac{1}{x} + \sum_{n=1}^{\infty}\left(\frac{1}{x + n\pi} + \frac{1}{x - n\pi}\right)$$

$$= \frac{1}{x} + \sum_{n=1}^{\infty} \frac{2x}{x^2 - n^2\pi^2}$$

$$= \frac{1}{x} - 2x \sum_{n=1}^{\infty}\left(\frac{1}{n^2\pi^2} + \frac{x^2}{n^4\pi^4} + \frac{x^4}{n^6\pi^6} + \cdots\right),$$

假定我们令

$$y = \cot x = \frac{1}{x} + a_1 x + a_2 x^3 + a_3 x^5 + \cdots,$$

则当 $n = 1, 2, 3, \cdots$ 时,我们用 x^{2n-1} 的系数来表示

$$S_{2n} = 1 + \frac{1}{2^{2n}} + \frac{1}{3^{2n}} + \frac{1}{4^{2n}} + \frac{1}{5^{2n}} + \cdots = -\frac{a_n\pi^{2n}}{2}.$$

为了求出系数 a_1, a_2, a_3, $\cdots$, 我们要用微分方程

$$y' + y^2 = -1.$$

把 y 和 y' 的展开式代入这个方程, 并且比较 x 的同次幂系数, 我们就得到系数 a_1, a_2, a_3, $\cdots$ 间的关系式, 为了观察方便, 我们列表如下:

	x^{-2}	1	x^2	x^4	x^6	$\cdots$
y'	-1	a_1	$3a_2$	$5a_3$	$7a_4$	$\cdots$
y^2	1	$2a_1$	$2a_2$	$2a_3$	$2a_4$	$\cdots$
			a_1^2	$2a_1a_2$	$2a_1a_3$	$\cdots$
					a_2^2	$\cdots$
						$\cdots$
	0	-1	0	0	0	$\cdots$

参看例 5.1. 于是我们得到一些关系式

$$3a_1 = -1, \quad 5a_2 + a_1^2 = 0, \quad 7a_3 + 2a_1a_2 = 0, \cdots,$$

从而对于 $n = 1, 2, 3, 4, \cdots$, 相继得出

$$S_{2n} = -\frac{a_n \pi^{2n}}{2} = \frac{\pi^2}{6}, \frac{\pi^4}{90}, \frac{\pi^6}{945}, \frac{\pi^8}{9450}, \cdots.$$

39. 将例 37 和 38 的方法应用到例 36 的结果中. 我们令

$$y = \cot\left(\frac{\pi}{4} - \frac{x}{2}\right) = b_1 + b_2 x + b_3 x^2 + b_4 x^3 + \cdots, \quad 则$$

$$T_n = 1 + \frac{(-1)^n}{3^n} + \frac{1}{5^n} + \frac{(-1)^n}{7^n} + \frac{1}{9^n} + \frac{(-1)^n}{11^n} + \cdots = \frac{b_n \pi^n}{2^{n+1}}.$$

y 满足微分方程

$$2y' = 1 + y^2,$$

从而可得下表(注意到 $b_1 = 1$):

	1	x	x^2	x^3	x^4	$\cdots$
y^2	1					
	1	$2b_2$	$2b_3$	$2b_4$	$2b_5$	$\cdots$
			b_2^2	$2b_2b_3$	$2b_2b_4$	$\cdots$
					b_3^2	
$2y'$	$2b_2$	$4b_3$	$6b_4$	$8b_5$	$10b_6$	$\cdots$

因此我们首先得到了关系式 $2b_2 = 2$, $4b_3 = 2b_2$, $6b_4 = 2b_3 + b'_2{}^2$, $\cdots$,然后对于

$$n = 1, 2, 3, 4, 5, 6, \cdots,$$

有

$$T_n = \frac{\pi}{4},\ \frac{\pi^2}{8},\ \frac{\pi^3}{32},\ \frac{\pi^4}{96},\ \frac{5\pi^5}{1536},\ \frac{\pi^6}{960},\cdots.$$

40. 通常

$$S_{2n}\left(1 - \frac{1}{2^{2n}}\right) = 1 + \frac{1}{2^{2n}} + \frac{1}{3^{2n}} + \frac{1}{4^{2n}} + \frac{1}{5^{2n}} + \cdots$$
$$- \frac{1}{2^{2n}} \qquad\qquad - \frac{1}{4^{2n}} \qquad\qquad - \cdots$$
$$= T_{2n}.$$

这可以用例 38 和 39 中的数字作检查:

$$\frac{1}{6}\cdot\frac{3}{4} = \frac{1}{8},\ \frac{1}{90}\cdot\frac{15}{16} = \frac{1}{96},\ \frac{1}{945}\cdot\frac{63}{64} = \frac{1}{960}.$$

41. $\displaystyle\int_0^1 (1 - x^2)^{-\frac{1}{2}} \arcsin x \cdot dx$

$$= \int_0^1 (1 - x^2)^{-\frac{1}{2}} x\,dx + \frac{1}{2}\frac{1}{3}\int_0^1 (1 - x^2)^{-\frac{1}{2}} x^3\,dx + \cdots$$

$$= 1 + \frac{1}{2}\frac{1}{3}\frac{2}{3} + \frac{1}{2}\frac{3}{4}\frac{1}{5}\frac{2 \cdot 4}{3 \cdot 5} + \frac{1}{2}\frac{3}{4}\frac{5}{6}\frac{1}{7}$$

$$\cdot \frac{2 \cdot 4 \cdot 6}{3 \cdot 5 \cdot 7} + \cdots = 1 + \frac{1}{3^2} + \frac{1}{5^2} + \frac{1}{7^2} + \cdots.$$

现在由此出发去估算积分,积分的精确值为 $\left(\left(\frac{\pi}{2}\right)^2\!\big/2\right)$ 并要用到

例 40. 参看 Euler, *Opera Omnia*, ser. 1, Vol. 14, p. 178—181.

42. $\displaystyle\int_0^1 (1 - x^2)^{-\frac{1}{2}} (\arcsin x)^2\,dx$

$$= \int_0^1 (1 - x^2)^{-\frac{1}{2}} x^2\,dx + \frac{2}{3}\frac{1}{2}\int_0^1 (1 - x^2)^{-\frac{1}{2}} x^4\,dx + \cdots$$

$$= \frac{1}{2}\frac{\pi}{2} + \frac{2}{3}\frac{1}{2}\cdot\frac{1}{2}\frac{3}{4}\frac{\pi}{2} + \frac{2}{3}\frac{4}{5}\frac{1}{3}\cdot\frac{1}{2}\frac{3}{4}\frac{5}{6}\frac{\pi}{2}+\cdots$$

$$= \frac{\pi}{4} \left(1 + \frac{1}{2^2} + \frac{1}{3^2} + \frac{1}{4^2} + \cdots \right).$$

由此出发去估算积分,此积分的精确值为 $\left(\left(\frac{\pi}{2} \right)^3 / 3 \right)$,我们用到的 $(\arcsin x)^2$ 的展开式我们将在例 5.1 中推导. 参看 Euler, *Opera Omnia*, ser. 1, Vol. 14, p. 181~184.

43. (a) $\displaystyle\sum_{n=1}^{\infty} \frac{x^n}{n^2} = \int_0^x \sum_{n=1}^{\infty} \frac{t^{n-1}}{n} \, dt = -\int_0^x t^{-1} \log (1 - t) \, dt$;

通过分部积分然后引入新的积分变量 $s = 1 - t$.

(b) 取 $x = \frac{1}{2}$ 时,它可使 x 和 $1 - x$ 中较大者取得最小值.

44. 如果 $P_n(x) = 0$,我们有

$$\left(1 + \frac{ix}{n} \right)^n = \left(1 - \frac{ix}{n} \right)^n,$$

$$1 + \frac{ix}{n} = e^{2\pi ki/n} \left(1 - \frac{ix}{n} \right),$$

$$x = \frac{n}{i} \frac{e^{\pi ki/n} - e^{-\pi ki/n}}{e^{\pi ki/n} + e^{-\pi ki/n}} = n \tan \frac{k\pi}{n},$$

如果 n 是奇数,其中我们取 $k = 0, 1, 2, \cdots, n - 1$.

45. 参看例 44,如果 n 是奇数,我们可以在根号的表达式中取
$$k = 0, \pm 1, \pm 2, \cdots \pm (n - 1)/2.$$
因此,

$$\frac{P_n(x)}{x} = \prod_{k=1}^{(n-1)/2} \left(1 - \frac{x^2}{n^2 \tan^2 (k\pi/n)} \right).$$

注意到,对于固定的 k,

$$\lim_{n \to \infty} n \tan (k\pi/n) = k\pi.$$

只要把目前的证法稍加改进就可以变为一种从现代观点看来可以接受的证明方法. 由柯西给出的与欧拉论证的稍微有点不同的处理方法为阿贝尔(Abel)所效法,阿贝尔利用类比的方法发现了

椭圆函数用无穷乘积表示的方法. 参看 A. Cauchy, *Oeuvres complètes*, ser. 2, Vol. 3, p. 462~465, 和 N. H. Abel, *Oeuvres complètes*, Vol. 1, p. 334~343.

46. 对有限项求和是与其项的次序无关的. 这里的错误是把上述结论不加分析地推广到了无限项求和，即，它假定一个无穷级数的和与项的次序无关. 这个假定的结论是错误的，我们的例子说明了这一点，为了免犯这样的错误，必须回到术语的定义上来，并严格地按照这些定义去证明. 于是，一个无穷级数的和被定义为一个确定的序列（序列的部分和）的极限，而交换一个无穷级数的项就相当于我们重新给出了一个级数，这就等于已完全改变了用以定义的序列.（在一定的条件下，改变一个无穷级数的次序其和并不改变，参看 Hardy, *Pure Mathematics*, p. 346~347, 374, 378~379. 但这个条件对本题并不满足.）

5,7,9,10,11,18,19,20,21 没有解答.

第三章 解 答

1. 成立: $F = 2n$, $V = n + 2$, $E = 3n$.

2. (1) 成立: $F = m(p + 1)$, $V = pm + 2$,
   $E = m(p + 1) + pm$.

   (2) $p = 1$, $m = 4$.

3. (1) 除去四面体外，剩下的六个多面体组成三对类型. 在同一对中的两个多面体，例如立方体和八面体，它们之间有相同的 E 并且其中一个的 F 等于另一个的 V，而剩下那个四面体，则按照这个特有的方式与它自己相对应.

   (2) 取立方体. 取立方体的任何二相邻面并连接它们的中心作一直线. 于是可得十二条直线，这十二条直线构成一个正八面体的边，这个八面体是内接于正立方体的，它的六个顶点位于正立方体的每张面的中心. 反之，一个正八面体的八张面的中心是内接于它的一个正立方体的八个顶点. 这种互逆关系也适用于表中另外成对的多面体之间（用硬纸片作出十二面体和正二十面体的模型），四面体对于它自己也有这种特有的关系，即它的四张面的中心是其内接四面体的顶点.

(3) 通过从一对中的一个多面体到其对应的另一多面体欧拉公式仍然成立.

4. 用 E 条红色的边界线把地球分割为 F 个地区（国家）；有 V 个顶点位于两个以上地区（国家）的边界上，选取每个地区的一个点作为这个地区（国家）的"首都". 任何两相邻地区（国家）的首都用一条道路相连，使得每条道路只越过一条边界线，并且不同的道路彼此不会相交；把这些道路都画为蓝色. 蓝线（道路）的数目等于 E，它们分割地球为 F' 个地区（国家）有 V' 个点位于三个或三个以上地区（国家）的边界上. 上述的情形满足 $V' = F$ 和 $F' = V$，地球的上述红色和蓝色分割方案之间的关系是可互逆的，由一个方案到另一个方案欧拉公式仍然成立.

5. 当且仅当在"加屋顶"前欧拉公式成立的话，欧拉公式在"加屋顶"后才能成立. 对于一个给定的多面体的非三角形的面加屋顶后我们可以得到另一个只有三角形面的多面体.

6. 和例 5 类似：如同"加屋顶"可以产生三角形面一样，"截角"能产生只有三条棱通过的顶点. 我们也能够利用例 4 将现在的情况化为例 5 的情形.

7. (1) $N_0 = V$, $N_1 = E$, $N_2 = F - 1$. 其下标表示各自的维数，参看 §7.

(2) $N_0 - N_1 + N_2 = 1$.

8. (1) 假定 $l + m = c_1$, $lm = c_2$.

则

$$N_0 = (l + 1)(m + 1) = 1 + c_1 + c_2,$$
$$N_1 = (l + 1)m + (m + 1)l = c_1 + 2c_2,$$
$$N_2 = lm \qquad\qquad = c_2.$$

(2) 也成立，$N_0 - N_1 + N_2 = 1$，虽然对矩形不可能进行例 7 所述的那种方式的简单分割.

9. $N_2 180° = (N_0 - 3) 360° + 180°$. 为了能达到例 7 的

解答中的等式 (2)，我们再把它变为：
$$2N_0 - N_2 - 5 = 0, \qquad 2N_0 - 3N_2 + 2N_2 - 3 = 2.$$
用计算棱的两种不同的方法，我们得到
$$3N_2 = 2N_1 - 3.$$
再由最后两个等式可得出
$$N_0 - N_1 + N_2 = 1,$$
鉴于例 7 (2)，欧拉公式就证明了.

10. (1) 假定
$$l + m + n = c_1, \quad lm + ln + mn = c_2, \quad lmn = c_3,$$
则
$$\begin{aligned}
N_0 &= (l + 1)(m + 1)(n + 1) \\
&= 1 + c_1 + c_2 + c_3, \\
N_1 &= l(m + 1)(n + 1) + m(l + 1)(n + 1) \\
&\quad + n(l + 1)(m + 1) = c_1 + 2c_2 + 3c_3, \\
N_2 &= (l + 1)mn + (m + 1)ln + (n + 1)lm \\
&= c_2 + 3c_3, \\
N_3 &= lmn = c_3.
\end{aligned}$$

(2) 有，$N_0 - N_1 + N_2 - N_3 = 1.$

11. 我们在 § 6 中已经处理了 $n = 3$ 的情形. 在处理这里的情形时，我们并未用任何只适用于 $n = 3$ 这一特殊情形的简化方式. 因此，这种特殊情形可以充分阐明一般情形（在例2.10的意义上.），这正如在 § 17 中已经指出那样，读者应回顾一下 § 16 中的讨论，例如对 n 等于 3，$n + 1$ 等于 4，P_n 等于 7，P_{n+1} 等于 11. 要谨慎一点，也可以参看例 12.

12. 仿照 § 17 的假定，并依例 11 类推. 假设 n 张平面的位置是一般的，它们分割空间为 S_n 部分，再加上一张平面，它和前 n 张平面交于 n 条直线，一般地在它上面确定了 P_n 个区域，每一个这样的区域可以看作一块"隔板"；它分割空间的一个老的部分（指 S_n 中有隔板那些区域中的一个）为两个新的部分，这样使得一个老的部分变成两个新的部分，从而每一个隔板可以使区域数目增加一个,因此总共增加了 S_n 个,这就得出了我们要证明的关系式.

13. 参看 §14 中表的第 3 列.

14. 在 §14 中表的第二列就是

$$S_n = 1 + n + \frac{n(n-1)}{1 \cdot 2} + \frac{n(n-1)(n-2)}{1 \cdot 2 \cdot 3}$$

$$= \binom{n}{0} + \binom{n}{1} + \binom{n}{2} + \binom{n}{3};$$

在这里我们使用了通常的二项式系数的记号.

15. 3 部分是有限的,8 部分是无限的.

16. 假定 P_n^∞ 表示定义在例 11 中那些 P_n 部分中的无限部分的份数. 通过观察,对于

$$n = 1, 2, 3$$

有

$$P_n^\infty = 2, 4, 6.$$

猜想: $P_n^\infty = 2n$. 验证:在某一个有限部分中取一个点,并设想这个点作为一个不断扩大的圆的圆心. 当这个圆变得很大时,$(P_n - P_n^\infty)$ 的有限个部分实际上与它的圆心重合. 现在,过圆心的 n 条不同的直线与圆周交于 $2n$ 个点并把圆周分割为 $2n$ 部分. 所以,$P_n^\infty = 2n$.

$$P_n - P_n^\infty = 1 - n + \frac{n(n-1)}{2}.$$

例如,对例 15 的答案是

$$1 - 4 + 6 = 3.$$

17. 与例 18 相同,照例 16 的解法类推.

18. 与例 19 相同.

19. 参看例 20 和 30.

20. 我们考察在平面上的 n 个圆,其中任何两个以一般方式相交,鉴于例 17,例 18 及例 19,这些圆分割平面的份数为 S_n^∞. 类似于 §16,注意,一个圆被 n 个与它相交的圆分割时(假定分割的方式是一般的)分割的份数等于 $2n$. 观察(并考虑 S_n^∞ 的所有三种解释)

$$n = 1, 2, 3, 4, \quad 2n = 2, 4, 6, 8, \quad S_n^\infty = 2, 4, 8, 14,$$

猜想：$S_{n+1}^\infty = S_n^\infty + 2n$. 验证：按照例 11，12，例如，

$$S_5^\infty = S_4^\infty + 8 = 14 + 8 = 22;$$

这就是例 17，18，19 的解答. 更进一步的猜想：

$$S_n^\infty = 2\binom{n}{0} + 2\binom{n}{2},$$

$$S_n - S_n^\infty = -\binom{n}{0} + \binom{n}{1} - \binom{n}{2} + \binom{n}{3}.$$

21. 参看例 22~30.

22. 不成立：因为 $F = 1$，$V = E = 0$，故 $1 + 0 \neq 0 + 2$.

23. 不成立：因为 $F = 2$，$V = 0$，$E = 1$，
    　　故 $2 + 0 \neq 1 + 2$.

24. 不成立：因为 $F = 3$，$V = 0$，$E = 2$，
    　　故 $3 + 0 \neq 2 + 2$.

25. 成立：　　因为 $F = 3$，$V = 2$，$E = 3$，
    　　故 $3 + 2 = 3 + 2$.

26. 不成立：因为 $F = p + 1$，$V = 0$，$E = p$，
    　　故 $(p + 1) + 0 \neq p + 2$;

对于 $p = 0, 1, 2$ 的情形分别见例 22，23，24. 注意到，在现在的情形下例 2 (1) 的解答不适用.

27. 在 $m = 3$，$p = 0$ 的情况下是成立的，参看例 25，从而在 $m \geqslant 3$ 的更一般的情形下：$F = m$，$V = 2$，$E = m$，$m + 2 = m + 2$. 在 $m = 0$，$p = 0$ 的情形下是不成立的，参看例 22. 剩下的两种情形能够说明它们是成立的. 因为，(1) $m = 1, p = 0$：一个地区由于一个内部的关卡它有两个端点，$F = 1$，$V = 2$，$E = 1$，$1 + 2 = 1 + 2$. (2) $m = 2, p = 0$：两个地区被两段弧和两个拐角分隔，$F = 2$，$V = 2$，$E = 2$，$2 + 2 = 2 + 2$. 更明显地说明不成立的情形，已在例 23 给出了. 现在，利用这里的说明，例 1 (2) 的解答对于 $m > 0$，$p = 0$ 的情形也是适用的.

28. $m \geqslant 3$，$p \geqslant 1$. 证明用到的事实是，任何凸多面体，其任何一面至少由三条棱围绕且在任一顶点至少有三条棱相交.

29. 例 22~28 提出了两个条件：

(1) 在 F 中把每一个区域当作一个凸多面体的一个面来考虑，它应当是一个"圆形区域的形式"，一个整体的球既不是这种形式，也不是那种环状形式。

(2) 在 E 中把一条线当作一个凸多面体的边来考虑，它应当终止于一个角顶，一个整圆周，不是如此终止 (它根本不会终止)。例 22 不满足 (1)，例 23 不满足 (2)，例 24 不满足 (1) 或 (2)，例 25 以及更一般在 $m > 0$，$p = 0$ 的情形下，如果像在例 27 解答中所解释的那样，则既满足 (1) 也满足 (2)。

30. (1) 参看例 26 在 2 (1) 中取 (3, 2) 的情形，去掉在两条纬线之间的弧：$F = 7$，$V = 8$，$E = 12$，$7 + 8 \neq 12 + 2$，这些地区都有一个球带，所以和条件 (1) 冲突，但不是和例 29 的条件 (2) 冲突。

(2) $F = 1$，$V = 1$，$E = 0$ (从整个球上去掉北极点)；正确，$1 + 1 = 0 + 2$，与例 29 (1) 或 (2) 不冲突。等等

32. $3F_3 + 4F_4 + 5F_5 + \cdots = 3V_3 + 4V_4 + 5V_5 + \cdots = 2E.$

33. 它们分别为：$4\pi, 12\pi, 8\pi, 36\pi, 20\pi$。

34. $\Sigma \alpha = \pi F_3 + 2\pi F_4 + 3\pi F_5 + \cdots$。

35. 由例 34, 32 和 31 可得
$$\Sigma \alpha = \pi \Sigma (n - 2) F_n = 2\pi (E - F).$$

36. 一个凸的球面 n 边多角形可被分割为 $n - 2$ 个球面三角形。因此，
$$A = \alpha_1 + \alpha_2 + \cdots + \alpha_n - (n - 2)\pi$$
$$= 2\pi - (\pi - \alpha_1) - (\pi - \alpha_2) - \cdots - (\pi - \alpha_n)$$
$$= 2\pi - a_1' - a_2' - \cdots - a_n' = 2\pi - P'.$$

37. 通过多边形的一个顶点的各个面围成一个内立体角，笛卡儿把它的补角称为外立体角。以这个点为中心，以 1 为半径作一个球。只保留该球位于外立体角的部分，在多角边形的各个顶点用这样的方式得到的相应的球的部分，把它们通过移动拼合在一

起,就成为一个整球,这种情形如同在类似的平面图形中(图 3.7)的扇形可通过移动合成一个整圆那样. 我们把对应球面多边形的面积作为立体角的量度,多边形的所有外立体角量度的总和,事实上是 4π.

38. 假定 $P_1, P_2, \cdots, P_V$ 表示球面多角形的周长,它分别对应着多边形的 V 个内立体角,则根据例 36 和 37 可得

$$\Sigma\alpha = P_1 + P_2 + \cdots + P_V$$
$$= 2\pi - A_1' + 2\pi - A_2' + \cdots + 2\pi - A_V'$$
$$= 2\pi V - 4\pi.$$

39. 根据例 35 和 38 可得

$$2\pi(E - F) = \Sigma\alpha = 2\pi(V - 2).$$

40. 根据例 31 和 32 可得

$$3F = 3F_3 + 3F_4 + 3F_5 + \cdots$$
$$\leqslant 3F_3 + 4F_4 + 5F_5 + \cdots$$
$$= 2E,$$

这样就得出了所提出的六个不等式中的第一个. 当 $F = F_3$ 时,也就是说其所有的面都是三角形时,上式才取等号. 从欧拉定理和我们上述证明过的不等式中先消去 E 然后再消去 F,我们就得到了第一行中剩下的两个不等式;当且仅当它们的所有的面都是三角形时,这两个式子才取等号. 按照例 3 和 4 所述,交换 F 和 V,我们就得到了第 2 行的三个不等式;当且仅当多面体的所有的顶点都有三边通过时,这三个式子才取等号. 上述的某些不等式可以在笛卡儿的笔记里找到证明.

41. 由欧拉定理可得

$$6F - 2E = 12 + 2(2E - 3V),$$

再由例 31, 32 和 40 可得

$$3F_3 + 2F_4 + F_5 = 12 + 2(2E - 3V) + F_7 + 2F_8 + \cdots$$
$$3F_3 + 2F_4 + F_5 \geqslant 12.$$

所以任何凸多面体必然有某些面的边数要少于六.

31 没有解答.

第四章 解 答

1. $R_2(25) = 12$，参看 § 2；$S_3(11) = 3$.

2. $R_2(n)$ 表示在平面上格点的数目，这些格点落在半径为 $\sqrt{n}$、圆心在原点的一个圆周上.（在例 1 中取 $n = 25$ 并作此圆.）$R_3(n)$ 表示在空间中格点的数目，这些格点落在半径为 $\sqrt{n}$、球心在原点的球面上.

3. 如果 p 是一个奇素数，$R_2(p^2) = 12$ 或 4 要取决于 p 除以 4 后剩下的余数是 1 或 3 而定.

4. 把这两个表进行比较后可看出：如果 p 是一个奇数，那么或者 p 和 p^2 两者都可表为两个平方数之和，或者它们都不可能这样表示. 通过我们的观察可得出一更精确的猜想，如果 p 是一个奇素数，$R_2(p) = 8$ 或 0 要取决于 p 除以 4 后剩下的余数是 1 或 3 而定.

5. 如果 $p = x^2 + y^2$，那么由此得出
$$p^2 = x^4 + 2x^2y^2 + y^4 = (x^2 - y^2)^2 + (2xy)^2.$$
也就是说，如果 $R_2(p) > 0$ 则有 $R_2(p^2) > 0$，要是作为不太精确的猜想这仅是一半，而作为更精确的猜想则仅是一小部分.（如果我们知道 $R_2(p^2) > 0$，则关于 $R_2(p)$ 的结论就不那样明显可以看出来了.）尚且，看来这样一种局部的证实大大地加强了我们对不太精确猜想的信任而且也稍微加强了我们对于更精确猜想的信任.

6. 当 $n = 7, 15, 23, 28$ 且恰恰到 30 时，$R_3(p) = 0$；参看本章正文末的表 Ⅱ.

7. $S_4(n)$ 的值分别是：(1) 24, (2) 12, (3) 6, (4) 4, (5) 1.

8. 首先，参看在例 7 中区分的几种情形，如果 $S_4(4u)$ 是奇数，那么情形 (5) 必然出现，因此
$$4u = a^2 + a^2 + a^2 + a^2,$$
$$u = a^2.$$
其次，u 的任何因子 d 必然对应着因子 $\dfrac{u}{d}$，除非 $u = d^2$，否则它

们是不同的. 因此 u 的因子的数目是奇数还是偶数，应根据 u 是一个平方数或不是平方数而定. 且此规律对于这些因子的和同样也适用，因为当 u 是奇数时它的每个因子也是奇数. 我们在 §6 作过的猜想对 $S_4(4u)$ 等于 u 的各因子之和；我们现在已证明了这样两个数除以 2 时余数相等. 猜想的一部分得到了证明，我们当然会更信任它.

9.　(1)　$24 \times 2^4 = 8 \times 48$　　(6)　$24 \times 2^3 = 8 \times 24$

　　(2)　$12 \times 2^4 = 8 \times 24$　　(7)　$12 \times 2^3 = 8 \times 12$

　　(3)　$6 \times 2^4 = 8 \times 12$　　(8)　$4 \times 2^3 = 8 \times 4$

　　(4)　$4 \times 2^4 = 8 \times 8$　　(9)　$12 \times 2^2 = 8 \times 6$

　　(5)　$1 \times 2^4 = 8 \times 2$　　(10)　$6 \times 2^2 = 8 \times 3$

　　　　　　　　(11)　$4 \times 2 = 8 \times 1$.

10.　参看本章正文末的表 II. 至少核对几个，由例 9 得知，$R_4(n)$ 可被 8 除尽.

11.　努力注意最低程度的零碎的规律性(如同我们在 §6 中所作的那样)，你可以导致下面更值得注意的分类

(1)　　2　3　　5　　7　11　13　17　19　23　29

　　　　3　4　　6　　8　12　14　18　20　24　30

(2)　　　2　　　　4　　　　8　　　16

　　　　　3　　　　3　　　　3　　　　3

(3)　　4　8　12　16　20　24　28

　　　　3　3　12　 3　18　12　24

在 (1)，(2)，(3) 的第一行给出 n，在第二行给出 $R_4(n)$.

12.　在例 11 的解答中已完成：(1) 素数，(2) 2 的幂，(3) 能被 4 除尽的数.

13.　通过与 §6 类比并结合适当的观察，当 n 不能被 4 除尽时，就能比较容易地发现这规律. 因此，我们集中研究在例 11 解答中的情况 (3)：

$$n = 4 \quad 8 \quad 12 \quad 16 \quad 20 \quad 24 \quad 28$$

$$\frac{n}{4} = 1 \quad 2 \quad 3 \quad 4 \quad 5 \quad 6 \quad 7$$

$$R_n(n)/8 = 3 \quad \mathbf{3} \quad 12 \quad 3 \quad 18 \quad \mathbf{12} \quad 24$$

在第三行用黑体印刷的数是第二行中对应的数的所有因子的和，因此，它也是第一行中对应数的某些因子之和，对于这点我们是真正感兴趣的。通过这样的观察导致了另一个试验：

$$n = \quad\quad 4 \quad\quad 8 \quad\quad\quad 12 \quad\quad\quad 16$$
$$R_4(n)/8 = \quad 1+2 \quad 1+2 \quad 1+2+3+6 \quad 1+2$$
$$n = \quad\quad 20 \quad\quad\quad 24 \quad\quad\quad 28$$
$$R_4(n)/8 = \quad 1+2+5+10 \quad 1+2+3+6 \quad 1+2+7+14.$$

哪些因子是加在一起了？哪些因子是省略了？

14. $R_4(n)$ 是把 n 表示成为四个平方数的和，它等于 n 的那些不能被 4 除尽的因子和的 8 倍。（如果 n 本身不能被 4 除尽，那它的因子也不能被 4 除尽，这是较为常见的情况，因此这规律也较为简单。）

15. 相当于表 II 的列：

31	25+4+1+1	12×16	32 = 31+1
	9+9+9+4	4×16	
32	16+16	6×4	3 = 2+1
33	25+ 4+4	12×8	48 = 33+11+3+1
	16+16+1	12×8	
	16+ 9+4+4	12×16	

16.
$$5 = 1+1+1+1+1 = 4+1$$

$$R_8(5) = \binom{8}{5}2^5 + 8 \cdot 7 \cdot 2^2 = 2016 = 16 \times 126$$

$$40 = 25 + 9 + 1 + 1 + 1 + 1 + 1 + 1$$
$$40 = 9 + 9 + 9 + 9 + 1 + 1 + 1 + 1$$

$$S_8(40) = 8 \cdot 7 + \binom{8}{4} = 126.$$

17. 例 16. 表 III 可用一个比例 16 更方便的一种方法来构成。参考例 6.17 和 6.23.

18. 在表 III 范围内，$R_8(n)$ 和 $S_8(8n)$ 随 n 的增加而平稳地

增加，而 $R_4(n)$ 和 $S_4(4(2n-1))$ 无规律地摆动.

19．将 $R_4(n)$ 和 $S_4(4(2n-1))$ 进行类比可得出因子. 容易观察出一个零碎的规律性：如果 n 是奇数，则 $R_8(n)/16$ 和 $S_8(8n)$ 恰好相等；如果 n 是偶数，它们是不相等的，虽然这种差别在大多数情形下是比较小的.

20．奇数和偶数已在例 19 中研究过了. 2 的幂：

n	1	2	4	8	16
$S(8n)$	1	8	64	512	4096.

第二行也由 2 的幂组成：

n	2^0	2^1	2^2	2^3	2^4
$S(8n)$	2^0	2^3	2^6	2^9	2^{12}.

指数有什么规律？

21．如果 n 是 2 的一个幂，则 $S(8n)=n^3$. 由它（以及 $R_8(n)$ 和 $S_8(8n)$ 平滑的增加规律）可导出下表：

n	$R_8(n)/16-n^3$	$S_8(8n)-n^3$
1	0	0
2	−1	0
3	1	1
4	7	0
5	1	1
6	−20	8
7	1	1
8	71	0
9	28	28
10	−118	8
11	1	1
12	260	64
13	1	1
14	−336	8
15	153	153
16	583	0
17	1	1
18	−533	224
19	1	1
20	946	64

在与 $R_8(n)$ 有关的列中，＋号和－号是有规律分布的。

22. 因子的立方：

n	$R_8(n)/16 = S_8(8n)$
1	1^3
3	3^3+1^3
5	5^3+1^3
7	7^3+1^3
9	$9^3+3^3+1^3$
11	11^3+1^3
13	13^3+1^3
15	$15^3+5^3+3^3+1^3$
17	17^3+1^3
19	19^3+1^3

n	$R_8(n)/16$	$S_8(8n)$
2	2^3-1^3	2^3
4	$4^3+2^3-1^3$	4^3
6	$6^3-3^3+2^3-1^3$	6^3+2^3
8	$8^3+4^3+2^3-1^3$	8^3
10	$10^3-5^3+2^3-1^3$	10^3+2^3
12	$12^3+6^3+4^3-3^3+2^3-1^3$	12^3+4^3
14	$14^3-7^3+2^3-1^3$	14^3+2^3
16	$16^3+8^3+4^3+2^3-1^3$	16^3
18	$18^3-9^3+6^3-3^3+2^3-1^3$	$18^3+6^3+2^3$
20	$20^3+10^3-5^3+4^3+2^3-1^3$	20^3+4^3

23. (1) $(-1)^{n-1}R_8(n)/16$ 等于 n 的所有奇数因子的立方和，小于 n 的所有偶数因子的立方和.

(2) $S_8(8n)$ 等于 n 的那些余因子是奇数的因子的立方和（如果 d 是 n 的一个因子，那么称 $\dfrac{n}{d}$ 为 d 的余因子），关于定理的历史和参考文献可参看例 6.24.

24. 列表

0	3	6	9	12
5	8	11	14	
10	13			

然后设想把表向右和向下无限扩大，就可以知道不能用本题要求

的形式来表示的正整数是 1，2，4，7．

25．这是例 24 中 $a = 3$，$b = 5$ 的情形，a 和 b 是余素数．最后的整数不可能表示为

$$ab - a - b = (a - 1)(b - 1) - 1.$$

与平方和有关的规律比较起来，这是最容易证明的．

26．（1）一般是正确的．（2）一般不是正确的，第一个不正确的情形是 $n = 341$．（参看 G. H. Hardy 和 E. M. Wright, *An introduction to the theory of numbers*, Oxford, 1938，p. 69，72．）

第五章 解 答

1．［普纳姆，1948．］

（a） $x + \dfrac{2}{3} x^3 + \dfrac{2}{3} \dfrac{4}{5} x^5 + \cdots$

$$+ \dfrac{2}{3} \dfrac{4}{5} \dfrac{6}{7} \cdots \dfrac{2n}{2n + 1} x^{2n+1} + \cdots.$$

（b）为了验证该微分方程，令

$$y = a_0 x + a_1 x^3 + a_2 x^5 + \cdots + a_n x^{2n+1} + \cdots.$$

为了比较相同幂的系数，可以列表如下：

	1	x^2	x^4	...	x^{2n}	...
y'	a_0	$3a_1$	$5a_2$	...	$(2n+1)a_n$	...
$-x^2 y'$		$-a_0$	$-3a_1$	...	$-(2n-1)a_{n-1}$	...
$-xy$		$-a_0$	$-a_1$	...	$-a_{n-1}$	...
	1	0	0	...	0	...

这样就得出 $a_0 = 1$，而当 $n \geqq 1$ 时，$(2n+1)a_n = 2na_{n-1}$．

2．［参看普纳姆，1950．］

（a） $y = \dfrac{x}{1} + \dfrac{x^3}{1 \cdot 3} + \dfrac{x^5}{1 \cdot 3 \cdot 5} + \cdots$

$$+ \dfrac{x^{2n-1}}{1 \cdot 3 \cdot 5 \cdots (2n - 1)} + \cdots.$$

（b）这个展开式满足

$$y' = 1 + \frac{x^2}{1} + \frac{x^4}{1 \cdot 3} + \frac{x^6}{1 \cdot 3 \cdot 5} + \cdots,$$

$$y' = 1 + xy.$$

y 与幂级数又满足同样的微分方程,而当 $x = 0$ 时,它们都变为零. 因此,它们是恒等的.

3. 系数 a_n 之间的关系可由

$$\frac{1}{1+x} + \frac{4a_1 x}{(1+x)^3} + \frac{16a_2 x^2}{(1+x)^5} + \cdots$$

$$= 1 + a_1 x^2 + a_2 x^4 + \cdots = f(x)$$

得出,这已表示在下表中(见例1).

1	-1	1	-1	1
	$4a_1$	$-4a_1 \cdot 3$	$4a_1 \cdot 6$	$-4a_1 \cdot 10$
		$16a_2$	$-16a_2 \cdot 5$	$16a_2 \cdot 15$
			$64a_3$	$-64a_3 \cdot 7$
				$256a_4$
1	0	a_1	0	a_2

从它们得出

$$f(x) = 1 + \left(\frac{1}{2}\right)^2 x^2 + \left(\frac{1}{2}\,\frac{3}{4}\right)^2 x^4 + \left(\frac{1}{2}\,\frac{3}{4}\,\frac{5}{6}\right)^2 x^6$$

$$+ \left(\frac{1}{2}\,\frac{3}{4}\,\frac{5}{6}\,\frac{7}{8}\right)^2 x^8 + \cdots.$$

在历史上这曾是一个有趣的例子. 参看 Gauss, *Werker*, Vol. 3, p. 365～369.

4. 研究下列阵列的排列(参看例1,3):

$$f(x)^3 \begin{cases} a_0^3 & 3a_1 a_0^2 & 3a_2 a_0^2 & 3a_3 a_0^2 & 3a_4 a_0^2 \\ & & 3a_1^2 a_0 & 6a_2 a_1 a_0 & 6a_3 a_1 a_0 \\ & & & a_1^3 & 3a_2^2 a_0 \\ & & & & 3a_2 a_1^2 \end{cases}$$

$$3f(x)f(x^2) \begin{cases} 3a_0^2 & 3a_1 a_0 & 3a_2 a_0 & 3a_3 a_0 & 3a_4 a_0 \\ & & 3a_0 a_1 & 3a_1 a_1 & 3a_2 a_1 \\ & & & & 3a_0 a_2 \end{cases}$$

$2f(x^3)$	$2a_0$			$2a_1$	
	$6a_1$	$6a_2$	$6a_3$	$6a_4$	$6a_5$

由 $a_0 = 1$ 开始，我们递推地得到 a_1, a_2, a_3, a_4 和 $a_5 = 8$. 参看 G. Pólya, *Zeitschrift für Kristallographie*, Vol. (A) 93 (1936), p. 415~443，和 *Acta Mathematica*, Vol. 68(1937),p. 145~252.

5. 通过与 §1 中的展开式比较可得出.

6. (a) $\dfrac{\varepsilon^2}{15}$.

(b) $+\infty$.

在这两种极端的情形下误差是正的，近似值大于真值.

7. (a) $\dfrac{\varepsilon^2}{15}$.

(b) $\dfrac{1}{3}$.

在这两种极端的情形下，近似值大于真值.

8. $\dfrac{4\pi(a^2 + b^2 + c^2)}{3}$.

有某些理由认为这样近似得出的值超过了真值. 参看 G. Pólya, *Publicaciones del Instituto di Matematica*, Rosario, Vol. 5 (1943).

9. 把积分变到级数，用二项式展开式以及例 2.42 的积分公式. 即得出

$$P = 2\pi a \left[1 - \frac{1}{2} \sum_{1}^{\infty} \frac{1}{2} \frac{3}{4} \cdots \frac{2n-1}{2n} \frac{\varepsilon^{2n}}{2n-1} \right],$$

$$P' = 2\pi a \left[1 - \sum_{1}^{\infty} \frac{3}{4} \frac{7}{8} \cdots \frac{4n-1}{4n} \frac{\varepsilon^{2n}}{4n-1} \right].$$

10. 利用例 9 的解并令

$$\frac{1}{2} \frac{3}{4} \frac{5}{6} \cdots \frac{2n-1}{2n} = g_n.$$

于是当 $n \geqslant 2$ 时，$g_1 > g_n$，而当 $\varepsilon > 0$ 时，

$$E - P = 2\pi a \sum_{2}^{\infty} (g_1 g_n - g_n^2) \frac{\varepsilon^{2n}}{(2n-1)} > 0.$$

11. P'' 的相对误差的首项是

$$-[\alpha + 3(1-\alpha)]\varepsilon^4/64 + \cdots,$$

除 $\alpha = \dfrac{3}{2}$ 外它是 4 阶的，而 $P'' = P + (P - P')/2$.

12. $(P'' - E)/E = \begin{cases} 3.2^{-14}\varepsilon^8 + \cdots \text{（当 } \varepsilon \text{ 比较小时）}, \\ (3\pi - 8)/8 = 0.1781 \text{（当 } \varepsilon = 1 \text{ 时）}, \\ 0.00019\left(\text{当 } \varepsilon = \dfrac{4}{5} \text{ 时}\right). \end{cases}$

因此猜想 $P'' > E$. 参看 G. Peano, *Applicazioni geometriche del calcolo infinitesimale*, p. 231~236.

13. $e^p = \lim\limits_{n \to \infty} \left(1 + \dfrac{p}{n}\right)^n.$

因此待证的结果等价于

$$\limsup_{n \to \infty} \left(\frac{n(a_1 + a_n \cdot p)}{(n+p)a_n}\right)^n \geq 1.$$

相反，就会有

$$\frac{n(a_1 + a_{n+p})}{(n+p)a_n} < 1$$

对于 $n > N$（N 是固定的数），又可写为

$$\frac{a_{n+p}}{n+p} - \frac{a_n}{n} < -\frac{a_1}{n+p}.$$

取数值 $n = (m-1)p$:

$$\frac{a_{mp}}{mp} - \frac{a_{(m-1)p}}{(m-1)p} < -\frac{a_1}{mp},$$

$$\frac{a_{(m-1)p}}{(m-1)p} - \frac{a_{(m-2)p}}{(m-2)p} < -\frac{a_1}{(m-1)p},$$

······

如同在 §5 那样我们可以得出结论，且有一个相适应的常数 C，使

$$\frac{a_{mp}}{m} < C - a_1\left(1 + \frac{1}{2} + \cdots + \frac{1}{m}\right),$$

这样当 $m \to \infty$ 时，就会得和假定 $a_n > 0$ 相矛盾的结果。

14. 对 §4 的例子 $a_n = n^c$，假定

$$a_1 = 1,$$

$$a_n = n \log \qquad 当 \ n = 2, 3, 4, \cdots 时。$$

那么

$$\left(\frac{a_1 + a_{n+p}}{a_n}\right)^n = \left\{\frac{1 + (n+p)[\log n + \log(1 + (p/n))]}{n \log n}\right\}^n$$

$$= \left\{\frac{(n + p)\log n + 1 + (n + p)\left[\dfrac{p}{n} - \dfrac{p^2}{2n^2} + \cdots\right]}{n \log n}\right\}^n$$

$$= \left\{1 + \frac{p + \alpha_n}{n}\right\}^n \to c^p,$$

因为 $\alpha_n \to 0$。

15. 问题中的尾数是缓慢上升曲线 $y = \log x - 2$ 的 900 个纵坐标，它们对应于横坐标 $x = 100, 101, \cdots, 999$；在这里 $\log$ 是常用对数。表 I 指出了在曲线上的 900 个点中有多少落在各各宽度为 $\frac{1}{10}$ 的水平窄条内。让我们考虑曲线进入和离开上述窄条的点。如果 x_n 是上述点的横坐标

$$\log x_n - 2 = \frac{n}{10}$$

$$x_n = 100 \cdot 10^{n/10},$$

其中 $n = 0, 1, 2, \cdots, 10$ 在每一个区间内整数的数目近似地等于这个区间的长度，误差小于 1。因此，在问题中第一位数是 n 的尾数的数目是 $x_{n+1} - x_n$，其误差小于 1。于是，$x_{n+1} - x_n = 100(10^{\frac{1}{10}} - 1)10^{\frac{n}{10}}$ 是一个公比为 $10^{\frac{1}{10}} = 1.25893$ 的几何级数的第 n 项。用常用的六位对数表来预测和观察类似的现象。

16. 周期的重复可以看作（而且应当看作）一种对称性；但是它是在所有的情形中出现的，因此我们将不再提及它。下列的对称性在我们的分类法中起着重要作用。

(1) 对称中心。记作 c, c'。

(2) 对称线.如果线是水平的,那么记作 h,如果线是垂直的,那么记作 v 或 v'.

(3) 下滑对称.把饰带水平移动并同时对中心水平线作反射,就会与它自己重合在饰带 5,7,9,6 中. 记作 g.

下列的对称类型是表示在图 5.2 中的(当同一对称类型的两个图形元素有重大差别时我们用 c 和 c' 或者 v 和 v' 加以区别).

1,d: 不对称(除去周期性)

2,g: c, c', c, c', $\cdots$

3,f: v, v', v, v',

4,e: h

5,a: g

6,c: h; (v, c), (v', c'), (v, c), (v', c'), $\cdots$

7,b: g; v, c, v, c, $\cdots$.

所有可能的对称类型都表示在图 5.2 中,你也可以自己归纳出来.

17. 这里有三种不同的对称类型,1 和 2 是一类,3 和 4 是一类. 设法找出全部类型来. 参看 G. Pólya, *Zeitschrift für Kristallographie*, Vol. 60, (1924), p. 278~282, P. Niggli, *ibid.*, p. 283~298, 和 H. Weyl, *Symmetry*, Princeton, 1952.

18. 不顾其他细节,只考虑印刷的样式,则 (1) 对称于铅直线,(2)对称于水平线,(3)对称于中心,(4)同时具有上述三种对称性,(5)不对称. 在直角坐标系中这五个方程所表示的曲线有上述相同的性质. 把此问题的某些思想用于解析几何中的分类,可以使后者更形象活泼.

第六章 解 答

2. $x(1 - x)^{-2}$ 如果取 $f(x) = (1 - x)^{-1}$,则它是例 3 的特殊情形;亦可通过组合例 4 和例 5 得出.

3. $xf'(x) = \sum_{n=0}^{\infty} n a_n x^n$,

4. $xf(x) = \sum_{n=1}^{\infty} a_{n-1} x^n.$

5. $(1-x)^{-1} f(x) = \sum_{n=0}^{\infty} (a_0 + a_1 + \cdots + a_n) x^n;$ 它是例
6 的特殊情形.

6. $f(x) g(x) = \sum_{n=0}^{\infty} (a_0 b_n + a_1 b_{n-1} + \cdots + a_n b_0) x^n.$

7. $D_3 = 1, D_4 = 2, D_5 = 5, D_6 = 14.$ 关于 D_6 参看图 6.1;
有三种类型的分法. 型 I 的分法有 2 种,型 II 有 6 种,型 III 有 6
种.

8. 对 $n = 6$,递推公式验明成立:
$$14 = 1 \times 5 + 1 \times 2 + 2 \times 1 + 5 \times 1.$$
取多边形某边(如图 6.2 之水平边)为底,以此为三角形的一边,再
作三角形的另二边,来开始分割多边形. 取定三角形后,还得分割
左边的 K 边形和右边的 $n + 1 - K$ 边形, 这两个多边形合计有
$D_K D_{n+1-K}$ 种分法. 取 $K = 2, 3, 4, \cdots, n - 1$;但对 $K = 2$ 的
情形当然要作合理的解释.

9. 由例 4 和例 6,自 D_n 的递推公式,可知
$$xg(x) = D_2 x^3 + [g(x)]^2.$$
取这二次方程的一解
$$g(x) = \left(\frac{x}{2}\right) [1 - (1 - 4x)^{\frac{1}{2}}].$$
展开之(其第一项为 x^2 项),并用二项式系数记号,得
$$D_n \quad -\frac{1}{2} \binom{\frac{1}{2}}{n-1} (-4)^{n-1}.$$

10. 更好一些. 因为
$$\sum_{u=-\infty}^{\infty} x^{u^2} \sum_{v=-\infty}^{\infty} x^{v^2} \sum_{w=-\infty}^{\infty} x^{w^2} = \sum_{-\infty}^{\infty} \sum_{-\infty}^{\infty} \sum_{-\infty}^{\infty} x^{u^2+v^2+w^2},$$
其中 u, v, w 各自独立地取遍所有的整数 (从 $-\infty$ 到 $+\infty$),从而

三重和是对整个空间的点阵求和（见例4.2）. 你只要把那些指数 $u^2 + v^2 + w^2$ 有相同值 n 的项集中起来，就可以知道这是 $R_3(n)$ 的母函数了.

11. $\displaystyle\sum_{n=0}^{\infty} R_k(n) x^n = \left[\sum_{n=0}^{\infty} R_1(n)x^n\right]^k.$

12. $\displaystyle\sum_{n=1}^{\infty} S_k(n)x^n = \left[\sum_{n=1}^{\infty} x^{(2n-1)^2}\right]^k.$

13. 假定 I, J, K, L 是给定的系数全为整数的幂级数. 那么 $R_1(n)$, $R_2(n)$, $R_4(n)$, $R_8(n)$ 的母函数的形式分别为

$$1 + 2I,$$
$$(1 + 2I)^2 = I + 4J,$$
$$(1 + 4J)^2 = 1 + 8K,$$
$$(1 + 8K) = 1 + 16L.$$

14. $x + x^9 + x^{25} + x^{49} + x^{81} + \cdots$
$$= x(1 + x^8 + x^{24} + x^{48} + x^{80} + \cdots) = xP.$$

其中 P 表示一幂级数，当 n 不能被 8 除尽时，x^n 的系数变为零.

$$S_1(n), \qquad S_2(n), \qquad S_4(n), \qquad S_8(n)$$

的母函数分别是

$$xP, \qquad x^2P^2, \qquad x^4P^4, \qquad x^8P^8.$$

15. 由例 6 和例 11，有

$$G^{k+l} = G^k G^l,$$

其中 G 代表 $R_1(n)$ 的母函数.

16. 类似于例 15 的解法，可由例 6 和例 12 得出.

17. 利用例 15 和例 16 并取 $k = l = 4$，实际的计算可用该方法进行，有时要用其它一些方法进行检验，如同例 4.16 和例 23 所作的那样.

18. (1) 由例 14 与例 16 得出

$$S_4(4) S_4(8n - 4) + S_4(12) S_4(8n - 12) + \cdots$$
$$+ S_4(8n - 4)S_4(4) = S_8(8n).$$

如果 u 是奇数，它可由 §4.6 中 $S_4(4(2n - 1)) = \sigma(2n - 1)$ 和例

4.23 中 $S_8(8u) = \sigma_3(u)$ 猜测出来.

(2) $\sigma(1)\sigma(9) + \sigma(3)\sigma(7) + \sigma(5)\sigma(5) + \sigma(7)\sigma(3) + \sigma(9)\sigma(1)$

$$= 2(1 \times 13 + 4 \times 8) + 6 \times 6$$
$$= 126 = 5^3 + 1^3 = \sigma_3(5).$$

(3) 看来在某种程度上这样的证明适当地增加了我们对两个猜想的信心.

19. 对于 $u = 1, 3, 5, \cdots,$

$$\sum \left[\frac{u-1}{2} - 5\frac{k(k+1)}{2} \right]_{su-k(k+1)} = 0$$

是对满足不等式

$$0 \leqslant k(k+1) < u$$

的所有非负整数 k 求和.

20. $\sigma(3) = 4\sigma(1)$

$2\sigma(5) = 3\sigma(3)$

$3\sigma(7) = 2\sigma(5) + 12\sigma(1)$

$4\sigma(9) = \sigma(7) + 11\sigma(3).$

最后一个式子是正确的,因为

$$4 \times 13 = 8 + 11 \times 4.$$

21. 对于 $S_4(4(2n - 1))$,这个递推公式已在例 19 中证明了,如果 $S_4(4)$ 是已知的话,那么这个递推公式就表示一组确定 $S_4(4(2n - 1))$ 的无穷多个关系式. 现在,我们知道

$$S_4(4) = \sigma(1) = 1.$$

如果 $\sigma(2n - 1)$ 满足与 $S_4(4(2n - 1))$ 相同的一组递推关系式的话 $(n = 1, 2, 3, \cdots)$,则

$$S_4(4(2n - 1)) = \sigma(2n - 1),$$

因为等价关系是显然的. 反之,若最后的等式成立,$\sigma(2n - 1)$ 将满足那些递推关系式.

22. 假定

$$G = a_0 + a_1x + a_2x^2 + a_3x^3 + \cdots,$$
$$H = u_0 + u_1x + u_2x^2 + u_3x^3 + \cdots,$$
$$G^k = H.$$

由例 19 得出

$$GxH' - kxG'H = 0.$$

令 x^n 的系数等于 0：

$$\sum_{m=0}^{n} [n - (k+1)m]\, a_m u_{n-m} = 0.$$

并认为 $a_0, a_1, a_2, \cdots$ 是已知的，假如 $a_0 \neq 0$，利用上一方程式你可以用 $u_{n-1}, u_{n-2}, \cdots u_1, u_0$ 来表示 u_n。并注意到 $u_0 = a_0^k$。

23. $k = 8$ 的情形，应用例 22 到

$$G = 1 + 2x + 2x^4 + 2x^9 + 2x^{16} + \cdots,$$

按例 11 例 22 的结果给出

$$nR_8(n) = 2(9-n)\, R_8(n-1) + 2(36-n)\, R_8(n-4)$$
$$+ 2(81-n)\, R_8(n-9) + \cdots.$$

令 $R_8(n)/16 = r_n$。于是 $r_0 = 1/16$，而且我们可相继地从

$$r_1 = 16r_0$$
$$2r_2 = 14r_1$$
$$3r_3 = 12r_2$$
$$4r_4 = 10r_3 + 64r_0$$
$$5r_5 = 8r_4 + 62r_1$$
$$6r_6 = 6r_5 + 60r_2$$
$$7r_7 = 4r_6 + 58r_3$$
$$8r_8 = 2r_7 + 56r_4$$
$$9r_9 = \qquad 54r_5 + 144r_0$$
$$10r_{10} = -2r_9 + 52r_6 + 142r_1$$

求出 $r_1, r_2, r_3, \cdots r_{10}$，使用这些公式进行数字计算时，我们有一种重要的检验方法：求 r_n 的方程的右边必须能被 n 除尽。

同样的方法可以得出关于 $R_k(n)$ 的递推公式，其中 k 为不小于 2 的任意给定的正整数，对于 $S_k(n)$ 也有类似的结果。

25. 称 s 为无穷乘积，计算 $-xd\log s/dx$ 并且利用欧拉文章中的 §10，可得

$$k \sum \sigma(l) x^l = \frac{\sum n a_n x^n}{1 - \sum a_m x^m};$$

三个求和式的求和范围都是从 1 到 ∞. 两端同乘右端的分母,合并同类项,研究 x^n 的系数.

欧拉的情形是 $k = 1$,对于 $k = 3$ 也得出一个比较简单的结果(参看 Hardy 和 Wright 的著作,引证在例 2.4,p. 282 和 p. 283 的定理 353 和 357). 对于别的情形,关于 a_n 的规律,我们尚知道得不多.

1 和 24 没有解答.

第七章 解 答

1. [斯坦福, 1950]

$$1 - 4 + 9 - 16 + \cdots + (-1)^{n-1} n^2 = (-1)^{n-1} \frac{n(n + 1)}{2}.$$

从 n 到 $n + 1$ 的步骤需证

$$(-1)^n (n + 1)^2 = (-1)^n \frac{(n + 1)(n + 2)}{2} - (-1)^{n-1} \frac{n(n + 1)}{2}.$$

2. 为了证明

$$P_n = \binom{n}{0} + \binom{n}{1} + \binom{n}{2},$$

$$S_n = \binom{n}{0} + \binom{n}{1} + \binom{n}{2} + \binom{n}{3},$$

$$S_n^\infty = 2\binom{n}{0} + 2\binom{n}{2},$$

分别应用例3.11,与 P_n 表达式相结合的例3.12,以及例3.20,尔后,假设上面的表达式存在,需证

$$P_{n+1} - P_n = \binom{n}{0} + \binom{n}{1},$$

$$S_{n+1} - S_n = \binom{n}{0} + \binom{n}{1} + \binom{n}{2},$$

$$S_{n+1}^{\infty} - S_n^{\infty} = 2\binom{n}{1}.$$

这三个不等式来自著名的关系式(即巴斯卡三角基本关系式)

$$\binom{n+1}{k+1} - \binom{n}{k+1} = \binom{n}{k}.$$

3. 《怎样解题》，p. 103~111.

4. $\dfrac{3}{4}, \dfrac{2}{3} = \dfrac{4}{6}, \dfrac{5}{8}, \dfrac{3}{5} = \dfrac{6}{10}, \cdots, \dfrac{n+1}{2n}.$

从 n 到 $n+1$ 的步骤需证

$$1 - \frac{1}{(n+1)^2} = \frac{n+2}{2n+2} \frac{2n}{n+1}.$$

参看例 2.23.

5. $-\dfrac{3}{1}, -\dfrac{5}{3}, -\dfrac{7}{5}, -\dfrac{9}{7}, \cdots, -\dfrac{2n+1}{2n-1}.$

从 n 到 $n+1$ 的步骤需证

$$1 - \frac{4}{(2n+1)^2} = \frac{2n+3}{2n+1} \frac{2n-1}{2n+1}.$$

参看例 2.31.

6. 事实上，一般情形等价于取极限情形

$$\frac{x}{1-x} = \frac{x}{1+x} + \frac{2x^2}{1+x^2} + \frac{4x^4}{1+x^4} + \frac{8x^8}{1+x^8} + \cdots,$$

据此，所提出的特殊情形推导如下：以 x^{16} 代 x 并用 16 去乘，即得

$$\frac{16x^{16}}{1-x^{16}} = \frac{16x^{16}}{1+x^{16}} + \frac{32x^{32}}{1+x^{32}} + \cdots;$$

然后自原式减之．若令 $2^{n+1} = m$，则从 n 到 $n+1$ 的步骤需有

$$\frac{mx^m}{1+x^m} = -\frac{2mx^{2m}}{1-x^{2m}} + \frac{mx^m}{1-x^m}.$$

7. 为了证明

$$1 + 3 + 5 + 7 + \cdots + (2n-1) = n^2.$$

从 n 到 $n+1$ 的步骤需证

$$2n + 1 = (n + 1)^2 - n^2.$$

8. 表中第四行的第 n 项为

$$(1 + 2) + (4 + 5) + \cdots + (3n - 5 + 3n - 4) + 3n - 2$$
$$= 3 + 9 + \cdots + [6(n - 1) - 3] + 3n - 2$$
$$= 6\frac{n(n - 1)}{2} - 3(n - 1) + 3n - 2$$
$$= 3n^2 - 3n + 1.$$

实际上,从 $n - 1$ 到 n 的步骤需有

$$n^3 - (n - 1)^3 = 3n^2 - 3n + 1.$$

9. 依照 n^2, n^3 和 n^4,有关 n^k 的推广是明显的. n^2 的简单情形自古以来就为人所知; 最近,莫斯纳 (Alfred Moessner) 用经验归纳法发现了其余的各种情形,而波朗 (Oskar Perron) 用数学归纳法证明了它们. 请见 *Sitzungsberichte der Bayerischen Akademie der Wissenschaften*, Math. -naturwissenschaftliche Klasse, 1951, p. 29~43.

10. 对 $k = 1$,定理化简为明显的恒等式

$$1 - n = -(n - 1).$$

从 k 到 $k + 1$ 的步骤需证

$$(-1)^{k+1}\binom{n}{k + 1} = (-1)^{k+1}\binom{n - 1}{k + 1} - (-1)^k\binom{n - 1}{k},$$

此即巴斯卡三角基本关系式,于例 2 中已见到过.

11. [斯坦福,1946.] 令把 $2n$ 个选手配成对,所要求的数目为 P_n. 那么第 n 个选手可以与其他 $2n - 1$ 个选手中的任何一个比赛. 一旦他选定一个对手之后,还剩

$$2n - 2 = 2(n - 1)$$

个选手,这些选手又可以用 P_{n-1} 种方法配成对. 因此

$$P_n = (2n - 1)P_{n-1}.$$

12. 命所要证明的与 $f_n(x)$ 有关的命题为 A_n. 我们将用证明 A'_n 来代替证明 A_n.

A'_n. $f_n(x)$ 是一商式,其分母为 $(1 - x)^{n+1}$,分子为常数项是

0 而其他系数是正整数的 n 次多项式.

显然 A'_n 包括的内容要比 A_n 多;把 A'_n 中超出 A_n 的论点用加重点强调标示出来. 现在假设 A'_n, 设

$$(1 - x)^{n+1} f_n(x) = P_n(x) = a_1 x + a_2 x^2 + \cdots + a_n x^n,$$

这里所假定的 $a_1, a_2, \cdots, a_n$ 都是正整数. 由递推定义,导出递推公式

$$P_{n+1}(x) = x[(1 - x) P'_n(x) + (n + 1) P_n(x)],$$

同时说明 $P_{n+1}(x)$ 中 $x, x^2, x^3, \cdots, x^n$ 和 x^{n+1} 的系数分别为 a_1, $na_1 + 2a_2$, $(n - 1)a_2 + 3a_3, \cdots, 2a_{n-1} + na_n$, a_n, 这就使得断言是明显的.

13. (1) $P_n(x)$ 的所有系数之和为 $n!$, 事实上, 此和应等于 $P_n(1)$, 而由递推公式可得

$$P_{n+1}(1) = (n + 1) P_n(1).$$

(2) $P_n(x)/x$ 为一倒数多项式,或者

$$P_n(1/x) x^{n+1} = P_n(x).$$

事实上,假设 $a_1 = a_n$, $a_2 = a_{n-1}, \cdots$; 关于 $P_{n+1}(x)$ 系数的对应关系可由例 12 解的最后所给的表达式推出.

16. $Q = 1$, $\quad Q_2 = 3$, $\quad Q_3 = 45$, $\quad Q_4 = 4725$,

$\quad Q_2/Q_1 = 3$, $\quad Q_3/Q_2 = 15$, $\quad Q_4/Q_3 = 105$.

这便提示

$$Q_n = 1^n 3^{n-1} 5^{n-2} \cdots (2n - 3)^2 (2n - 1)^1.$$

事实上,由定义可得

$$\frac{Q_{n+1}}{Q_{n-1}} = \frac{Q_n Q_{n+1}}{Q_{n-1} Q_n} = \frac{(2n)! (2n + 1)!}{(n! 2^n)^2},$$

$$= [1 \cdot 3 \cdot 5 \cdots (2n - 1)]^2 (2n + 1),$$

因此,你用从 $n - 1$ 到 $n + 1$ 的推断可证一般规律. 显然

$$\frac{(2n)!}{n! 2^n} = \frac{1 \cdot 2 \cdot 3 \cdot 4 \cdot 5 \cdot 6 \cdots (2n - 1) 2n}{2 \cdot \quad 4 \cdot \quad 6 \cdots \quad \quad \cdot 2n}.$$

17. 我们把从 3 到 4 的推理过程一直延续到从 n 到 $n + 1$, 但有一种例外:因为从 1 到 2 必须成立,所以它失败.

18. 从 $n = 3$ 到 $n + 1 = 4$：我们考虑四条直线 a，b，c 和 d．首先研究这样一种情况，这四条直线中有两条不同的直线，例如 b 和 c．那么 b 与 c 的交点是唯一确定的，并且还必在 a 上（因为假设命题对 $n = 3$ 成立），同时也在 d 上（根据同样理由）．因而，命题对 $n + 1 = 4$ 成立．然而，若这四条已知直线中没有两条是不同的，则命题是显然的．但因为从 2 推到 3 必须成立，所以这个推理过程失败．

14，15 没有解答．

第八章　解　　答

1. (1) 直线，(2) 垂线，(3) 公垂线，(4) 两段通过已知点和圆心的直线（欧几里德 III 7，8），(5) 一段通过圆心的垂线，无最大距离，(6) 两段连接圆心的直线，始终排除了最小距离为 0 的情形，因为这很明显，虽然它可能很重要．

2. (1) 直线，(2) 垂线，(3) 公垂线，(4) 垂线，(5) 公垂线，(6) 参见 §4，(7) 两段连接已知点和圆心的直线，(8) 一段通过圆心的垂线，无最大距离，(9) 一段通过圆心的垂线，无最大距离，(10) 两段连接圆心的直线．已排除了最小距离为 0 的情形．

3. (1) 同心圆，(2) 平行线，(3) 同心圆．

4. (1) 同心球，(2) 平行平面，(3) 共轴圆柱，(4) 同心球．

5. (2) 参见 §3．余者类似．

6. (6) 恰有一圆柱，此圆柱以第一条已知直线为轴，以第二条已知直线为切线．切点为最短距离之一端点．余者类似．

7. 令一已知边为底．把底保持在一个固定位置上，再让另一边围绕它的一个固定端点转动，并称这另一端点为 X，X 所描绘之路径为一圆，等高线皆平行于底，因此具有最大面积之三角形为一直角三角形（这是显然的）．

8. 令一已知边为底，将其保持在一个固定位置上，称其所对之顶点为 X，并让 X 变化．X 所描绘之路径为一椭圆，等高线皆平行于底，具有最大面积的三角形是等腰的．

9. 等高线为 $x + y =$ 常数的直线，所描绘的路径是具有方程 $xy = A$ 的等轴双曲线(的一支). 其中 A 是已知面积. 根据对称性，显然与直线 $x = y$ 有一切点.

10. 考虑扩充以已知点为心的多个同心圆. 可直观地看出，存在遇到已知直线的头一个圆;其半径为最短距离. 当然这是例1(2)和(4)中的那些情形.

11. 根据由等高线的一边通到另一边穿过等高线的方法，f 在一边上的取值比在交叉点处高，在另一边上取值比在交叉点处低.

12. 可以，但不一定. 最高点可能是山顶 P(你可能想要上去看看风景)，或是路口 S(当你从一个峡谷到另一个峡谷徒步旅行时可能穿过它)，或是路途的起点，或是路途的终点，或是路途的拐角点.

13. (1) $180°$ 的等高线是线段 AB，$0°$ 的等高线是除线段 AB 外的直线 AB. 其它任何等高线都是由以 A 和 B 为端点的两段圆弧组成，并且每个都是与通过 A 和 B 的直线相对称. (2)若两条等高线不同，则一条位于另一条的内侧;$\angle AXB$ 在里边的等高线取较高的值，在外边的等高线取较低的值，辅以适当的解释，这种情形对 $0°$ 也适用.

14. 最小值在直线 l 与通过 A 和 B 的直线即一条等高线的交点上达到. 这与例 11 中所制定的原则并不矛盾;$\angle AXB$ 在这条特殊的等高线两侧取值要比在其上取值高.

15. 符号同 §6.暂且保持常数 c 不变. 然后，由于 $V = abc/3$ 已知，所以 ab 为常数，因此，当具有已知面积 ab 的矩形周长 $2(a + b)$ 最小时，

$$S = 2ab + 2(a + b)c$$

始为最小. 而当 $a = b$ 时，就会发生这种情形. 现在，改变你的观点，来保持另一条棱不变.

16. 保持一边不变. 而后即得例 8 之情形，从而其他两边必相等(是等腰三角形). 这种论证对任何两边都适用，因此应是等

边三角形.

17. 保持底所在的平面及所对之顶点不变，而后改变底之形状，这底应是已知圆的内接三角形. 而四面体的高是不变的；根据§4(2)，当底为一等边三角形时，其面积(与四面体之体积一起)达到最大. 我们可以选取任何面为底，因此每一面都必须是一等边三角形，从而要体积最大，只有正四面体.

18. 把 a 与 b 之间的三角形看成底. 在不改变四面体相应高的情形下，把底变成直角三角形；这种改变会增加底的面积，从而增加四面体的体积. 然而要四面体的体积最大，最好是使 c 与 a 和 b 两者都垂直，类似地可以处理另一对边.

19. 把一端点固定在圆柱上，由例 2(7)可发现，最短距离垂直于球. 再把端点固定在球上，可以使你信服的是最短距离也垂直于圆柱. 因而，它应同时垂直于二者. 这个结论也可以直接看出.

20. 例 19 的方法表明最短距离应该垂直于两个圆柱. 实际上，它落在两个圆柱轴线之间最短距离的同一条直线上；参见§4(1).

21. 用例 19 的方法和例 10 在空间的类似情形.

22. 对 $X, Y, Z, \cdots$ 的所有允许值假设
$$f(X, Y, Z, \cdots) \leqslant f(A, B, C, \cdots).$$
因此，在特殊情形下
$$f(X, B, C, \cdots) \leqslant f(A, B, C, \cdots),$$
$$f(X, Y, C, \cdots) \leqslant f(A, B, C, \cdots),$$
等等；$X, Y, Z, \cdots$ 可以是变量的数目、长度、角度、点$\cdots$.

24. 不是 $x_1 = y_1 = z_1$（例外情形），就是对 $n \geqslant 1$，三个值 x_n, y_n, z_n 中刚好有两个不等. 令 d_n 为差的绝对值；例如
$$d_1 = |x_1 - z_1|, \qquad d_2 = |y_2 - x_2|.$$
由定义
$$\pm d_2 = x_2 - y_2 = \frac{z_1 + x_1}{2} - y_1 = \frac{z_1 + x_1}{2} - z_1$$
$$= \frac{x_1 - z_1}{2} = \pm \frac{d_1}{2},$$

或者 $d_2 = d_1/2$. 用同样的方法

$$d_n = d_{n-1}/2 = d_{n-2}/4 = \cdots = d_1/2^{n-1},$$

因此

$$\left| x_n - \frac{l}{3} \right| = \left| x_n - \frac{x_n + y_n + z_n}{3} \right| = \left| \frac{x_n - y_n + x_n - z_n}{3} \right|$$

$$\leqslant 2d_n/3 \to 0.$$

25. 考虑具有已知算术平均 A 的 n 个正数 $x_1, x_2, \cdots, x_n$, 即

$$x_1 + x_2 + \cdots + x_n = nA.$$

若 $x_1, x_2, \cdots, x_n$ 不全相等,那么其中必有一个最小的,设为 x_1,也有一个最大的, 设为 x_2. (下标的选取无损于一般性化简,这只是怎样方便的符号问题. 我们不作只有 x_1 取最小值的不正当假设.)因此

$$x_1 < A < x_2.$$

现在令

$$x_1' = A, \quad x_2' = x_1 + x_2 - A, \quad x_3' = x_3, \quad \cdots, \quad x_n' = x_n,$$

则

$$x_1 + x_2 + \cdots + x_n = x_1' + x_2' + \cdots + x_n',$$

并且

$$x_1' x_2' - x_1 x_2 = A x_1 + A x_2 - A^2 - x_1 x_2$$
$$= (A - x_1)(x_2 - A) > 0.$$

于是

$$x_1 x_2 x_3 \cdots x_n < x_1' x_2' x_3' \cdots x_n'.$$

若 $x_1', x_2', \cdots, x_n'$ 还不全相等,则重复此过程可得另外 n 个数 x_1'', $x_2'', \cdots, x_n''$ 的集合,使得

$$x_1' + x_2' + \cdots + x_n' = x_1'' + x_2'' + \cdots + x_n'',$$
$$x_1' x_2' x_3' \cdots x_n' < x_1'' x_2'' x_3'' \cdots x_n''.$$

集合 $x_1', x_2', \cdots, x_n'$ 至少有一项等于 A, 集合 $x_1'', x_2'', \cdots, x_n''$ 至少有两项等于 A. 最后,集合 $x_1^{(n-1)}, x_2^{(n-1)}, \cdots, x_n^{(n-1)}$ 将含有 $n - 1$ 项,从而 n 项等于 A,因此

$$x_1 x_2 \cdots x_n < x_1^{(n-1)} x_2^{(n-1)} \cdots x_n^{(n-1)}$$

$$= A^n = \left(\frac{x_1 + x_2 + \cdots + x_n}{n} \right)^n.$$

26. 把垂线 x, y, z 的初始公共点与三角形之三个顶点连起来, 这把原来的三角形又分成三个较小的三角形. 把三个小三角形的面积之和表示成等于整个面积, 就得 $x + y + z = l$. 方程 $x =$ 常数用一条平行于等边三角形底的直线来表示, 方程 $y = z$ 用高来表示. 图 8.9 中折线的头一段平行于底, 且一端朝着高. 例 25 的第一步用平行于底, 且一端朝着具有方程 $y = l/3$ 的直线线段来表示, 直线 $y = l/3$ 平行于另一边且通过中心. 第二步用沿着直线 $y = l/3$ 的线段来表示, 其一端指向中心.

27. 作为仿照例 25 的解, 参见(卷后参考文献)端德马克-陶普里茨 (Rademacher-Teoplitz) p. 11~14, p. 114~117.

28. 用局部变动法.

29. 在达到极值的点上, 对 λ 的适当值, 方程

$$\frac{\partial f}{\partial x} + \lambda \frac{\partial g}{\partial x} = 0, \qquad \frac{\partial f}{\partial y} + \lambda \frac{\partial g}{\partial y} = 0$$

成立. 在 $\partial g/\partial x$ 和 $\partial g/\partial y$ 不全为零的假设下引出这些条件. 在 $\partial f/\partial x$ 和 $\partial f/\partial y$ 不全为 0 的进一步假设下, 带有 λ 的方程表示曲线 $g = 0$ (所规定路径) 与通过极值点的曲线 $f =$ 常数 (一条等高线)在该点相切.

30. 在最高点, 或者路口, $\partial f/\partial x = \partial f/\partial y = 0$. 在所规定路径的一个拐角点, $\partial g/\partial x$ 和 $\partial g/\partial y$ (如果存在的话)全部 $= 0$. 在所规定路径的起点 (或终点) 达到极值者全然不属于例 29 所援引的解析条件, 该条件是与满足 $g(x, y) = 0$ 的某邻域内关于所有点 (x, y) 的极值有关系.

31. 条件为

$$\frac{\partial f}{\partial x} + \lambda \frac{\partial g}{\partial x} = \frac{\partial f}{\partial y} + \lambda \frac{\partial g}{\partial y} = \frac{\partial f}{\partial z} + \lambda \frac{\partial g}{\partial z} = 0.$$

这里假设 g 的三个偏导数不全为 0. 在 f 的三个偏导数不全为 0 的进一步假设下, 这三个方程表示曲面 $g = 0$ 和通过极值点的曲

面 $f=$ 常数在该点彼此相切.

32. 条件由三个方程组成,其中第一个与 x 轴有关,为

$$\frac{\partial f}{\partial x} + \lambda \frac{\partial g}{\partial x} + \mu \frac{\partial h}{\partial x} = 0.$$

这里假设三个行列式不全为零,其中第一个为

$$\frac{\partial g}{\partial y} \frac{\partial h}{\partial z} - \frac{\partial g}{\partial z} \frac{\partial h}{\partial y}.$$

在 f 的三个偏导数不全为 0 的进一步假设下,三个方程表示:两个曲面 $g=0$ 和 $h=0$ 的交线与通过极值点的曲面 $f=$ 常数在该点相切.

34. 所要的结论为:仅立方体达到最大值. 因而,当不等式变为等式时,就显现出是立方体;即应有 $x=y$,或 $x^2=xy$(考查面积时). 然而,当 $2x^2=4xy$ 时,所用的不等式(不会成功)应成为等式:我们可以看出这就会失败.

看不看 §6,我们都可以把 S 分成三对相对的面

$$S = 2x^2 + 2xy + 2xy,$$

然而应用平均定理:

$$(S/3)^3 \geqslant 2x^2 \cdot 2xy \cdot 2xy = 8x^4y^2 = 8V^2,$$

当且仅当 $2x^2=2xy$,或 $x=y$ 时,成为等式,这就是说,只有对立方体等式才成立.

从以上可以得出有意义的结论:善于预测等式的情形,就可以引导你作出抉择,并从中得到启示.

35. 设 V, S, x 和 y 分别代表圆柱的体积,表面面积,半径和高,因此

$$V = \pi x^2 y, \qquad S = 2\pi x^2 + 2\pi xy.$$

所要的结论, $y=2x$,它指导我们的选择:用

$$S = 2\pi x^2 + \pi xy + \pi xy,$$

由平均定理得

$$(S/3)^3 \geqslant 2\pi x^2 \cdot \pi xy \cdot \pi xy = 2\pi^3 x^4 y^2 = 2\pi V^2,$$

仅对 $y=2x$ 等式成立.

36. 例 34 是特殊情形, 例 35 是极限情形. 设 V, S, y 和 x 分别代表棱柱的体积、表面面积、高和底的某一边的长度. 又设 a 和 l 分别表示与底相似的多边形的面积和周长, 这多边形与长度为 x 的对应边具有长度 1. 于是

$$V = ax^2y, \qquad S = 2ax^2 + lxy.$$

在例 34 和 35 中, 当底面积(现在是 ax^2) 为 $S/6$ 时, 达到 S 的最大值. 现在希望它在一般情形下也成立, 我们有线索; 令

$$S = 2ax^2 + lxy/2 + lxy/2,$$

利用平均定理, 得

$$(S/3)^3 \geqslant 2ax^2 \cdot (lxy)^2/4 = [l^2/(2a)]V^2,$$

若 $ax^2 = lxy/4 = S/6$, 则成为等式.

37. 设 V, S, x 和 y 分别代表对顶棱锥的体积, 表面面积, 底的一条棱和半个对顶棱锥的高. 于是

$$V = 2x^2y/3, \quad S = 8x[(x/2)^2 + y^2]^{1/2}/2.$$

在正八面体的情形下, 半个对顶棱锥的双高等于其底的直径, 或

$$2y = 2^{1/2}x \ \text{或} \ 2y^2 = x^2.$$

现在已经得到这个启示, 令

$$S^2 = 4x^2(x^2 + 2y^2 + 2y^2),$$

则

$$(S^2/3)^3 \geqslant 4^3x^6x^22y^22y^2 = 4^4x^8y^4 = (6V)^4.$$

仅当 $x^2 = 2y^2$ 出现等式. 注意, 在这种情形下, $S = 3^{1/2}2x^2$.

38. 设 V, S, x 和 y 分别表示对顶圆锥的体积, 表面面积, 底的半径和半个对顶圆锥的高. 于是

$$V = 2\pi x^2y/3, \quad S = 2 \cdot 2\pi x \, (x^2 + y^2)^{1/2}/2.$$

考虑具有两直角边 x 和 y 以及斜边 $(x^2 + y^2)^{1/2}$ 的直角三角形. 如果 x 在斜边上的投影是斜边的 1/3 (因为我们希望就最小值来说它应如此), 那么

$$x^2 = (x^2 + y^2)/3$$

或 $2x^2 = y^2$. 现在已经得到启示, 令

$$S^2 = 2\pi^2x^2(2x^2 + y^2 + y^2),$$

则

$$(S^2/3)^3 \geqslant 8\pi^6 x^6 \cdot 2x^2 y^2 y^2 = \pi^2(3V)^4.$$

仅当 $2x^2 = y^2$ 出现等式. 注意, 在这种情形下, $S = 3^{1/2}2 \cdot \pi x^2$.

39. 设 V, S 和 y 分别表示对顶棱锥的体积, 表面面积和半个对顶棱锥的高. 又设 x, a 和 l 是与对顶棱锥的底有关的量, 其确定方法如同例 36 解中棱柱的底那样. 令 p 代表底的内切圆半径, 则有

$$V = 2ax^2 y/3,$$
$$ax^2 = lxp/2,$$
$$S = 2lx(p^2 + y^2)^{1/2}/2 = (4a^2 x^4 + l^2 x^2 y^2)^{1/2}.$$

在例 37 和 38 中, 当 $S = 3^{1/2}2ax^2$ 时, S 为一最小值, 得

$$l^2 x^2 y^2 = 8a^2 x^4.$$

注意到这个线索, 令

$$S^2 = 4a^2 x^4 + l^2 x^2 y^2/2 + l^2 x^2 y^2/2,$$

则

$$(S^2/3)^3 \geqslant 4a^2 x^4 (l^2 x^2 y^2)^2/4 = (l^4/a^2)(3V/2)^4.$$

当且仅当底 $ax^2 = S/(3^{1/2})$ 时出现等式.

40. 有一个合情猜想: 对已知面积, 等边三角形有最小周长; 或对已知周长, 等边三角形有最大面积. 令 a, b, c, A 和 $L = 2p$ 分别代表三角形的三条边, 面积和周长. 由海伦公式

$$A^2 = p(p - a)(p - b)(p - c).$$

利用平均定理会受到有力启发: 当 p 已知时, A 不可能太大; 右端是一个乘积. 那么我们应如何应用这个定理呢? 有这样一个线索: 若三角形是等边三角形, 则 $a = b = c$ 或 $p - a = p - b = p - c$, 因而, 我们的推导过程如下:

$$A^2/p = (p - a)(p - b)(p - c)$$
$$\leqslant \left(\frac{p - a + p - b + p - c}{3}\right)^3$$
$$= (p/3)^3.$$

亦即 $A^2 \leqslant L^4/(2^4 3^3)$, 并且仅在等边三角形情形下才有等式. 参

见例 16.

41. 有一个合情猜想：正方形.

设 a 与 b 的夹角为 ϕ，c 与 d 的夹角为 ψ，并且 $\phi + \psi = \varepsilon$. 可得

$$2A = ab\sin\phi + cd\sin\psi.$$

今用两种不同的方法来表示四边形中分离 ϕ 和 ψ 的对角线，于是可得

$$a^2 + b^2 - 2ab\cos\phi = c^2 + d^2 - 2cd\cos\psi.$$

现在由上面三个关系式消去 ϕ 和 ψ. 增添

$$(a^2 + b^2 - c^2 - d^2)^2 = 4a^2b^2\cos^2\phi + 4c^2d^2\cos^2\psi - 8abcd\cos\phi\cos\psi,$$

$$16A^2 = 4a^2b^2\sin^2\phi + 4c^2d^2\sin^2\psi + 8abcd\sin\phi\sin\psi,$$

即得

$$16A^2 + (a^2 + b^2 - c^2 - d^2)^2 = 4a^2b^2 + 4c^2d^2 - 8abcd\cos\varepsilon$$

$$= 4(ab + cd)^2 - 16abcd(\cos\varepsilon/2)^2.$$

最后，注意到正方形的特点，并且令

$$a + b + c + d = 2p = L,$$

可见

$$A^2 = (p - a)(p - b)(p - c)(p - d) - abcd(\cos\varepsilon/2)^2,$$

在等式成为可能的情形下（正方形），各边都相等，因而 $p - a$，$p - b$，$p - c$，$p - d$ 几个量也应相等. 用这个线索，可得

$$A^2 \leqslant (p - a)(p - b)(p - c)(p - d)$$

$$\leqslant \left(\frac{p - a + p - b + p - c + p - d}{4}\right)^4$$

$$\leqslant (p/2)^4 = (L/4)^4.$$

为了使所出现的两个不等式都成为等式，必须 $\varepsilon = 180°$，从而 $a = b = c = d$.

42. 棱柱要比其他两个立体容易处理得多，那两个立体，在仔细准备之后，我们将在例 46 和 47 中来处理. 设 L 表示棱柱底的周长，h 表示棱柱的高. 任一侧面为一平行四边形；它的底边是棱柱底的一边，而它的高 $\geqslant h$，因而，棱柱的侧面面积 $\geqslant Lh$，并且

当且仅当所有侧面皆垂直于棱柱底时达到等式，所以此棱柱是一正棱柱.

43. 设 x_j, y_j 为 P_j 的坐标，$j = 0, 1, 2, \cdots, n$，并且对 $j = 1, 2, \cdots, n$，令

$$x_j = x_{j-1} - u_j, \quad y_j = y_{j-1} - v_j,$$

则所求不等式的左端为折线 $P_0P_1P_2\cdots P_n$ 之长，而右端为直线 P_0P_n 之长，该直线是其两端点之间的最短距离.

44. 在 $n = 2$ 的情形下，经考察（稍微改变一下符号）断言

$$(u^2 + v^2)^{1/2} + (U^2 + V^2)^{1/2} \geqslant [(u + U)^2 + (v + V)^2]^{1/2}.$$

用平方和其他代数运算把它变成等价形式：

$$(u^2 + v^2)^{1/2}(U^2 + V^2)^{1/2} \geqslant uU + vV,$$

$$u^2V^2 + v^2U^2 \geqslant 2uvUV,$$

$$(uV - vU)^2 \geqslant 0.$$

在最后的形式中，断言显然正确. 当且仅当

$$u : v = U : V$$

才获得等式. 重复应用 $n = 2$ 的情形来处理 $n = 3$：

$$(u_1^2 + v_1^2)^{1/2} + (u_2^2 + v_2^2)^{1/2} + (u_3^2 + v_3^2)^{1/2}$$

$$\geqslant [(u_1 + u_2)^2 + (v_1 + v_2)^2]^{1/2} + (u_3^2 + v_3^2)^{1/2}$$

$$\geqslant [(u_1 + u_2 + u_3)^2 + (v_1 + v_2 + v_3)^2]^{1/2}.$$

对 $n = 4, 5, \cdots$ 也是如此. 事实上，用到数学归纳法.

45. 设 h 为高，并以高的垂足把底分成长度分别为 p 和 q 的两段. 我们必须证明

$$(p^2 + h^2)^{1/2} + (q^2 + h^2)^{1/2} \geqslant 2\left[\left(\frac{p + q}{2}\right)^2 + h^2\right]^{1/2}$$

$$= [(p + q)^2 + (h + h)^2]^{1/2},$$

这是例 43 的情形. 对于等式，须有

$$p : h = q : h$$

或者 $p = q$，它是一个等腰三角形.

46. 设 h 为 P 的高，$a_1, a_2, \cdots, a_n$ 是 P 之底的各边，$p_1, p_2, \cdots, p_n$ 是高的垂足至各自边上的垂线. 令 Σ 表示带有 i 的和式，

从 $i = 1$ 跑到 $j = n$. 于是

$$A = \Sigma a_i p_i / 2,$$

$$S = A + \Sigma a_i (p_i^2 + h^2)^{1/2} / 2.$$

对于正棱锥 P_0 这些表达式变得比较简单, 因为高的垂足至各底边上的垂线长具有共同值 p_0. 因而

$$A_0 = L_0 p_0 / 2,$$

$$S_0 = A_0 + L_0 (p_0^2 + h^2)^{1/2} / 2$$

$$= A_0 + (4A_0^2 + h^2 L_0^2)^{1/2} / 2;$$

P 与 P_0 有相同的高 $3V/A = 3V_0/A_0 = h$. 利用例 43 和我们的假设, 可得

$$2(S - A) = \sum [(a_i p_i)^2 + (a_i h)^2]^{1/2}$$

$$\geqslant [(\Sigma a_i p_i)^2 + (\Sigma a_i h)^2]^{1/2}$$

$$= [4A^2 + h^2 L^2]^{1/2}$$

$$\geqslant [4A^2 + h^2 L_0^2]^{1/2}$$

$$= 2(S_0 - A).$$

因而, $S \geqslant S_0$. 对于等式, 两个所出现的不等式必须都成为等式, 因此必须满足两个条件. 第一,

$$p_1 : h = p_2 : h = \cdots = p_n : h,$$

亦即 P 为一正棱锥; 第二, $L = L_0$.

47. 采取两步: (1) 把 D 的底变成 D_0 的底, 并且把组成 D 的两个棱锥都变成正棱锥, 但是保持它们的高不变. 这样便得到一个对顶棱锥 D', 它不一定是正对顶棱锥. (它的两个半对顶棱锥都是正棱锥, 但也许具有不同的高.) (2) 把 D' 变成 D_0. 由例 46, 步骤 (1) 只能减小表面面积. D' 的两个半对顶棱锥的高各为 h_1 和 h_2, 它们落在同一条直线上. 设 p_0 表示 D_0 底的内切圆半径. 因此, 由例 45, D' 的表面面积为

$$S = [(p_0^2 + h_1^2)^{1/2} + (p_0^2 + h_2^2)^{1/2}] L_0 / 2$$

$$\geqslant 2 \left[p_0^2 + \left(\frac{h_1 + h_2}{2} \right)^2 \right]^{1/2} L_0 / 2$$

$$= S_0.$$

48. 始终保持体积 V 不变,采取三步:(1)保持底在形状与大小上不变,而把已知棱柱变成一个正棱柱. (2)保持面积 A 不变,而把底变成一个正方形. (3)把具有正方形底的正棱柱变成一个立方体. 分别由例 42 和 34,步骤(1)与(3)只能减小曲面面积 S. 步骤(2)保持高 $h = V/A$ 不变,由例 41,它只能减小底的周长 L;因为 $S = 2A + Lh$,因此,除非棱柱原来就是一个立方体,否则三个步骤之一必将使 S 减小. 较弱的命题 34 起到了台阶基石的作用.

49. 如上述由例 42,41 和 34 推出例 48 一样,它可由例 47,41 和 37 推出. 然而,我们可有效地把例 48 的相应步骤(1)和(2)合并成一个步骤,这是由于例47的明显公式所致.

50. 我们由任一具有三角形底的棱锥(即任一四面体,但不一定是正的)开始. 保持体积 V 和底面积 A 不变. 只把底变成一个等边三角形(如果必要的话),这样把它变成一个直立棱锥. 由例 40,这将减小底的周长 L,进而,由例 46,减小表面面积 S. 新棱锥的侧面都是等腰三角形. 因此,除非这些等腰三角形刚好是等边的,否则把其中的一个作为底,并重复这一过程,会再次减小 S. 根据局部变动法则(例.22),如果存在具有已知 V 和最小 S 的四面体,那它就必定是正四面体.

51. 参见例 53.

52. 参见例 53.

53. 设 L,S 和 y 表示棱锥的体积,表面面积和高,又设 x,a 和 l 与棱锥的底有关,其定义方法如同与棱柱底有关的例 36 解中一样. 令 p 代表底的内切圆半径. 于是

$$V = ax^2y/3,$$
$$ax^2 = lxp/2,$$
$$S = ax^2 + lx(p^2 + y^2)^{1/2}/2$$
$$= ax^2 + (4a^2x^4 + l^2x^2y^2)^{1/2}/2.$$

要想写出只与形状有关而与大小无关的表达式,这将引导我们去考虑

$$\frac{S}{ax^{-}} = 1 + \left[1 + \left(\frac{ly}{2ax}\right)^2\right]^{1/2} = 1 + (1+t)^{1/2}$$

（我们进一步化简,即令 $[ly/(2ax)]^2 = t$）,以及

$$\frac{S^3}{(3V)^2} = \frac{l^2}{4a}\frac{[1 + (1+t)^{1/2}]^3}{t}.$$

因为 V 是已知的,而 S 应该取最小值,所以左端应为最小值,从而右端也应为最小值. 然而形状是已知的,因而 l^2/a 也是已知的. 所以剩下的工作就是去找能使得右端为最小的 t 值:这个值是与形状无关的. 它同等地适用于一切特殊形状,例如,例 51 和 52 中所提到的形状. 其中有一个特殊形状,我们知道它的结果:如果其底是一等边三角形,那么由例 50 可知,总表面面积与底面积之比 $S: ax^2$ 以 4:1 为最佳. 由于 $S/(ax^2)$ 只依赖于 t,所以对一切形状,这个结果都应该是对的,从而

$$1 + (1+t)^{1/2} = 4, \quad t = 8.$$

54. 用每一问题的编号来代替相应图形,请读者不妨复制下表:

	(1)	(2)	(3)	(4)	(5)	(6)	(7)
(a)	34	35	36	42	u	48	x
(b)	51	52	53	46	50	v	y
(c)	37	38	39	47	w	49	z
(d)	—	—	—	—	40	41	n

横行:(a) 棱柱,(b) 棱锥,(c) 对顶棱锥,(d) 多边形(只对后三列适用).

纵列:(1)具有正方形底的正图形,(2)以圆为底的正图形,(3)具有已知形状底的正图形,(4)从斜的变到正的,(5)任意三角形底,(6)任意四边形底,(7)具有已知边数 n 的任意多边形底.

用类比法可以启示几个定理,通过这些定理可以期望以字母 u, v, w, x, y, z 和 n 为标记添在表中. 这里有这样一些:

(u) 具有已知体积的所有三棱柱当中,有最小表面面积的棱柱具有如下的性质:其底为一等边三角形,其底面积为全表面面积的 1/6,它有一内切球,切点在每一面的中心.

(y) 具有已知体积和 n 边形底的所有棱锥当中，有最小表面面积的棱锥具有如下的性质：其底为一正 n 边形，其底面积为全表面面积的 1/4，它有一内切球，切点在每一面的形心.

根据上述讨论，我们可以很容易证明 (u)，(v) 和 (w)，但 (x)，(y) 和 (z) 却与 (n) 有关，这将放在稍后讨论；参见 §10.7 (1).

55. (1) 利用 §6 的方法和所定义的符号，可有

$$V = abc, \quad S_5 = ab + 2ac + 2bc.$$

$$(S_5/3)^3 \geqslant ab \cdot 2ac \cdot 2bc = 4V^2,$$

当且仅当

$$ab = 2ac = 2bc$$

或 $a = b = 2c$ 时取等式：盒子为半个立方体.

(2) 利用 §6 的结果，把没有算入 S_5 中的那个平面看作是一面镜子. 盒子与其镜像一起形成一个新盒子，其体积为 $2V$，整个表面面积是已知的，为 $2S_5$. 由 §6，这个新的(双重)盒子当其体积达到最大时，必须是一个立方体.

56. 仿照例 55，把未计入在内的那个平面看作是一面镜子. 三棱柱的最大体积等于一个立方体被对角平面平分的一半. 应用例 48 及附加的说明.

57. [普纳姆，1950.] 仿照例 55 和 56，把未计入的那两个平面都看作是镜子. 三棱柱*)的最大体积是一个立方体的四分之一；这个立方体被两个对称平面分成完全相等的四块，这两个对称平面的一个是对角平面，另一个是垂直于对角平面又平行于上、下底的平面.

58. 设 A，L，r 和 s 分别代表一扇形的面积，周长，半径和弧长. 于是

$$A = rs/2, \quad L = 2r + s,$$

利用平均定理

$$(L/2)^2 \geqslant 2r \cdot s = 4A.$$

当 $s = 2r$，即扇形角等于 2 弧度时达到等式.

*) 此题及上题中的三棱柱在原书中均误为三棱锥. ——译者注

59. 设 u, v 和 w 表示三角形的三条边，A 表示面积，γ 表示 w 所对的已知角. 于是

$$2A = uv \sin \gamma.$$

由平均定理

(1) $[(u + v)/2]^2 \geqslant uv = 2A / \sin \gamma.$

当 $u = v$ 时达到等式，这说明此三角形应是等腰三角形。

(2) $w^2 = u^2 + v^2 - 2uv \cos \gamma$
$$= u^2 + v^2 - 4A \cot \gamma,$$
$$(u^2 + v^2)/2 \geqslant uv = 2A / \sin \gamma,$$

当 $u^2 = v^2$，即三角形为等腰时等式成立，从而 w 有最小值。

(3) 当三角形等腰时，$u + v$ 与 w 两者，或 $u + v + w$ 达到最小值。

60. 利用例 59 的符号. 已知点位于 w 边上. 由已知点引 u 和 v 的平行线，终止于 v 和 u，分别称之为 a 和 b；a 和 b 都是已知的（实际上，它们都是斜坐标）. 根据相似三角形有

$$\frac{v - b}{a} = \frac{b}{u - a} \text{ 或 } \frac{a}{u} + \frac{b}{v} = 1,$$

$$\frac{1}{4} = \left[\left(\frac{a}{u} + \frac{b}{v}\right)/2\right]^2 \geqslant \frac{ab}{uv} = \frac{ab \sin \gamma}{2A},$$

$$A \geqslant 2ab \sin \gamma.$$

当且仅当

$$\frac{a}{u} = \frac{b}{v} = \frac{1}{2}, \qquad u = 2a, \ v = 2b,$$

即已知点为 w 的中点时有等式.

61. 利用 §6 的符号和平均定理

(1) $V = abc \leqslant [(a + b + c)/3]^3 = [E/12]^3.$

(2) $S = 2ab + 2ac + 2bc$
$$\leqslant a^2 + b^2 + a^2 + c^2 + b^2 + c^2$$
$$= 2(a + b + c)^2 - 4(ab + ac + bc),$$

即有

$$3S \leqslant 2(E/4)^2.$$

在两种情形下,仅对 $a = b = c$,亦即对立方体等式成立.

62. 利用 §6 的符号和平均定理. 周围长 $2(a + b)$ 等于 c,并且

$$V = (2a \cdot 2b \cdot c)/4 \leqslant [(2a + 2b + c)/3]^3/4 \leqslant l^3/108.$$

仅对 $2a = 2b = c = l/3$ 等式成立.

63. 利用例 35 解中的符号. 于是有

$$d^2 = (2x)^2 + (y/2)^2 = 2(x^2 + x^2 + y^2/8),$$

因而,由平均定理

$$V^2 = \alpha^2 x^4 y^2 = 8\pi^2 x^2 \cdot x^2 \cdot y^2/8 \leqslant 8\pi^2 (d^2/6)^3,$$

仅当

$$x^2 = y^2/8 = d^2/8$$

时有等式. 对于它的历史背景请参看 O. Toeplitz, *Die Entwicklüng der Infinitesimalrechmung*, p. 78 ~ 79.

23,33 没有解答.

第九章 解 答

1. (1) 设想有两面垂直于作图平面的镜子,一面通过 l,另一面通过 m. 人在 P 点注视 m,并从这面镜子中看到他自己:从 P 射来的光线经两次反射之后,第一次在 l,第二次在 m,又返回到 P. 光线选择最短路径,描绘出所希望的具有最小周长的 $\triangle PYZ$;$\triangle PYZ$ 的两边与 l 和 m 在 Y 和 Z 点分别夹有相等的角. (2) 设 P' 和 P'' 分别是 P 关于 l 和 m 的镜像. 连接 P' 与 P'' 的直线分别交 l 和 m 于所需要的点 Y 和 Z,其长度就是所希望的最小周长. (根据图 9.3 的想法,应用两次.)

2. (1) 光线在三面圆形镜上经过连续三次反射之后,又从相反的方向返回光源. (2) 一条封闭的橡皮带系三个刚性环. 两种解释都提示:顶点交在已知圆上的所求三角形,其两条边与半径夹有相等的角.

3. 同例 2 中一样,用光线的一个往返或用一条封闭的橡皮带

来解释；XY 和 XZ 对 BC 等倾斜，等等.

4. 内接于已知 n 边形且有最小周长的 n 边形有如下性质：最小周长多边形两边的公共顶点位于已知多边形的某边 s 上，这两边对 s 等倾斜. 但要参见例 6 和 13.

5. 令 A 为 l 与 m 的交点. 在 m 上取一点 B，在 l 上取一点 C，使 $\angle BAC$（小于 $180°$）包含 P 点在其内. 于是，根据反射规律
$$\angle P''AB = \angle B AP, \quad \angle PAC = \angle CAP',$$
因此
$$\angle P''AP' = 2\angle BAC.$$
但当 $\angle P''AP' \geqslant 180°$ 或已知的 $\angle BAC \geqslant 90°$ 时，解法失败.

6. 当已知三角形中有一角 $\geqslant 90°$ 时，解法不能应用，参见例 5. 当然，例 4 的解更不能说是属于例外.

7. 暂且把 X 固定在 BC 边上的 P 处. 然后应用例 1 的解(2)（因为 $\angle BAC$ 是锐角，参见例 5）；最小周长为 $P'P''$. 现在 $P'P''$ 与 P 有关；剩下的是求 $P'P''$ 的最小值.（因为所得到的 $P'P''$ 本身就是一个最小值，所以我们要求最小值的最小，或"最小的最小值".）现在经反射，$P''A = PA = P'A$，因此，$\triangle P''AP'$ 是等腰的；它在 A 的角度与 P 无关（参见例 5），从而它的形状也与 P 无关. 因此，当 $P'A = PA$ 为最小时，$P'P''$ 也就最小，这显然是 $PA \perp BC$ 的情形；参看 §8.3. 内接于已知锐角三角形且有最小周长的三角形，其顶点为该已知三角形的三个高的垂足. 把它与例 3 的解进行比较，可以看出，一锐角三角形的高平分以它的垂足为顶点的内接三角形的各角. 因此，后一结果是非常初等的. 本例的解归功于费耶(L. Fejér)，参看(卷后参考文献)柯朗-罗宾斯(Courant-Robbins)，P. 346～353.

8. 否. 若 $\triangle ABC$ 有一角 $\geqslant 120°$，则该角之顶点即为交通中心. 由 §2(2)中的力学解答即强有力地启示了这一点.

9. [普纳姆，1949.]这与 §1(4)，§2(2) 和例 8 中处理过的较为简单的平面问题非常类似. 我们采用哪一种方法呢? (1) 力学解释，模仿图 9.7. 在四个已知点 $A，B，C$ 和 D 的每一处各

有一个滑轮．把四条绳子于 X 点处系在一起；每条绳子经过一个滑轮，并在它的另一端载以一磅的重物．像在 §2(2) 中一样，头一项研究（关于势能）表明，这个力学系统的平衡位置就相当于所提出的最小问题的解．第二项研究，讨论在 X 点上的作用力．有四个这样的力；它们大小相等，方向沿四条拉紧的绳子，分别指向 A，B，C 和 D．前两个力的合力必须抵消后两个力的合力．因此，这两个合力处在同一条直线上，此直线平分 $\angle AXB$ 和 $\angle CXD$ 二者．由力的两个平行四边形全等（二者都是菱形）推出上述两个角相等．类似地，有关的几对是：$\angle AXC$ 和 $\angle BXD$，$\angle AXD$ 和 $\angle BXC$．（2）局部变动法和光学解释，模仿图 9.4．保持两距离之和 $CX + DX$ 不变（暂时）．于是，X 点必须在以 C 和 D 为焦点的扁球（旋转椭球）面上变化．我们把这个面设想为一面镜子．由 A 发出的光线，在我们的扁球形镜上反射之后达到 B，使 $AX + XB$ 变成最小值；沿此路径，$\angle AXB$ 被镜面在 X 点处的法线所平分．由 §1(3) 或 §2(1)，同一法线也平分 $\angle CXD$．但是，用这种方法要想得到 $\angle AXB$ 与 $\angle CXD$ 相等却不是那么容易的：虽然两种方法对比较简单的类似情形起完全同等的作用，但把它们应用到本命题中却不完全一样．

10．是．因为直路径是两点之间的最短路径，所以无论 X 点在哪里，都有

$$AX + XC \geqslant AC, \quad BX + XD \geqslant BD,$$

并且，当且仅当 X 为两条对角线 AC 和 BD 的交点时，这两个不等式都成为等式：这就是交通中心．考虑到下述事实，四边形所在平面的法线为 $\angle AXC$ 和 $\angle BXD$ 的公共角平分线，它们各成一对直角，故例 9 之叙述完全保持正确．

11．由局部变动法，根据 §1(4) 之结果即可推出．参看（卷后参考文献）柯朗-罗宾斯，P. 354～361．

13．沿平行于台子的对角线驱赶一球．在图 9.14 中连续应用四次例 12．设想图 9.14 画在一张透明的纸上，并沿反射线折迭它；于是直线 PP 的若干段刚好盖住弹子球的菱形路径．用这种方

法可以看出例 4 在这里有无穷多解的那种情形．

14．由图 9.15（可以把它画在透明纸上）
$$n2\alpha < 180° < (n+1)2\alpha,$$
$$90°/(n+1) < \alpha < 90°/n.$$
画图说明 $n = 1, 2, 3$ 的情形．考虑 $n = \infty$ 的情形．

15．在 § 1 和例 12 中处理过的特殊情形给出若干提示，参见例 16, 17 和 18．

16．若 A, B 和 $AX + XB$ 为已知，则 X 的轨迹为以 A 和 B 为焦点的扁球（旋转椭球）面；这样的球是些等值面．已知直线 l 在 X 点与扁球相切，这样的扁球给出解．该扁球在 X 点的法线垂直于 l，并且由 § 1 (3) 和 § 2 (1) 已证明过关于椭圆的一个性质，可知此法线还平分 $\angle AXB$．

17．取一张对折的纸，使折痕与 l 一致，半张（半平面）通过 A，另外半张通过 B．所求的最短线必定在这张折迭纸上描绘出来．如果打开这张纸，则最短线即成直线．在折迭的纸上和打开的纸上一样，两条线都与 l 夹有相同的角．

18．把适当长度的橡皮条之一端固定于 A，并使橡皮条在 X 处经过刚性杆 l．再把其另一端固定于 B，使之绷紧：于是由例 15 就形成一条所要求的最短线（倘若摩擦忽略不计）．有三个力作用在 X 点上：大小相等的两个拉力，一个方向指向 A，另一个指向 B；垂直于 l 的杆的反力（因为摩擦忽略不计）．关于力的平行四边形为一菱形，因而 l 的法线像在例 16 中所看到的一样，平分 $\angle AXB$．杆的反作用力没有平行于它自己的分力，因而平行于 l 的拉力的两个分力必须在数量上相等（而方向相反）．所以，像在例 17 中所见到的，XA 与 XB 对于 l 等倾斜．由这种方法，关于例 16 与 17 结果的等价性，用一点立体几何的知识就可以证明．（如果三面角有三个适当的共同数据，那它们彼此相等．）

19．把一根封闭的橡皮条围绕在保持刚性的三根织针上；利用局部变动法和例 16 或 18；一个三角形的三条角平分线相交于内切圆的圆心．例 3 是一种极限情形．

20. 三角形的每一顶点为立方体棱的中点. 此三角形为等边三角形；其中心即立方体的中心；其周长为 $3\sqrt{6}\,a$.

21. 用局部变动法，§ 8.3，§ 1 (4) 或 § 2 (2) 之方法. TX, TY 和 TZ 分别垂直于 a, b 和 c，因此它们彼此等倾斜 (120°). 我们可以把 T 称为"三条空间直线的交通中心." § 1 (4) 的问题是一种极端情形：a, b 和 c 变成平行的. 有一个明显的推广以及几个明显类似的问题：三个球的交通中心，一个点、一条直线及一张平面的交通中心，等等.

22. 立方体三条空间棱的交通中心当然就是立方体的中心. 把此立方体三条已知的空间棱都改变成 120°，并把这种变化清楚地表示出来，而关于三角形的场合在例 20 中已见过.

23. 为了求多面体表面上两已知点 A 和 B 之间的最短线，可以设想多面体表面是用硬纸片做成的，即一些连在一起而又可适当折迭的平面多边形. 然后把多面体表面在一张平面上打开(即把硬纸片在一张桌子上摊平)：所求的最短线成为由 A 到 B 的直线. 然而，在打开之前，我们必须沿最短线不曾穿过的适当棱切开多面体表面. 因为我们预先不知道最短线将穿过哪个面和哪条棱，所以不得不检验一切可能的组合. 现在回到所提出的问题，列出几个面的基本顺序，并注意经每一顺序，由蜘蛛到它沿着此顺序扑到飞虫所走直线距离的平方.

(1) 端墙，天花板，端墙：
$$(1 + 20 + 7)^2 = 784;$$

(2) 端墙，天花板，侧墙，端墙：
$$(1 + 20 + 4)^2 + (4 + 7)^2 = 746;$$

(3) 端墙，天花板，侧墙，地板，端墙：
$$(1 + 20 + 1)^2 + (4 + 8 + 4)^2 = 740.$$

24. 大圆弧是球面上的测地线. 大圆是平面曲线；大圆所在的平面是其上所有点的密切平面. 此平面通过球心，因而它含有大圆在球面上点的所有法线(即所有半径). 小圆不是测地线；事实上，小圆所在的平面不含有它在球面上点的任何法线.

25. 由能量守恒定律,该点速度的大小是不变的,当然,速度的方向是变化的. 在轨道一段短弧的两端点处速度向量之差归因于曲面法向的反作用,因而,几乎就是曲面的法线. 这是测地线的特性;参见例 24 (2). 这种论证的另一个解释:把例 24.(2) 沿橡皮条的拉力重新解释成沿轨道的速度;所有速度向量都具有相同的大小,而方向上的变化归因于两者法向的反作用.

26. 把 n 条活动的棱慢慢推向一张平面(你的桌子),以形成一个具有 n 个等腰侧面的棱锥,其底就是要求的多边形. 事实上,该底内接于圆,圆心为棱锥高的垂足. 半径为一直角三角形的第三边,该直角三角形的斜边为硬纸片上所描绘的大圆半径,第二边为棱锥的高.

27. 如果重心尽可能地靠近地板,那么存在一个平衡状态. 对所要求的解只要求很少一点力学知识就够了:在 P 的表面上取一点 D,使得距离 CD 最短. 一种容易的讨论表明,D 既不是 P 的顶点,也不在 P 的棱上,只有 CD 垂直于 P 的面 F, D 在其上. 参看波利亚-蔡可,《分析》(Analysis) 第二卷, p. 162,问题1.

28. (a) 设想地球上完全变干,因而所有的山顶、路口、峡谷都暴露出来. 现在用一些水来刚好漫过一个峡谷. 于是地球上剩下的部分就有 P 个山顶,S 个路口和 $D-1$ 个峡谷,这时把它当成一个岛屿. 用正文中已证明过的结果,有

$$P + (D-1) = S + 1.$$

(b) 等高线和最陡峭的下降线又把地球细分成 F 个"地区";这是例 32 中的术语.取这么多的线,以致使每一个显著的点,即成为顶点的山顶、峡谷或路口能像图 9.16 和 9.17 上的一样,并使得没有地区在其边界上有一个以上的显著点.

我们在两个地区之间等同地"分配"每条边缘,即边界线,对每一地区给边缘的 1/2 进行分离. 类似地,在地区之间等同地分配属于该地区的每个顶点. 反过来,每个地区将对欧拉方程

$$V - E + F = 2$$

的左端产生影响;它对 F 的影响数量是 1,以及对 V 和 $-E$ 的一个

适当的小数部分. 让我们来对不同种类的地区计算这种影响.

I. 如果在边界上没有显著点, 那么该地区为一四边形, 它夹在两条等高线与两条最陡峭的下降线之间. 其对 $V - E + F$ 的影响为

$$4 \times \frac{1}{4} - 4 \times \frac{1}{2} + 1 = 0.$$

II. 如果在边界上有一个山顶或峡谷, 那么该地区为一三角形; 参见图 9.16. 如果山顶或峡谷为 n 个地区的一个公共点, 那么每个地区对 $V - F + E$ 的影响为

$$\left(2 \times \frac{1}{4} + \frac{1}{n}\right) - 3 \times \frac{1}{2} + 1 = \frac{1}{n},$$

而所有 n 个地区的联合影响为 $n \cdot 1/n = 1$.

III. 如果在边界上有一个路口, 那么该地区为一四边形; 参见图 9.17. 其对 $V - E + F$ 的影响为

$$\left(3 \times \frac{1}{4} + \frac{1}{8}\right) - 4 \times \frac{1}{2} + 1 = -\frac{1}{8},$$

而路口为其公共顶点的 8 个地区的联合影响为 $8 \cdot (-1/8) = -1$.

由欧拉定理, 所有地区的总计影响为

$$P + D - S = 2.$$

(c) 用 "洪水" 想法的证明是一个欠妥当的 "物理数学" 例子. 它利用日常经验接触到的概念, 而不是那一个具体的物理理论. 问题部分(b)中的提示常使人误解: 它好像暗示 P, D 和 S 想方设法与 F, V 和 E 类似, 决不是这样. 还有, 这是一个有用的提示: 引导我们去注意欧拉定理. 然而, 这是十分自然的: 在解问题当中, 指导我们的思想是错误的, 但尽管这样, 却还是非常有用的.

29. (a) 设 t_1 为石头下降的时间, t_2 为声音上升的时间. 于是

$$t = t_1 + t_2, \quad d = g t_1^2/2, \quad d = c t_2.$$

消去 t_1 和 t_2, 解一个二次方程, 得到

$$d^{1/2} = -c(2g)^{-1/2} \pm [c^2(2g)^{-1} + ct]^{1/2}.$$

由于 $t = 0$ 应有 $d = 0$，所以必须取 $+$ 号. 因此
$$d = c^2 g^{-1} + ct - c^2 g^{-1}[1 + 2gc^{-1}t]^{1/2}.$$

(b)
$$d = gt^2/2 - g^2 t^3/(2c) + \cdots.$$

这里省略了没有写出的各项，我们可以利用所写出的两项作为一个适当的近似公式.

(c) 具有典型意义的是，我们可以预见表达式的主项，根据物理方面的考虑，我们甚至还可以预见适当的符号. 用数学方法得出适当近似公式也具有代表性：按一个小的量（时间 t）的幂展开（d 的表达式）. 参看 § 5.2.

30. 把椭圆镜变成抛物镜，后者把与其轴成平行方向投射来的所有光线都聚集在焦点上. 这样的抛物镜是反射望远镜的最主要部分.

31. 方程是可分离变量的. 由明显的变换可得
$$dx = \left(\frac{y}{c-y}\right)^{1/2} dy.$$
令
$$\left(\frac{y}{c-y}\right)^{1/2} = \tan\varphi,$$
引进辅助变量 φ，即得
$$y = c\sin^2\varphi, \quad x = c(\varphi - (1/2)\sin 2\varphi).$$
用积分来求 x，我们必须选择积分常数，以使曲线通过原点：$\varphi = 0$，这意味着 $x = y = 0$. 令 $2\varphi = t$，$c = 2a$，于是得出常用的旋轮线方程：
$$x = a(t - \sin t), \quad y = a(1 - \cos t).$$
此旋轮线通过 A 点，即原点. 刚好有一个 a 值，使之成为旋轮线通过已知点 B 的第一支（对应于 $0 < t < 2\pi$）. 为了看出这一点，可设 a 由 0 变到 ∞；这便"扩展"了旋轮线，使它扫过平面的一个象限，当它扩展到适当大时碰到 B 点.

33. 设 a 为球的半径（同 § 5 中一样），h 为球缺的高，V 为它的体积，而 C 为与球缺有相同底和相同高 h 的圆锥的体积. 原点

（即图 9.13 中的 O 点）为球缺与圆锥的公共顶点．根据初等几何和 §5 中已知的圆方程，可得

$$C = \frac{\pi(2ah - h^2)h}{3}.$$

利用图 9.13，但现在只考虑与 O 距离 $x(0 < x < h)$ 处的截面．由方程（A）表示的截面平衡变为立体平衡（球缺，圆锥——虽然它具有体积 C ——和圆柱），可得

（B）　　　$2a(V + \pi h^2 \cdot h/3) = (h/2)\pi(2a)^2 h.$

因此

$$V = \frac{\pi h^2(3a - h)}{3} = \frac{a + (2a - h)}{2a - h}C;$$

这里 $2a - h$ 是余球缺的高．

34．把 §5 中考虑过的圆方程写成如下形式

（A）　　　$2a\pi x^2 = x\pi y^2 + x\pi x^2.$

根据图 9.13 中的 H 点，现在只把圆锥截面 πx^2 悬挂起来；球截面和另一圆锥（与第一个圆锥全等）截面保持在原来的位置上（具有横坐标 x）．考虑 $0 < x < a$，讨论三个立体的平衡，引进半球重心的横坐标 $\bar{x}$，并回忆圆锥重心的位置（它与顶点的距离是高的 3/4）：

（B）$2a \cdot \pi a^2 \cdot a/3 = \bar{x} \cdot 2\pi a^3/3 + (3a/4)\pi a^2 \cdot a/3,$

$$\bar{x} = 5a/8.$$

35．保持例 33 的符号不变，而在下述方面改变例 34 的符号：$\bar{x}$ 现在表示具有高为 h 的球缺重心的横坐标．考虑 $0 < x < h$，把例 34 之（A）变为

（B）　　$2a \cdot \pi h^2 \cdot h/3 = \bar{x}V + (3h/4)\pi h^2 \cdot h/3,$

由例 33 中求 V 之值的观点，这给出

$$\frac{\bar{x}}{h - \bar{x}} = \frac{h + 4(2a - h)}{h + 2(2a - h)}.$$

36．设 h 表示球截形的高，V 表示体积．把常用的抛物线方程写成如下形式：

（A）　　　$2p \cdot \pi y^2 = x \cdot \pi(2p)^2.$

注意到抛物截面面积为 πy^2，圆柱截面面积为 $\pi(2p)^2$。考虑 $0<x<h$，把截面的平衡变为立体的平衡，得到

（B） $$2p \cdot V = (h/2)\pi(2p)^2 h,$$
$$V = \pi p h^2 = (3/2)\pi 2ph(h/3).$$

注意，由抛物线方程，$\pi 2ph$ 是球截形的底面积。

37．保持例 36 的符号不变，并设 $\bar{x}$ 表示球截形重心的横坐标。现在把抛物线方程写成如下形式：

（A） $$x \cdot \pi y^2 = 2p \cdot \pi x^2.$$

注意 πx^2，即圆锥截面面积。考虑 $0<x<h$，并把截面变为立体，则得

$$\bar{x}V = 2p \cdot \pi h^2(h/3),$$

因此，由例 36 即得

$$\bar{x} = 2h/3.$$

38．$\dot{n}=0$：棱柱的体积，平行四边形的面积；$n=1$：三角形的面积，平行四边形或棱柱的重心；$n=2$：圆锥或棱锥的体积，三角形的重心；$n=3$：圆锥或棱锥的重心。

显然，这里提到的阿基米德方法如同 §5 和例 33～38 中所提到的一样，都适用于一类解析几何问题，并且赋与这门学科以新的趣味，而用通常的表述本来会变得枯燥无味。我们没有讨论过的那些属于这种"方法"的命题可以类似地进行处理，也应会类似地运用。

12, 32 没有解答。

第十章　解　答

1．否．漏洞不太大：借助于例 8.23 的脚注中所引用的一般定理，可以建立最大值的存在性。

2．在例 8.41 解中所给出的明显公式表明 $A^2 \leqslant (p-a) \times (p-b)(p-c)(p-d)$，当且仅当 $\varepsilon = 180°$ 时达到等式，在此情形下四边形内接于圆。

3．设 A，B 和 C 为正 n 边形的三个相邻顶点，M 为 BC 边的

中点，用有相同底 AB 和相同周长而面积较大的等腰 $\triangle AB'M$ 来取代 $\triangle ABM$；参见例 8.8.

4. 若用圆的半径 r 和多边形的边数 n 来表示两者的面积，则剩下的只需证明不等式

$$\frac{\pi^2 r^2}{n\tan(\pi/n)} < \pi r^2.$$

比较漂亮的是，显然正多边形有一个内切圆：所要的结果是例 5 的特殊情形.

5. 具有面积为 A、周长为 L 的多边形有一半径为 r 的内切圆. 因此，显然 $\pi r^2 < A$. 由圆心到多边形各顶点的连线将其分成具有共同高 r 的许多三角形；因此 $A = Lr/2$. 比较所得到的两个结果，可见

$$A = \frac{L^2 r^2}{4A} < \frac{L^2}{4\pi}.$$

而今，$L^2/(4\pi)$ 正是具有周长 L 的圆面积.

6. 设 A 表示已知曲线的面积，L 表示它的周长，又 r 表示具有相同周长的圆的半径，结果 $L = 2\pi r$. 设 A_n 表示多边形 P_n 的面积，L_n 表示 P_n 的周长，当 $n \to \infty$ 时，多边形 P_n 趋向于已知曲线. 因此 A_n 趋向 A，L_n 趋向 L. 考虑与 P_n 相似的多边形 P'_n，P'_n 也有周长 L；P'_n 的面积为 $A_n(L/L_n)^2$. 由于 P'_n 有与半径为 r 的圆相同的周长，所以根据 §7 (4)，可得

$$A_n(L/L_n)^2 < \pi r^2.$$

经取极限，求得

$$\lim_{n\to\infty} A_n(L/L_n)^2 = A \leqslant \pi r^2.$$

这就证明了 §8 命题 I. 然而 §7 (5) 的原文是不适宜的：我们没有明确地证出 $A < \pi r^2$，像原文提示的那样. 事实上，当取极限时，用 < 所表示的关系式过渡到用 ≤ 来表示.

7. 两个命题都等价于不等式

$$\frac{216V^2}{S^3} \leqslant 1;$$

其中 V 表示盒子的体积，S 表示它的表面面积. 在 §8.6 中，我们直接证明过这个不等式.

8. I′，II′ 和 III′ 的等价性，可用 §8 中关于 I，II 和 III 那种同样的方法来证明. 但是 I′ 不等价于 I. 事实上，根据 I，非圆曲线可以有与圆同样的周长和同样的面积，而 I′ 明显地否定了这种可能性. §7 (5) 的论证像较强的例 6 一样可以证明 I，但不能证明 I′；对于 I 证明 "$\leqslant$" 就够了，但对于 I′ 不能证明所需要的 "$<$".

9. 所提问题的解即使加上 §8 的 I，也还需要得出例 8 的 I′，其重要意义就在于此；致于其他方面可见例 10～13.

10. 令 C'' 为包含 C 的最小三角形，L'' 是它的周长，A'' 是它的面积. 于是，显然 $L'' < L$，$A'' > A$. 取具有周长 L 且与 C'' 相似的三角形命之为 C'；C' 的面积为 $A' = A''(L/L'')^2 > A'' > A$.

11. 若 C 是任一曲线，但非凸，则首先考虑包含 C 的最小凸曲线 C''，而后考虑与 C'' 相似且与 C 有相等周长的曲线 C'. 例 10 的整段叙述，直到最后的不等式，可以反复用在这个较为一般性的解上.

12. 在封闭曲线 C 上取两个不同点 P 和 Q. 在 C 上必有第三点 R，它不在通过 P 与 Q 的直线上，这是因为 C 完全不能包有直线段. 考虑通过 P，Q 和 R 的圆. 若是此圆不与 C 重合，则在 C 上应有第四点，它不在圆上：例 9 的问题等价于例 13 的问题.

13. 如果 C 非凸，那么例 11 便给出所要的构造. 如果 C 是凸的，那么 P，Q，R 和 S 依次为一凸四边形的四个顶点. C 所围成的区域由这个四边形以及四个部分组成. 这四个部分中的每一部分是以上述四边形的一条边以及 P，Q，R 和 S 把 C 分成四段弧中的一段为界构成. 按照斯坦纳的想法 (参见 §5 (2)，图 10.3 和 10.4)，我们把这四个部分看成是刚性的 (硬纸片)，并且牢固地附在四边形的各边上，而又把四边形看成是可以活动的 (在四个顶点可灵活连接的组合件). 我们采用例 8.41 的符号. 于是，根据我们的主要条件，$\varepsilon \neq 180°$. 让活动的四边形稍微动一下，设把 ε

变成 ε'. 选择 ε' 与 ε 有关, 以使牢固地附在四边形边上的四段弧仍形成一条不自交的曲线 C', 而且选择 ε' 使得

$$|\varepsilon' - 180°| < |\varepsilon - 180°|.$$

这意味着 C' 的面积大于 C 的面积, 此系根据在例 8.41 解中已知的 A^2 公式. 然而 C' 同 C 一样, 也由相同的四段弧组成, 因此有同样的周长.

14. 两个论断有相同的逻辑形式. 但是第二个论断导出一个明显失败的结果, 必然不正确. 所以第一个论断也必然是错的, 即使它得到的结果可以是对的. 事实上, 第二个论断是个非常巧妙的篡改, 这是由波朗所编制的.

两种情形之间的差别就在于所述原文没有提到以外的一些东西. 没有最大整数. 但在一切等周曲线中却有一条具有最大面积. 然而, 这正是从例 10～13 中学不到的.

15. 曲线 C 不是圆, 但它有与某圆相同的周长. 由例 6, C 的面积不可能大于圆的面积. 我说, C 的面积还不可能等于圆的面积. 因为我们由例 10～13 知道, 不然的话将有另一条曲线 C', 它仍具有与圆相同的周长, 而又具有较大的面积, 根据例 6 所证明过的, 这不可能.

16. 在图 10.13 中取定两点 A 和 B, 并用直线连接起来, 再取一条变曲线, 它们共同包含一个区域. 考虑曲线的长度和区域的面积. 在原文中, 我们把夹在 A 与 B 之间的曲线长度当成已知的, 来寻求所包含面积的最大值. 这里, 我们把所包含面积当成已知的, 来寻求夹有曲线长度的最小值. 在这两种情形中, 解相同: 同是一段圆弧. 甚至连证明也基本相同. 后一种情形同前一种情形一样, 我们可以利用图 10.14. 当然, 也有明显的差别; 图 10.14, I 中圆的(没有涂阴影的)部分不是根据曲线的已知长度来构造的, 而是根据区域的已知面积来构造的, 我们现在利用例 8 命题 II′, 而不利用命题 I′.

17. 利用例 16: 图 10.11 中的点 X 和 Y 分别与图 10.13 中的 A 和 B 等同, 再于图 10.13 中增加一个不变的 $\triangle XYC$. 当具有已

知长度的曲线为一圆弧时有最大值.

18. 在图 10.11 中，把直线 CY 当成一面镜子，设 X' 为 X 的镜像，应用例 17 于 $\angle XCX'$，两已知点 X 和 X' 在它的两条边上．当具有已知长度的曲线为垂直 CY 于 Y 点的圆弧时有最大值.

19. 利用局部变动法．把 X 当成固定的：由例 18，其解为垂直于 CY 的圆弧．把 Y 当成固定的：其解又为垂直于 CX 的圆弧．最后，解是既垂直于 CX 又垂直于 CY 的圆弧，因此其圆心在 C 处，与在 §9 中所猜想的一致.

20. 当直线垂直于角平分线时有最大值．若是预先知道恰有一解，那就可以根据对称性得出这个结论．如果没有任何这样的假设，则可由例 8.59 (2) 推出上述结论.

21. 由例 10.14 的想法，当绳 BC 和 DA 是以杆 AB 和 CD 为弦的同一圆的圆弧时有最大值.

22. n 根杆与 n 条绳交替相连，当所有杆均为同一圆的弦，所有绳均为该圆的圆弧时，由这 $2n$ 段组成的封闭曲线有最大面积.

23. 当所有绳的长度均为 0 时，可得 §5 (2) 以及图 10.3 和 10.4.

24. 与例 16 类似：一刚性圆盘，即具有已知面积和圆的可变表面，其以此两者形成外缘，它分别相当于杆、绳和一对点 A 与 B. 因此例 16 的方法适用．（在图 10.14 中关于它的铅直直径旋转图 I，并且在图 II 的底上做同样的一段，但可随意改变其上部.）采用空间等周定理，即得：当具有已知面积的曲面为球的一部分（球冠）时，所包含的体积最大.

25. 取三张互相垂直的平面，并认为空间等周定理是不成问题的．于是三面角成为一个卦限，你可利用图 10.12 在空间中的相仿情形．经在三张平面上的连续反射，穿过卦限的曲面成为一张封闭曲面；其所围成的面积和体积分别是被原来曲面所截的已知面积和体积的八倍．具有已知面积的封闭曲面围成最大体积的是球．因此，在我们这种特殊情形下，当具有已知面积的曲面为球心在三面角的顶点的球之一部分（即1/8）时，所提问题有最大值.

26. 例 25 解中所考虑的外形是下面一般场合的特殊情形：$n = 2$. 设有 $n + 1$ 张平面；n 张平面都通过同一条直线，并把空间分成 $2n$ 个相等的楔形（二面角），而最后一张平面垂直于前面那 n 张平面. 这样的 $n + 1$ 张平面把空间分成 $4n$ 个相等的三面角，对其中任何一个应用重复反射的方法，即例 25 中所用到的方法，可以产生同样的效果：当具有已知面积的曲面为球心在三面角的顶点的球之一部分时，所截出的体积最大.

（有三种其余的包含三面角的形状，上述方法对它们也适用，并可得出同样的结果. 这些形状涉及到正立体，第一种与四面体有关，第二种与立方体和八面体有关，第三种与十二面体和二十面体有关. 对它们的研究需要更多的努力，或需要更多的预备知识，以致于我们只能将其列成下表，此表从上述最简单的形状入手.

平面	空间部分	角度		
$n + 1$	$4n$	90°	90°	180°/n
6	24	90°	60°	60°
9	48	90°	60°	45°
15	120	90°	60°	36°

表中"平面"为对称平面，"空间部分"为三面角，"角度"为三面角界限平面所夹的三个角度.）

很自然地会猜想，上述结果对任何三面角仍能保持成立. 这个猜想在归纳方面得到表中所列情形的支持，也受到类比方法的保障；同样地所得到的关于平面角的类似猜想（§9）已经证明过（例19）.

甚至还会自然地想到扩充这个猜想到多面角上去，于此至少可以发现极限情形比较容易验证. 这里我们称"圆锥"是一个平面锐角围绕其一边旋转所描绘出的空间无穷部分. 寻求具有已知面积的曲面，它从圆锥截下最大的体积. 可以证明，这个曲面是(1)旋转曲面，(2)球的一部分，以及(3)这个球的球心为圆锥的顶点. 这里我们不能进行深入的详细研究，不过，像由例 16 推出例 17 的解一样，用与例 24 同样的方法推出证明中的部分(2)还是明显的.

27. 如果具有面积为 A 的一个区域，有两条等分线而无任何公共点，那么这一区域将被两条等分线分成三个子区域，其中两个具有面积 $A/2$，而第三个具有不为零的面积，这显然是不可能的.

28. 直线较短：$1<(\pi/2)^{1/2}$.

29. 参见例 30.

30. 假设一条已知等分线的端点位于两条不同的边上，而这两条边在顶点 O 相交，却没有端点与 O 重合. 经适当的反射(图 10.12 的想法)，可得六个全等的三角形和六段相等的弧，六个三角形中有一个是原来的三角形，六段弧中有一段是已知的等分线. 六个三角形还形成一个以 O 为中心的正六边形. 六段弧形成一条封闭曲线，它围成的面积是正六边形的一半，特别是 O 点也在其中，曲线的三条对称轴就相交于 O 点. 若要等分线的长度最短，那封闭曲线必为圆或正六边形，这随容许一切等分线(本例 30)还是只容许直等分线(例 29)而定；我们应当分别利用例 8 的命题 Ⅱ′，或 §7 (1)中它的共轭命题. 例 30 的解是圆心在一个顶点的圆的六分之一，例 29 的解是平行于一条边的直线；在每种情形下都有三个解，已知的等分线可能还有其他一些情形(两端点在同一条边上，或在同一个顶点上，等等)，不过，这些情形的讨论都使所得到的结果更加充实.

31. [**普纳姆，1946.**]设 O 为圆心. 若直线段 PP' 被 O 所平分，则称点 P 与 P' 彼此相对. 如果组成两条曲线中的点彼此相对，则称这两条曲线彼此相对. 现在设 A 与 B 为一条等分线的两个端点，该等分线简称作 AB. 又设点 A'、B' 和弧 $A'B'$ 分别与 A，B 和 AB 相对，则 $A'B'$ 也是一条等分线. 令 P 为 AB 和 $A'B'$ 的公共点 (例 27) 且 P' 与 P 相对，则 P' 也是 AB 与 $A'B'$ 的公共点. 设 A,P,P' 和 B 彼此就按这样的顺序在 AB 上排列，并设 PB' 为两段弧 PA 和 PB' 中较短者(不是较长者)(这样选取是可能的；实际上，这只不过是符号问题).考虑由两段弧组成的曲线：即 $B'P$ 弧 (属于 $A'B'$) 和 PB 弧(属于 AB). 这条曲线 (1) 较 AB 短(不长)，并且(2)较直径 BB'，即由 B 到 B' 的直路径长(不短). 由

(1)与(2)推出 AB 较直径 BB' 长(不短),从而证明了命题.

32. 短轴. 参见例 33.

33. 任何一区域的最短等分线或者是直线,或者是圆弧. 参见例 16. 如果区域有一个对称中心(例如正方形、圆以及椭圆都有对称中心,但是等边三角形没有),那么最短等分线是直线. 证明几乎与圆的情形相同(例 31).

34. 实际上与例 27 相同.

35. 见例 16.

36. 在所有五种情形下,最短等分线的平面都通过外接球的球心.

四面体:平行于两条相对棱的平面上的正方形;有 3 解.

立方体:平行于一个侧面的正方形;有 3 解.

八面体:平行于一个侧面的平面上的六边形;有 4 解.

十二面体:平行于一个侧面的平面上的十边形;有 6 解.

二十面体:垂直于连接两相对顶点轴的平面上的十边形;有 6 解.

在后四种情形下,用一般观点将使证明大大简化;参见例 38.

37. 设 O 为球心. 同例 31 中一样来确定相对点和相对曲线. 又设 b 为一条等分线,则与 b 相对的曲线 b' 也是一条等分线,且 b 与 b' 有一个公共点(例 34). 那么 P 与 P' 把 b 分成两段弧,其中那一段也不比 P 与 P' 的最短连线短,而 P 与 P' 的最短连线为二分之一大圆.

38. 五种正立体中有四种(除四面体以外的所有正立体)都有对称中心. 具有对称中心的封闭曲面都有一条等分线是测地线. 其证明与球的情形差不多(例 37).

39. (参见《数学基础》(*Elemente der Mathematik*),第四卷(1949),p. 93 和第五卷 (1950),p. 65,问题 65.)设 d 为隔边缘与其顶点的距离. 隔的面积等于 πd^2;这个命题归功于阿基米德. 参看例 11.4.

(1)如果 S 的球心为隔的顶点,则 $d = a$, $\pi d^2 = \pi a^2$.

(2) 设 l 为这样一条直线,它连接 S 的球心 C 与另一球心 C',这隔是另一球的一部分. 又设 A 为 l 与 S 的交点,它位于 C 与 C' 的同侧,D 和 B 分别是 l 与隔和 l 与通过隔边缘平面的交点. 如果隔等分 S 的体积,并且点 A, B, C 和 D 彼此就按这样的顺序沿 l 排列. 那么 l 离隔边缘最近的点是 B, 而 D 是距边缘比 C 更远的点. 因此,$d > a$, $\pi d^2 > \pi a^2$.

(3) 猜想: 没有等分以 a 为半径的球体积的曲面其面积比 πa^2 更小. 它的证明可能是比较困难的.

41. (1) 最大值 $f = n^2$, 当

$$x_1 = x_2 = \cdots = x_n = 1 \text{ 或 } -1$$

时达到. 最小值 $f = 0$, 当 $n \geqslant 3$ 时,对无穷多个不同数组 $x_1, \cdots, x_n$ 达到.

(2) 最大值同前,并且解是唯一的. 最小值 $f = n$, 当

$$x_1 = n^{1/2}, \ x_2 = \cdots = x_n = 0$$

时,以及与此类似的 $n - 1$ 种情形下达到.

42. 猜想对于具有三棱顶点的正立体是正确的,但如果顶点具有三条以上的棱,则猜想不正确. 参见 M. Goldberg, *Tôhoku Mathematical Fournal*, Vol. 40 (1935), p. 226~236.

40, 43 没有解答.

第十一章 解 答

1. (a) 是, (b) 否: α 是不必要的,面积为 $ah/2$.

2. (a) 是, (b) 否: α 和 β 都是不必要的,面积为 mh.

3. $2\pi r h$, 与 d 无关. 用阿基米德方法或积分法: 由 $x^2 + y^2 = r^2$, 推出

$$y^2 \left(\frac{dy}{dx}\right)^2 + y^2 = r^2, \qquad \int_d^{d+h} 2\pi y \left[1 + \left(\frac{dy}{dx}\right)^2\right]^{1/2} dx = 2\pi r h.$$

4. 设 h 为所求区域面积之高. 由相似直角三角形,$n:a = a:2b$, 可得所求面积为 $2\pi b h = \pi a^2$, 与 b 无关. 当 $b = a/2$ 时,区域成为整个球,当 $b = \infty$ 时,区域成为一个圆. 参看例 10.39.

5. 你已经注意到与例 1～4 类似的情形吗？用初等方法可以得出穿了孔的球的体积，或用解析几何和积分法，得

$$\int_{-h/2}^{h/2} \pi y^2 dx - \pi y_1^2 h = \pi h^3/6;$$

其中 $x^2 + y^2 = r^2$，y_1 为对应于 $x = h/2$ 的纵坐标。

6. $\pi h^3/12$，与 a 和 b 无关．解法与例 5 相类似，而例 5 与例 7 有关．在极端情形下，$a = b = 0$，所求部分成为一个具有直径为 h 的球．若 h 很小，则 Mh 与 V 之差直观上看起来也很小．

7. $\pi c^2 h/6$，与 r 无关．若 $c = h$，则圆锥部分退化成一个圆柱，并得到 §2 和例 5 的情形．解法与例 8 相类似．

8. 取 O 为原点，OX 为 x 轴，于是图 11.3 中的圆和抛物线之方程分别为

$$(x - d)^2 + y^2 = r^2, \ 2px = y^2.$$

令 x_1 和 x_2 表示二曲线交点的横坐标，$x_1 < x_2$，则 $x_2 - x_1 = h$，所求体积为

$$\pi \int_{x_1}^{x_2} [r^2 - (x - d)^2 - 2px]dx$$

$$= \pi \int_{x_1}^{x_2} (x_2 - x)(x - x_1)dx = \pi h^3/6,$$

此与 r 和 d 无关；代以 $x - x_1 = t$．当已知二根及 x^2 的系数时，我们用到了二次多项式的因式分解．

9. (a) 是；体积为 $\pi h^2(a + 2b)/3$．(b) 否．

10. 是．因为 u_1 与 u_2 可以是任意给定的，所以有无穷多种可能，使数组 $u_1, u_2, \cdots, u_{10}$ 满足递推关系 $u_n = u_{n-1} + u_{n-2}$．考查两个特殊数组

$$u_1', u_2', u_3', \cdots, u_{10}' \ \text{取} \ u_1' = 0, u_2' = 1,$$
$$u_1'', u_2'', u_3'', \cdots, u_{10}'' \ \text{取} \ u_1'' = 1, u_2'' = 1,$$

我们发现

$$u_7' = 8, \ u_1' + u_2' + \cdots + u_{10}' = 88,$$
$$u_7'' = 13, \ u_1'' + u_2'' + \cdots + u_{10}'' = 143.$$

有点巧合的是,观察

$$(*) \quad u_1' + u_2' + \cdots + u_{10}' = 11u_7', \quad u_1'' + u_2'' + \cdots + u_{10}'' = 11u_7'',$$

然后推测,最后证明

$$(**) \quad u_1 + u_2 + \cdots + u_{10} = 11u_7.$$

证明是这样的: 直接验证

$$(***) \quad u_n = (u_2 - u_1)u_n' + u_1 u_n''$$

对 $n = 1$ 和 $n = 2$ 成立,因此用递推关系,推出结论对 $n = 3$, $4, 5, \cdots, 10$ 也成立. 以 $u_2 - u_1$ 乘等式(*)的第一式,再以 u_1 乘等式(*)的第二式之后,来观察这样所得到的两个等式,我们便可由(***)推出所要的结论(**). 证明的主要思路是: 递推关系(通常称作二阶线性齐次差分方程)的通解为两个独立特解 u_n' 与 u_n'' 的线性组合(如同二阶线性齐次微分方程的通解为其两个特解的线性组合一样).

11. $$\int_0^\infty \frac{1}{1+x^\alpha} \frac{dx}{1+x^2} = \int_0^\infty \frac{x^{-\alpha}}{x^{-\alpha}+1} \frac{1}{x^{-1}+x} \frac{dx}{x}$$

$$= \int_0^\infty \frac{x^\alpha}{1+x^\alpha} \frac{dx}{1+x^2}$$

$$= \frac{1}{2} \int_0^\infty \frac{1+x^\alpha}{1+x^\alpha} \cdot \frac{dx}{1+x^2} = \frac{\pi}{4}$$

与 α 无关. 在由第二个积分推到第三个积分时,我们引进 x^{-1} 作为一个新的积分变量. 对 $\alpha = 0, \infty, -\infty$,所求积分分别化简为

$$\int_0^\infty \frac{1}{2} \frac{dx}{1+x^2}, \quad \int_0^1 \frac{dx}{1+x^2}, \quad \int_1^\infty \frac{dx}{1+x^2},$$

这些积分也应有上面的积分值.

12. 这类问题最明显的结果是:

若 $$f(-u) = -f(u),$$

则 $$\int_{-\infty}^\infty f(u)du = 0.$$

设 $$u = \log x, \quad f(\log x) = F(x);$$

若
$$F(x^{-1}) = -F(x),$$
则
$$\int_0^\infty F(x)x^{-1}dx = 0.$$

这便联想到下面的推广

若
$$g(x^{-1}) = g(x), \quad h(x^{-1}) = -h(x),$$
则
$$\int_0^\infty g(x)[1 + h(x)]x^{-1}dx = \int_0^\infty g(x)x^{-1}dx.$$

例 11 为它的特殊情形: 能
$$g(x) = \frac{x}{2(1 + x^2)}, \qquad h(x) = \frac{1 - x^\alpha}{1 + x^\alpha}.$$

13. $0x = 0$, 或 $x^2 - 4 = (x - 2)(x + 2)$, 等等.

14. $x = y = 8$; 只要试验 $x = 8, 9, 10, 11$ 就足够了.

15. 由试验可知, $x = y = z = w = 4$.

17. [斯坦福, 1948.] 一个正立体的所有对称平面都通过它的中心, 并把具有同一中心的任一球分成许多球面三角形. 经过这样一个球面三角形三个顶点的三条半径分别通过正立体的一个顶点, 一个面的中心和一条棱的中点. 球面三角形相应的三个角度各为 π/v, π/f 和 $\pi/2$. 令此球面三角形中角度 $\pi/2$ 所对的边为 c (斜边), 则由球面三角学可知

$$\cos c = \cot(\pi/f)\cot(\pi/v),$$

其内切球半径与外接球半径之比为 $\cos c$. 现对四面体、六面体（立方体）、八面体、十二面体和二十面体的数 f 和 v 以及所得到的 $\cos c$ 值列成下表

	T	H	O	D	I
$f =$	3	4	3	5	3
$v =$	3	3	4	3	5
$\cos c =$	$\dfrac{1}{3}$	$\dfrac{1}{\sqrt{3}}$		$\sqrt{\dfrac{5 + 2\sqrt{5}}{15}}$	

威尔在《对称》一书中复制了开普勒的原来图形; 参见该书第 76 页, 图 46. (H. Weyl, *Symmetry*, Princeton, 1952.)

18. 参见例 10.42.

21. (a) 如果一个行列式的元素 $a_{j,k}$ 满足条件

$$a_{j,k} = a_{n+1-j,\,n+1-k}, \quad j, k = 1, 2, 3, \cdots, n,$$

则称其为 n 行中心对称行列式. 一个 n 行中心对称行列式等于两个行列式的乘积. 这两个行列式要么都具有 $n/2$ 行, 要么一个具有 $(n+1)/2$ 行而另一个具有 $(n-1)/2$ 行, 这视 n 为偶数还是奇数而定. 例如:

$$\begin{vmatrix} a & b \\ b & a \end{vmatrix} = (a+b)(a-b),$$

$$\begin{vmatrix} a & b & c \\ d & c & d \\ c & b & a \end{vmatrix} = \begin{vmatrix} a+c & b \\ 2d & c \end{vmatrix}(a-c),$$

$$\begin{vmatrix} a & b & c & d \\ e & f & g & h \\ h & g & f & e \\ d & c & b & a \end{vmatrix} = \begin{vmatrix} a+d & b+c \\ e+h & f+g \end{vmatrix}\begin{vmatrix} f-g & e-h \\ b-c & a-d \end{vmatrix}.$$

证明: 依照 n 是偶数还是奇数, 令 $n=2m$ 或 $n=2m+1$. 把最后一列加到第一列, 再把倒数第二列加到第二列, 如此等等, 直到变化完前 m 列为止. 之后, 从最后一行减去第一行, 再从倒数第二行减去第二行, 如此等等, 直到变化完后 m 行为止. 这些运算使得在行列式的左下角或者有一个 $m \times (m+1)$ 长方块, 其元素皆为 0, 或者有一个 $m \times m$ 正方块, 其元素皆为 0.

(b) 若不是它们的乘积, 即若这样的两个二行行列式有一个公因子, 则四行行列式就可能不被两个二行行列式所整除. 值得庆幸的是, 我们假设没有这样的公因子: 我们尝试过最简单的假设, 并且成功了.

22. 非常乐观的是: 左端 h 任何幂次的系数均小于或等于右端同次幂的系数. 这种情形实际是: 经用 $4h^{1/4}$ 除之后, 对 $n \geqslant 1$, 两端常数项均为 1, 并且 h^n 在各端的系数分别为

$$\frac{3}{4}\,\frac{7}{8}\,\frac{11}{12}\cdots\frac{4n-1}{4n}\,\frac{1}{4n+1}, \quad \frac{1}{4}\,\frac{5}{8}\,\frac{9}{4}\cdots\frac{4n-3}{4n},$$

显然

$$3 \cdot 7 \cdot 11 \cdots (4n - 1) < 5 \cdot 9 \cdots (4n - 3)(4n + 1)..$$

23. (a) 设用问题中的方法,当把此正方形再细分成 n^2 个较小的正方形时,所得到的近似值为 P_n. 假定 P_n 可以展成 n^{-1} 的幂级数:

$$P_n = Q_0 + Q_1 n^{-1} + Q_2 n^{-2} + \cdots.$$

("一般地,一个函数可以展成一个幂级数。"参看例 20.)当 $n \to \infty$ 时, $P_n \to Q_0$,从而断定 $Q_0 = Q$. 现在,图 11.6 中的四个点比图 11.5 中的四个点更接近直线. 这一情况暗示着 $Q_1 = 0$,并且即便 n 很小, n^{-3}, n^{-4}, $\cdots$ 各项也可以忽略不计. 若取 n^{-2} 为横坐标, P_n 为纵坐标,则推出

$$P_n \sim Q + Q_2 n^{-2},$$

它代表一条直线(近似地). 在大致类似的某些情形下,已经证明了近似误差的阶为 $1/n^2$. 而从这样的类比看来,推测好像减少一些零乱.

(b) 下表的各列包含:(1) n 的值,(2)纵坐标,(3)纵坐标之差,(4)横坐标,(5)横坐标之差,(6)用(3)与(5)之比计算的斜率,在(5)和(6)中省略了符号"—".

(1)	(2)	(3)	(4)	(5)	(6)
2	0.0937		0.2500		
		0.0248		0.1389	0.1785
3	0.1185		0.1111		
		0.0094		0.0486	0.1934
4	0.1279		0.0625		
		0.0045		0.0225	0.2000
5	0.1324		0.0400		

(c) 很自然,把 $n = 5$ 看成是最可靠的计算,而把 $n = 4$ 看成是仅次于最好的计算. 如果 (x_1, y_1) 和 (x_2, y_2) 两点均位于具有方程 $y = mx + b$ 的直线上,那么容易求出(由 m 与 b 的两个方程的方程组)

$$b = \frac{y_1/x_1 - y_2/x_2}{1/x_1 - 1/x_2},$$

从而在此情形下得到

$$Q \sim \frac{25 \times 0.1324 - 16 \times 0.1279}{25 - 16} = 0.1404.$$

如果你已经预料到比这更好的结果，那么你还会更乐观。

16，19，20 没有解答。

参 考 文 献

I. 经 典 部 分

Euclid, *Elements*. The inexpensive shortened edition in Everyman's Library is sufficrent here. "Euclid III 7" refers to Proposition 7 of Book III of the Elements.

Descartes, *Oeuvres*, edited by Charles Adam and Paul Tannery. The work "Regulae ad Directionem Ingenii," vol. 10, pp. 359~469, is of especial interest.

Euler, *Opera Omnia*, edited by the "Societas scientiarum naturalium Helvetica."

Laplace, *Oeuvres complètes*. The "Introduction" of Vol. 7, pp. V—CLIII, also separately printed (and better known) under the title "Essai philosophique sur les probabitités" is of especial interest.

II. 相似旨趣的一些书

R. Courant and H. Robbins, *What is mathematics?*

H. Rademacher and O. Toeplitz, *Von Zahlen und Figuren.*

O. Toeplitz, *Die Entwicklung der Infinitesimalrechnung*; of especial interest.

III. 作者以前的有关著作

书籍:

1. *Aufgaben und Lehrsätze aus der Analysis*, 2 volumes, Berlin, 1925. Jointly with G. Szegö. Reprinted New York, 1945.

2. *How to Solve It*, Princeton, 1945. The 5 th printing, 1948, is slightly enlarged.

3. Wahrscheinlichkeitsrechnung, Fehlerausgleichung, Statistik. From *Abderhalden's Handbuch der biologischen Arbeitsmethoden*, Abt. V, Teil 2, pp. 669~758.

论文:

1. Geometrische Darstellung einer Gedankenkette. *Schweizerische Pädagogische Zeitschrift*, 1919, 11pp.

2. Wie sucht man die Lösung mathematischer Aufgaben? *Zeitschrift für mathematischen und naturwissenschaftlichen Unterricht*, v. 63, 1932, pp. 159~169.

3. Wie sucht man die Lösung mathematischer Aufgaben? *Acta Psychologica*, V.4, 1938, pp. 113~170.

• 310 •

4. Heuristic reasoning and the theory of probability. *American Mathematical Monthly*, v. 48, 1941, pp. 450~465.

5. On Patterns of Plausible Inference. *Courant Anniversary Volume*, 1948, pp. 277~288.

6. Generalization, Specialization, Analogy. *American Mathematical Monthly*, v. 55, 1948, pp. 241~243.

7. Preliminary remarks on a logic of plausible inference. *Dialectica*, v. 3, 1949, pp. 28~35.

8. With, or without, motivation? *American Mathematical Monthly*, v. 56, 1949, pp. 684~691.

9. Let us teach guessing. *Etudes de Philosophie des Sciences, en hommage à Ferdinand Gonseth*, 1950, pp. 147~154. Editions du Griffon, Neuchatel, Switzerland.

10. On plausible reasoning. *Proceedings of the International Congress of Mathematicians*, 1950, v.1, pp. 739~747.

IV. 一 些 问 题

作为解法所提出的例题中间，有一些取自威廉·劳威尔·普纳姆数学竞赛试题或斯坦福大学数学竞赛试题。这些在解答开头就以[普纳姆，1948.]或[斯坦福，1946.]的形式标出，其中的数字是年份。普纳姆试题已在《美国数学月刊》中公开发表。斯坦福试题大多数也已在同一刊物上公开发表。